2015年江苏省实验教学与实践教育中心建设专项经费支持

专利文件撰写

唐代盛 ◎ 主　编
孟　睿 ◎ 副主编

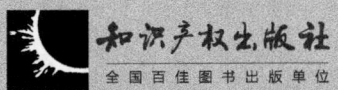

图书在版编目（CIP）数据

专利文件撰写 / 唐代盛主编 . —北京：知识产权出版社，2017.12（2021.9 重印）
ISBN 978-7-5130-5119-4

Ⅰ. ①专… Ⅱ. ①唐… Ⅲ. ①专利申请—文件—写作 Ⅳ. ①G306.3

中国版本图书馆 CIP 数据核字（2017）第 220846 号

责任编辑：刘　睿　刘　江　　　　　责任校对：王　岩
文字编辑：刘　江　　　　　　　　　责任印制：刘译文

南京理工大学知识产权创新实践教育中心系列教材
专利文件撰写
Zhuanli Wenjian Zhuanxie

南京理工大学知识产权学院　组织编写

唐代盛　主编　　孟　睿　副主编

出版发行：	知识产权出版社 有限责任公司	网　　址：	http：//www.ipph.cn	
社　　址：	北京市海淀区气象路 50 号院	邮　　编：	100081	
责编电话：	010-82000860 转 8344	责编邮箱：	liujiang@cnipr.com	
发行电话：	010-82000860 转 8101/8102	发行传真：	010-82000893/82005070/82000270	
印　　刷：	北京建宏印刷有限公司	经　　销：	各大网上书店、新华书店及相关专业书店	
开　　本：	720mm×960mm　1/16	印　　张：	23.5	
版　　次：	2017 年 12 月第 1 版	印　　次：	2021 年 9 月第 4 次印刷	
字　　数：	352 千字	定　　价：	60.00 元	
ISBN 978-7-5130-5119-4				

出版权专有　侵权必究
如有印装质量问题，本社负责调换。

编委会

编委会主任 吴汉东

编委会成员 朱 宇　支苏平　李 彬　钱建平
　　　　　　　曾培芳　朱显国　唐代盛　聂 鑫
　　　　　　　尚苏影　谢 喆　叶建川　王 鸿
　　　　　　　姚兵兵　林小爱　武兰芬　姜 军

总　序

当前，我国正在深入推进知识产权强国建设，知识产权人才作为建设知识产权强国最基本、最核心、最关键的要素日益受到高度重视。近年来，我国相继发布《深入实施国家知识产权战略行动计划（2014～2020年）》《关于新形势下加快知识产权强国建设的若干意见》《国家创新驱动发展战略纲要》《"十三五"国家知识产权保护和运用规划》《知识产权人才"十三五"规划》等重要政策文件，对我国知识产权人才培养提出了新的要求。

知识产权作为一门独立的学科，有自己独特的研究对象，有自己特有的基本范畴、理念、原理、命题等所构成的知识体系；知识产权作为一种特定的专业，有自己特殊的人才培养目标，也有自己特定的人才培养规格。结合知识产权的学科特点，知识产权人才培养应当符合以下三个基本定位：

第一，知识产权人才应当是复合型人才。知识产权归属于法学，但与管理学、经济学、技术科学等有着交叉和融合，因此知识产权人才应当具备多学科的知识背景。他们除了掌握法学的基础知识外，还应当能够理解文、理、工、医、管等学科的基本原理和前沿、动态，成为懂法律、懂科技、懂经济、懂管理的复合型人才。第二，知识产权人才应当以应用型人才为主。知识产权是一门实践性极强的学科，无论是知识产权的确权与保护，还是知识产权的管理与运营，都是实践性工作。立法、司法机关、行政管理部门、公司企业、中介服务机构等实务部门对知识产权人才有着广泛的需求。第三，知识产权人才应当是高端型人才。知识产权跨学科的特点，意味着单一的本科学历根本无法实现知识产权专业的目标要求，要使知识产权人才有较高的起点、较广博的知识，双学士、硕士、博士、博士后等高学历人才应当成为今后知识产权人才培养的主流。

知识产权人才培养是我国高校中最年轻、最有生命力的事业。但从总体上看，由于当前高校知识产权人才培养在复合型师资、培养方案、课程设置、实验条件等方面存在诸多困难与问题，从而导致我国知识产权人才数量和能力素质与上述目标定位还存在一定差距，特别是高层次和实务型知识产权人才严重缺乏。因此，要以知识产权人才培养定位为目标，提升知识产权人才培养的软硬件条件，实现知识产权人才培养工作的科学化、体系化和制度化，为知识产权强国建设提供坚实的智力支撑。

值得欣慰的是，围绕上述培养目标，我国很多高校已经开始积极探索知识产权人才培养的新途径。例如，南京理工大学知识产权学院，借助工信部、国家知识产权局以及江苏省政府三方共建的契机，在国内率先成立独立建制的知识产权学院，建立起"3＋1＋2"知识产权本科实验专业、法律硕士（知识产权）专业、知识产权管理硕士点、知识产权管理博士点，并建立了省级知识产权创新实践教学中心。

本套系列教材正是基于上述背景由南京理工大学知识产权创新实践教育中心组织编写的。该系列教材共六本，分别为《知识产权案件审判模拟》《知识产权国际保护》《知识产权代理实务》《专利文件撰写》《专利检索与分析精要》和《企业知识产权管理理论与实践》。从学科背景上看，该系列教材涵盖法学、管理学、经济学、情报学、技术科学等不同学科知识，符合"知识产权人才应当是复合型人才"的要求；从课程设置上看，该系列教材更加注重知识产权诉讼、专利文书撰写、专利检索分析等知识产权实务技能的培养，符合"知识产权人才应当以应用型人才为主"的要求；从适用对象上看，该系列教材既可作为高校知识产权专业本科生和研究生的课程教学教材，也可作为企事业单位知识产权高级法务人员和管理人员的参考教材，符合"知识产权人才应当是高端型人才"的要求。衷心希望通过该套教材的出版发行，总结出我国复合型、应用型、高端型知识产权人才培养的先进经验，以期为加快知识产权强国建设贡献力量。

是为序。

中南财经政法大学文澜资深教授、博士生导师

2017年6月

目　录

第一章　专利文件撰写概述 …………………………………… (1)
第一节　专利制度运行中的文件 ……………………………… (1)
一、专利制度运行的流程 ………………………………………… (1)
二、专利文件 ……………………………………………………… (2)
第二节　专利申请文件撰写前的准备 ………………………… (8)
一、构建专利思维的基础知识 …………………………………… (8)
二、了解申请专利的目的 ………………………………………… (9)
三、专利检索 …………………………………………………… (10)
四、专利申请的布局 …………………………………………… (11)
五、专利挖掘 …………………………………………………… (12)
六、专利技术交底书的获取 …………………………………… (13)
第三节　专利文件撰写方法 …………………………………… (15)
一、先撰写权利要求书 ………………………………………… (15)
二、先撰写说明书 ……………………………………………… (18)
三、权利要求书和说明书交替撰写 …………………………… (21)
四、其他专利文件的撰写 ……………………………………… (22)

第二章　电学技术领域专利文件撰写 ………………………… (25)
第一节　概　述 ………………………………………………… (25)
第二节　说明书的撰写 ………………………………………… (26)
一、电路类专利的说明书撰写 ………………………………… (26)

二、系统类专利的说明书撰写 …………………………… (45)
　　三、方法类专利的说明书撰写 …………………………… (61)
　　四、说明书应当对权利要求书进行支持 ………………… (74)
第三节　权利要求书撰写 …………………………………… (75)
　　一、电路类专利的权利要求书撰写 ……………………… (75)
　　二、系统类专利的权利要求书撰写 ……………………… (81)
　　三、方法类专利的权利要求书撰写 ……………………… (84)
　　四、其他类型专利的权利要求书撰写 …………………… (90)
第四节　审查意见通知书的答复 …………………………… (98)
　　一、涉及新颖性的答复 …………………………………… (98)
　　二、涉及创造性的答复 …………………………………… (102)
　　三、涉及权利要求未以说明书为依据的答复 …………… (114)

第三章　机械技术领域的专利文件撰写 ……………………… (119)
　第一节　概　　述 …………………………………………… (119)
　　一、申请专利的特点 ……………………………………… (119)
　　二、专利保护的技术主题 ………………………………… (120)
　　三、专利申请文件的撰写方式 …………………………… (121)
　第二节　说明书的撰写 ……………………………………… (122)
　　一、概　　述 ……………………………………………… (122)
　　二、采用传统描述方式撰写说明书 ……………………… (123)
　　三、采用功能性限定方式撰写说明书 …………………… (147)
　第三节　权利要求书的撰写 ………………………………… (166)
　　一、概　　述 ……………………………………………… (166)
　　二、采用传统方式撰写权利要求书 ……………………… (167)
　　三、采用功能性限定方式撰写权利要求书 ……………… (180)
　第四节　审查意见通知书的答复 …………………………… (184)
　　一、涉及创造性/新颖性的答复 ………………………… (184)
　　二、涉及不符合实用新型专利保护客体的答复 ………… (192)

第四章 化工生物材料医药技术领域的专利申请文件撰写 (197)

第一节 概述 (197)
一、化学领域申请文件的特殊要求 (197)
二、化学领域的专利申请主题 (198)

第二节 说明书的撰写 (199)
一、说明书的组成部分 (199)
二、说明书的撰写要求 (203)
三、化工、材料技术领域的说明书撰写 (210)
四、医药技术领域的说明书撰写 (217)
五、生物技术领域的说明书撰写 (220)

第三节 权利要求书的撰写 (229)
一、权利要求书的撰写要求 (229)
二、化合物的权利要求 (232)
三、组合物的权利要求 (235)
四、仅用结构或组成特征不能清楚限定的产品权利要求 (247)
五、化学领域方法的权利要求 (249)
六、用途权利要求 (252)
七、生物技术的权利要求 (255)
八、小结 (261)

第四节 审查意见通知书的答复 (261)
一、涉及缺乏新颖性/创造性缺陷的答复 (261)
二、涉及缺乏单一性缺陷的答复 (274)
三、涉及缺乏实用性缺陷的答复 (280)
四、涉及修改超范围的答复 (284)

第五章 外观设计专利申请文件撰写 (287)

第一节 外观设计专利申请文件 (287)
一、外观设计专利申请客体的确定 (287)
二、外观设计专利申请的撰写要求 (288)

第二节　外观设计专利申请的单一性 (294)
一、一件产品所使用的一项外观设计 (295)
二、同一产品的两项以上的相似外观设计 (296)
三、成套产品的外观设计 (298)

第三节　外观设计专利申请文件的撰写 (301)
一、单个产品外观设计专利申请文件撰写 (301)
二、相似外观设计专利申请文件的撰写 (302)
三、成套产品外观设计专利申请文件的撰写 (303)

第六章　专利复审中的专利文件撰写 (307)

第一节　概　　述 (307)
一、复审程序 (307)
二、复审程序中需要撰写的专利文件 (308)
三、复审程序中撰写专利文件的准备 (310)

第二节　驳回决定的分析 (310)
一、驳回决定 (310)
二、对审查程序的分析 (315)
三、对事实和理由的分析 (316)
四、对适用法律的分析 (319)

第三节　提起复审请求 (320)
一、确定复审请求理由 (320)
二、考虑对申请文件是否进行修改 (321)
三、提交符合要求的相关证据 (325)
四、利用前置审查程序与原审查部门进行沟通 (326)
五、复审请求书的撰写 (326)

第四节　复审合议审查的答辩 (332)
一、发出复审通知书或口头审理通知书 (332)
二、复审通知书或口头审理通知书的意见陈述书撰写 (334)

第七章 专利权无效宣告中的专利文件撰写 ……（341）

第一节 无效宣告请求书的撰写 ……（341）
一、无效宣告请求书撰写前的准备 ……（341）
二、无效宣告请求书撰写的思路 ……（342）
三、无效宣告请求书的撰写实例 ……（344）

第二节 无效宣告请求程序中专利权人的应对 ……（348）
一、专利权人应在规定期限内答辩 ……（348）
二、专利权人撰写意见陈述书 ……（348）

第三节 无效宣告程序中对专利文件的修改 ……（354）
一、修改原则 ……（354）
二、删除权利要求的修改方式 ……（354）
三、对权利要求进一步限定的修改方式 ……（356）

参考文献 ……（361）
后　　记 ……（363）

第一章 专利文件撰写概述

【导读】

本章介绍本书涉及的专利文件种类、作用和应满足的撰写要求,以及在撰写前要做的准备工作,并简述撰写专利文件的方法和步骤,以此作为专利文件撰写的概述。

第一节 专利制度运行中的文件

一、专利制度运行的流程

我国专利法及其实施细则是调整发明、实用新型和外观设计专利权取得、行使和保护的法律规范,所规定的内容主要包括专利权保护的对象、专利权的主体、授予专利权的条件、专利申请、专利申请的审批、复审与无效宣告、专利权的内容与限制、专利权的保护等制度。其中,专利申请、审批、复审与无效是专利制度的重要内容,也是专利制度运行的重要阶段。

实用新型和外观设计专利申请经过初步审查符合授权条件的将被授予专利权,而发明专利申请须经过初步审查、实质审查后符合授权条件的才能被授予专利权。如果专利申请在初步审查或实质审查过程中因不符合授权条件的,国家知识产权局专利局的审查员会发出补正或审查意见通知书,专利申请人或其专利代理人经过补正或答复,克服通知书指出的缺陷后将被授予专利权。如果申请人或其代理人补正或答复后,仍不符合授权条件的,该专利申请将被驳回。被驳回的专利申请,申请人可以向专利复审委员会提起复审。而任何人对授权的专利都可以向专利复审委员会提出无效宣告。对于复审或无效宣告决定不服的,当事人还可以向北京知识产权法院提起行政诉讼。

因此,发明、实用新型和外观设计专利的申请、审批、复审与无效制度的运行流程如图1-1所示。

二、专利文件

(一) 专利文件的种类

在我国,发明、实用新型和外观设计三种专利在申请、审批、复审和无效宣告的运行过程中,专利申请文件贯穿每个阶段,成为一件专利从一个阶段向下一个阶段运行的主线。如果专利申请文件存在问题,在审查授权和确权程序中将会产生中间文件,将延缓甚至中断该专利运行的进程。所以,专利申请文件的质量直接关系专利申请能否授予专利权、专利权是否稳固、专利权的保护范围能否防止侵权等重要问题。正如有人认为,如果把一件专利比作一座建筑物,那么,专利申请文件就像是这座建筑物的地基。❶ 因此,专利运行过程中涉及的主要对象是专利申请文件和中间文件,本书将专利申请文件和中间文件统称为专利文件。专利文件的撰写既包括专利申请前的申请文件撰写,也包括中间文件的答复处理以及申请文件的修改。

1. 专利申请文件

三种专利在申请时需要递交专利申请文件。发明和实用新型专利的申请文件包括请求书、权利要求书、说明书、说明书附图、说明书摘要和摘要附图。发明专利的说明书如果用文字足以清楚、完整地描述其技术方案,可以没有说明书附图,而实用新型专利必须有说明书附图。外观设计专利的申请文件包括请求书、外观设计图片或者照片以及对该外观设计的简要说明。

---

❶ 鄞迅:《电学专利申请文件的撰写》,知识产权出版社2007年版,第17页。

第一章 专利文件撰写概述

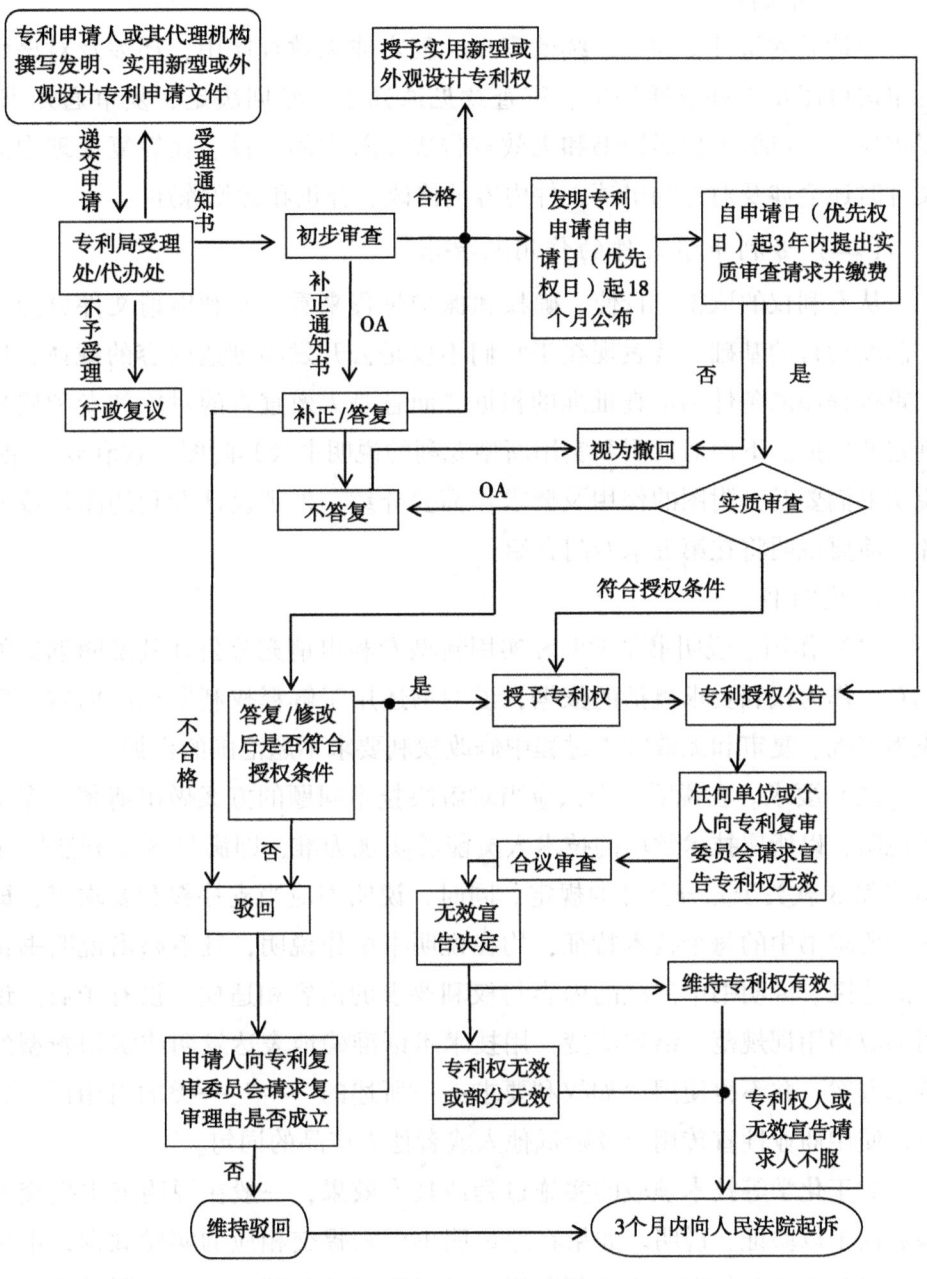

图 1-1 专利制度运行流程

2. 中间文件

申请后的每件专利在后续的审批、复审或无效程序中，还涉及对该专利申请可能发出补正通知书、审查意见通知书、驳回决定、复审通知书、复审决定、口头审理通知书和无效宣告决定等中间文件。在答复处理中间文件时还会涉及对专利申请文件内容的修改、补正和意见陈述。

(二) 专利申请文件的作用及要求

从专利权的取得、行使、确权和保护过程来看，专利申请文件成为专利制度运行的基础，其表现在于它们不仅是公开发明创造内容的载体，启动审查程序的条件和审查批准的根据，而且是无效宣告的对象和专利侵权判定的依据。下面对发明和实用新型专利的说明书及其附图、权利要求书、说明书摘要及其附图的作用及要求作简要介绍。外观设计专利的图片或照片、简要说明将在第五章专门介绍。

1. 说明书

(1) 作用。说明书是发明和实用新型专利申请充分公开其发明创造的基石。作为权利要求概括的依据，说明书还用于解释权利要求的内容，并成为审批、复审和无效宣告过程中修改权利要求不超范围的根据。

(2) 要求。在说明书中，应当对解决技术问题的方案做出清楚、完整的说明，以所属技术领域的技术人员能够实现为准，即满足《专利法》第26条第3款关于充分公开的规定。同时，说明书应当支持权利要求书，即权利要求书中的每个技术特征，均在说明书中作说明，且不超出说明书记载的范围。说明书中记载的内容与权利要求的内容相适应，没有矛盾。说明书应当用词规范、语句清楚，用技术术语准确地表达发明或实用新型的技术方案，并不得使用"如权利要求……所述的……"一类的引用语，也不得使用商业性宣传用语及贬低他人或者他人产品的词句。

对于化学等技术领域的实施过程或技术效果，一般在说明书中提交实验数据予以验证、说明。如果在原说明书中未提交相应的实验数据，申请人可以补交实验数据，不过判断说明书是否充分公开，应当以原说明书和权利要求书记载的内容为准。对于申请日之后补交的实验数据，审查员应当予以审查。补交实验数据所证明的技术效果应当是所属技术领域的技术人员能够从专利申请公开的内容中得到的。❶ 否则，这种补交的实验数据是超范围的修改。

2. 权利要求书

（1）作用。权利要求书中记载的权利要求是专利权的核心内容，有人认为现代专利法是名为权利要求的游戏。发明或实用新型的权利要求通过其技术特征形成的技术方案来限定专利的保护范围。在发明或者实用新型专利申请获得授权后，权利要求不仅是确定专利权保护范围的根据，而且是价值评估、许可转让的基础以及专利侵权判定的依据，具有直接的法律效力。

（2）分类。权利要求主要包括两种类型，一是物的权利要求和活动的权利要求，这是根据权利要求的性质和记载的技术内容所做的划分。前者包括人类技术生产的物（产品、设备），又称为产品权利要求。后者包括有时间过程要素的活动（方法、用途），又称为方法权利要求。这种划分是为了确定权利要求的保护范围。因为产品和方法权利要求中分别采用不同的描述方式，产品权利要求适用于产品发明或者实用新型，通常用产品的结构/形状特征来描述。方法权利要求使用方法特征来描述，如可以用涉及工艺、物质以及设备的方法特征来限定。但是，当产品权利要求中的一个或多个技术特征无法用结构特征予以清楚地表征时，允许借助物理或化学参数表征；当无法用结构特征并且也不能用参数特征予以清楚地表征时，允许借助方法特征表征。❷

二是独立权利要求和从属权利要求。一份权利要求书应当至少包括一项独立权利要求，还可以包括从属权利要求。如果一份权利要求书中有多个权利要求，就要从形式或者权利要求之间的关系上将这些权利要求划分为独立权利要求和从属权利要求。这是权利要求区别解释原则的体现。独立权利要求的作用是构建保护范围最宽、整体反映发明构思的技术方案来

---

❶《关于修改〈专利审查指南〉的决定（2017）（第74号）》第5条。

❷《专利审查指南（2010）》第二部分第二章第3.2.2节。

防止别人侵权。从属权利要求的作用是为专利权构建一个多层次的保护体系。一方面，在审批、复审或无效过程中，如果独立权利要求存在无新颖性或创造性等实质性问题，对该独立权利要求进行修改以克服实质性缺陷；另一方面，从属权利要求将优选技术方案公开出来阻止他人将其内容再申请专利，完成规避设计。

（3）要求。权利要求书应当以说明书为依据，清楚、简要地限定要求专利保护的范围。权利要求书中的每一项权利要求所要求保护的技术方案应当是所属技术领域的技术人员能够从说明书充分公开的内容中得到或概括得出的技术方案，并且不得超出说明书公开的范围。权利要求书应当清楚、简要，一是指每一项权利要求应当清楚、简要；二是指构成权利要求书的所有权利要求作为一个整体也应当清楚、简要。

权利要求书中的独立权利要求应当从整体上反映发明或者实用新型的技术方案，记载解决技术问题的必要技术特征。必要技术特征是指发明或者实用新型为解决其技术问题所不可缺少的技术特征，其总和足以构成发明或者实用新型的保护客体，使之区别于其他技术方案。除必须用其他方式表达的以外，独立权利要求应当包括前序部分和特征部分，前序部分应写明要求保护技术方案的主题名称以及该主题与最接近的现有技术共有的必要技术特征，特征部分使用"其特征是……"或者类似的用语，写明发明或实用新型区别于最接近的现有技术的技术特征。

同时，从属权利要求应当用附加的技术特征，对引用的一项或多项权利要求作进一步限定，它是一种包括所引用权利要求的全部技术特征，又含有进一步加以限定的技术特征的权利要求。附加技术特征是指发明或者实用新型为解决其技术问题所不可缺少的技术特征之外再附加的技术特征，包括对所引用权利要求中的技术特征进一步细化的技术特征，或者在所引用权利要求中的技术特征基础上新增加的技术特征。其撰写应当包括引用部分和限定部分，引用部分写明引用的权利要求的编号及其主题名称，限定部分写明附加的技术特征。从属权利要求只能引用在前的权利要求。引用两项以上权利要求的多项从属权利要求，只能以择一方式引用在前的权利要求，并不得作为另一项多项从属权利要求的基础。

当一件专利申请的权利要求书中有两项或者两项以上独立权利要求时，这是发明或者实用新型专利的合案申请。合案申请的独立权利要求中，写在最前面的独立权利要求被称为第一独立权利要求，其他独立权利要求称为并列独立权利要求。第一独立权利要求与并列独立权利要求之间要符合单一性才能合案申请，即各独立权利要求应当符合总的发明构思，在技术上相互关联，包含一个或者多个相同或者相应的特定技术特征，其中特定技术特征是指每一项发明或者实用新型作为整体，对现有技术做出贡献的技术特征。

3. 说明书附图

（1）作用。图被称为"工程师的语言"，发明或者实用新型专利通过说明书附图，如结构图、流程图、框图、电路图、仿真图、表征图、效果图等来补充、验证权利要求书和说明书文字部分的描述，使之能够直观、形象地表示技术方案和技术效果。说明书附图不仅可以作为修改权利要求书和说明书的依据，还可以用于解释权利要求。

（2）要求。在说明书文字部分写有附图说明的，说明书应当有附图。说明书有附图的，说明书文字部分应当有附图说明。说明书附图应当使用包括计算机在内的制图工具和黑色墨水绘制，线条应当均匀清晰、足够深，不得着色和涂改，不得使用工程蓝图。附图的大小及清晰度，应当保证在该图缩小到2/3时仍能清晰地分辨出图中细节。

说明书附图总数在2幅以上的，应当使用阿拉伯数字顺序编号。涉及产品专利的零部件、元器件等组成部分在说明书附图中用附图标记予以标记，附图标记应当使用阿拉伯数字编号。说明书文字部分中未提及的附图标记不得在附图中出现，附图中未出现的附图标记不得在说明书文字部分中提及。申请文件中组成部分与代表该组成部分的附图标记一一对应，而且表示同一组成部分的附图标记应当前后一致。

（3）缺少附图的补救。说明书文字部分写有附图说明但说明书无附图或者缺少相应附图的，国家知识产权局专利局应当通知申请人取消说明书文字部分的附图说明，或者在指定的期限内补交相应附图。申请人删除相应附图说明的，保留原申请日；申请人补交附图的，以向专利局提交或者邮寄补交附图之日为申请日，不能保留原申请日，审查员应当发出重新确定申请日通知书。

4. 说明书摘要及其附图

说明书摘要是简要说明发明或者实用新型专利的技术要点。它构成技术情报检索的信息，不影响专利权的保护范围，不作为技术充分公开的内容，也不是对申请文件进行修改的依据。摘要应当写明发明的名称和所属的技术领域，清楚反映所要解决的技术问题，解决该问题的技术方案的要点以及主要用途。文字部分不分段，也不得使用标题，包括标点符号在内的文字部分不得超过300字。说明书有附图的，申请人应提交一幅最能说明该发明创造技术方案的附图作为摘要附图。摘要附图应当是说明书附图中的一幅。

第二节 专利申请文件撰写前的准备

一、构建专利思维的基础知识

在专利申请文件撰写前，应当熟悉专利法及其实施细则、专利审查指南有关专利申请文件撰写与审查的规定，如技术是否为专利权保护的主题、可专利性、说明书公开充分与支持权利要求，以及权利要求要清楚简要等，这些形式和实质性规定不仅是审查员判断专利申请是否符合授予专利权的条件，也是申请人或其代理人撰写申请文件时应当考虑的要求。同时，还要熟悉各类申请文件的作用和形式要求，这是申请人或其代理人在撰写申请文件时应当满足的标准。另外，在撰写申请文件和提炼技术方案时，申请人或其代理人应当站在不同对象的角度来构思其权利要求的布局，如仿制者是否能够绕开专利权的保护范围直接复制专利技术；竞争者是否可以进行规避设计；审查员或无效宣告请求人是否对专利申请文件的撰写质量提出挑战等。

二、了解申请专利的目的

(一) 申请专利的目的

专利价值的多重性决定不同的专利申请目的,如可以作价入股、专利运营和专利维权,还可以用于申报各种政府奖励、高新技术企业、人才工程、政府项目,甚至成为单位内部考核、项目验收鉴定的指标以及学生取得奖学金和城镇落户的条件。而专利的本质是一种保护技术创新的手段和市场竞争工具,其最重要的作用是通过专利权形成保护壁垒和垄断地位,在保护期限内阻止竞争对手进入相关产业,从而在市场竞争中获得超额利润。所以,申请专利的首要目的是申请人获得对其发明创造在一定时间内享有排他性的专有权,形成竞争优势地位。

(二) 依申请目的采取的撰写策略

专利代理人在专利申请前应当了解申请人的专利申请目的,根据不同的申请目的采取不同的撰写策略。

1. 专利整体布局

根据申请人的专利申请规划,如抢先申请、阻击申请、防卫申请或迷惑申请等不同目的,结合核心专利与外围专利的划分和布局,分别在专利申请类型、时机、地域以及申请文件撰写内容上予以整体考虑。

2. 权利要求布局

在撰写时,代理人需要对权利要求分层次,通过独立权利要求和从属权利要求形成多层次保护体系,并对技术特征进行区分、提炼和概括,使保护范围尽可能囊括解决技术问题所有的技术方案,这样才能应对将来的高价值专利运营、无效宣告和专利侵权诉讼的挑战。

3. 技术公开与技术秘密保留之间的平衡

在申请文件中必须将解决技术问题的技术方案描述清楚、完整,但是对于技术方案中的技术手段公开到何种程度,采取何种有效规避措施需要代理人和发明人充分沟通后确立撰写思路,使之既满足专利公开充分的授权条件,又避免将不宜公开的技术诀窍(Know – how)公布于众。

4. 依申请目的确定技术方案

对于有些具体的科研成果申请专利，发明人希望通过授予专利权来评价鉴定科研人员及其项目，权利要求保护范围可能只限于发明人所做的技术改进，申请文件中的技术方案可以写得较为详细具体。在针对竞争对手的专利申请时，可以将其专利布局之外的技术多申请专利，并在申请文件中尽可能撰写出所有替代或回避设计形成众多的从属专利，将与竞争对手进行交叉许可。如果为了控制专利技术背后的市场，在申请文件中将解决技术问题的可保护的技术主题及其技术方案全部撰写出来，对有市场价值的技术方案全面保护。

三、专利检索

专利文献能够反映专利技术的最新法律状态，通过专利文献可以开发新技术、进行技术预测，并可以通过专利情报分析、调查其他企事业的专利布局、研发进程以及市场战略态势。因此，在专利申请前进行以专利检索为主要内容的文献检索是必要的准备工作，即在拟申报专利的技术主题后，首先要通过专利检索和查新分析评价待报技术方案获得授权的可能性，评估其新颖性和创造性，如果已经成为现有技术就不用重复研发与申请专利，避免浪费时间和资金。

通过申请前的专利检索，发现和理解与本申请相关的现有技术，这样既可以梳理出背景技术及其存在的技术问题，又可以通过对比现有技术，可知本申请与现有技术的区别所在以及取得的技术效果。在专利检索过程中，比较和分析现有技术可以获得创新灵感来完善本申请的技术方案，从而帮助专利代理人更好地撰写专利申请文件。❶

---

❶ 专利检索有很多数据库和检索工具，主要免费的专利检索数据库网址如 http://www.sipo.gov.cn，http://www.rainpat.com，http://www.soopat.com，http://www.cnipr.com，http://www.cnpat.cn，http://www.uspto.gov，http://ep.espacenet.com，http://ipdl.wipo.int 等，也有商用的专利检索数据库，如 http://www.thomsoninnovation.com，http://www.orbit.com 等。

四、专利申请的布局

专利申请人和专利权人在专利布局时，有多种模式和方法形成有利于自己取得竞争优势，并限制竞争对手的专利组合，而专利申请及其申请文件撰写前的规划和策略是专利布局的重要组成部分。专利申请的布局除了通常所说的专利池、专利组合、外围专利、地域申请、不申请等申请策略外，还要考虑以下几个方面。

（一）合案申请

如果一件发明或实用新型专利申请有多个独立的技术方案，一件外观设计专利申请有多个相似或成套产品外观设计，符合单一性的情况下可以合案申请作为一件专利提交。申请人可以充分利用合案申请制度为专利申请布局，多个技术方案或产品外观设计无论是否符合单一性，可以先放在一件专利里进行申请。这样处理除了节省费用外，其优点是多个技术方案或产品外观设计取得了同一个申请日，即使将来分案，分案申请可以保留原申请日，审查判断新颖性和创造性的时间标准是原申请日而不是提出分案的申请日。

另外，当审查因缺乏单一性要求分案时，申请人可以在申请日至审查这段时间考察市场和技术前景，根据考察结果和自身市场布局决定是否提出分案或放弃无单一性的技术方案。对于合案申请的多个技术方案或产品外观设计，申请人可以在审批和复审过程中根据情况适时提出分案申请，这样可以延长审查周期，使专利申请是否授予专利权始终处于不确定状态，给竞争对手带来压力。

（二）申请人的名义

专利申请人是申请专利的主体，在专利授权后成为专利权人。专利申请后的专利申请权可以转让、继承，受让人、继承人成为新的专利申请人。以谁作为专利申请人，各企业有不同的策略，如 IBM 的所有专利技术，无论是在美国还是在其他国家或地区做出的研发成果，都以 IBM 总公司的名义申请专利。而像宝洁公司、专利运营公司，包括众多的 NPEs（非专利实施实体）公司都是以自己的子公司名义申请专利，这样防止竞争对手通过专利检索发现其专利布局或者故意规避专利诉讼背后的实际控制人。在中国也有一些母公司通过子公司申请专利来实现少缴费或者分散风险，还有像华旗资讯那样以母公司的名义申请专利，然后又将申请权转让给子公司爱国者存储科技公司，在后来的专利诉讼和上市增值评估中起到很大的作用。

（三）专利的主题名称

专利的主题名称应简短、准确地表明专利申请要求保护的对象和类型。在大多数专利申请中，主题名称虽然并不能反映专利的技术方案，但是将代表创造性的主题体现在发明名称中，通过主题名称使得其他人能够容易检索到申请的专利，目的是让更多的人来实施、转化其专利技术。但也有些申请人即使申请了专利，也不愿意让竞争对手检索到专利技术内容，故意在主题名称中去掉关键技术要素，如爱普生公司曾将发明的打印机墨盒申请了一项专利，其主题名称为"一种液体容器"，而且在申请文件中没有出现"打印机"字样。

五、专利挖掘

开展专利布局工作时往往与专利技术的盘点和挖掘相辅相成，即专利申请人的技术人员、专利负责人和专利代理人通过沟通交流和专利挖掘从纷繁的技术研发成果中筛选、提炼出可以申请专利的技术创新点和技术方案。在专利挖掘时，可以从研发项目任务出发，从任务组成部分、技术要素到创新点逐级拆分，也可以直接从技术创新点出发，寻找关联因素从而形成申报专利的技术交底材料。例如，某高校课题组承担电力巡检机器人项目，项目负责人与专利代理人进行充分沟通，从项目要完成的任务和需要解决的工程技术问题出发，将该项目组成部分，即对机器人、控制系统及底层功能模块进行分解，从机械结构、电路构造、系统单元以及功能算法等方面进行检索、分析，并提炼创新点，将原来要申请3件专利最后申报了26件发明专利，构建了一个完整的专利群。

专利挖掘的目的是帮助专利申请人为其技术创新成果提供更加全面和有效的保护，最终形成技术交底材料，其包括以下三方面的要点：清楚简要地描述现有技术状况以及存在的技术缺点；从正面角度描述本发明要解决的技术问题以及为解决该技术问题所采取的主要技术手段、方案；创新的技术方案所取得的技术效果，包括说明技术方案和有益效果的附图、表格等内容。专利代理人获得技术交底材料后通过专利检索及其专利性的评估，补充完善技术方案，将交底材料整理成技术交底书。

六、专利技术交底书的获取

（一）专利技术交底

一件专利申请能否授予专利权，是否具有专利运营价值，以及授权后能否得到保护，一方面取决于申请专利的技术要具有可专利性和市场前景，另一方面与撰写的专利申请文件质量密切相关。技术交底书是专利申请文件撰写的前提。为了实现专利申请的目的，申请人或其代理人首先要进行充分沟通和有效挖掘，这一过程就是专利技术交底。在专利技术交底时，专利代理人应认真倾听专利申请人、发明人的讲解，及时提出相关问题，客观记录沟通的内容，并专业解答申请人的疑问和提醒可能存在的风险，其目的是了解相关技术、企业诉求和申请策略，排除不是专利保护的客体，并把有价值的技术创新点提炼出来，并记录在案。技术交底的过程通常是面谈、实物、图纸、文字四种途径综合运用，所得到的最终材料就是专利技术交底书，然后根据技术交底书来撰写专利申请文件。

（二）专利技术交底书

除了专利代理人与专利申请人、发明人经过充分沟通和专利挖掘形成的专利技术交底书外，还包括专利申请人及其发明人主动提供的反映发明创造内容的技术资料或者依照申请文件模板起草的初稿。最后形成的专利技术交底书包括以下主要内容。

1. 与技术有关的问题

（1）技术领域；客户已知的现有技术及存在的技术问题；相关的现有

技术文献资料，如专业期刊、专利文献。

（2）本申请要解决的问题和技术难题；有何技术效果，实现这些技术效果的技术手段；客户所想到的实施例。

（3）说明产品或方法的结构图或流程图以及实验数据、图表。

（4）排除或避免不授予专利权的主题。根据技术问题、技术方案和技术效果三个要素来判断是否为发明或实用新型专利的保护客体。如果属于《专利法》第5条、第25条规定的对象，则放弃申请专利。如果涉及商业模式的发明创造，既包含商业规则和方法的内容，又包含技术特征，则不应当依据《专利法》第25条排除其获得专利权的可能性。❶

2. 解决技术问题的技术方案

申请专利的技术方案因机械电子、化工材料生物、通信物理、计算机自动化等技术领域不同而各有侧重，但总体来说，依各种技术在申请专利的保护主题类型分为产品专利申请和方法专利申请，如果是产品专利申请，用产品的结构或构造特征来描述，可以描述产品组成的机构、部件、零件及其形状，各组成部分之间的位置、连接关系以及相互之间的作用、动作过程，以及电路构造、工作原理或者化学成分、配比。如果是方法专利申请，将活动的过程描述出来，如方法由几个步骤构成，每个步骤的实施过程，各步骤之间的关系和作用，各步骤用不同的参数或者参数范围表示的工艺条件等。

3. 与提交专利申请相关的问题

（1）申请专利的目的和用途。

（2）本申请有无相关专利申请，有无破坏新颖性的事项，如发表过论文、参加过展览、做过会议报告等。

（3）本申请与其相关的技术秘密保留内容。

（4）竞争对手申请专利的情况。

（5）专利申请的布局情况，包括拟保护的主题（发明名称）、申请类

---

❶ 《关于修改〈专利审查指南〉的决定（2017）（第74号）》第1条。

型、申请时机、是否提前公开、披露内容和申请主体等内容。

4. 其他材料

除了上述申请的技术资料外，还要包括签订委托代理协议和委托书；填写申请人信息及其联系人、发明人信息；专利费用减缓事宜等。

第三节　专利文件撰写方法

在技术交底书的基础上，专利代理人可以先撰写权利要求书，再撰写说明书；也可以先撰写说明书，再撰写权利要求书；还可以权利要求书和说明书交替撰写，最后进行完善、审核和确认权利要求书和说明书的文本内容。

一、先撰写权利要求书

（一）撰写权利要求书的步骤

权利要求书的撰写有很多方法和思路，作为初学者或者准备专利代理人资格考试者可以按照以下步骤进行撰写。

1. 阅读和理解技术交底书

根据技术问题找出所有主要技术特征，弄清楚各技术特征之间的关系及其所起的作用，判断这些技术特征构成的技术方案是否为专利保护的客体。

2. 找出最接近的现有技术

根据检索和调研到的现有技术，确定与本申请最接近的对比文件。其中，将与要求保护的发明创造技术领域相同，所要解决的技术问题、技术效果或者用途最接近、公开技术特征最多的现有技术作为最接近的现有技术。或者，虽然与要求保护的发明创造技术领域不同，但能够实现相同的功能，并且公开技术特征最多的现有技术作为最接近的现有技术。

3. 确定实际要解决的技术问题及其技术方案

首先将本申请与最接近的对比文件进行比较，找出它们之间的区别技术特征，根据区别技术特征重新确定本申请实际要解决的技术问题。然后从第1步所列的技术特征中找出本申请实际解决技术问题必不可少的技术特征作为必要技术特征，从而形成基本技术方案。为了确保找出的是必要技术特征，可以采用反向检查的方法剔除非必要技术特征，即把选出的每一个技术特征重新判断，如果去除该技术特征仍可构成完整的技术方案并可以解决技术问题，则该技术特征不是必要技术特征。剩下的其他技术特征为附加技术特征，也是按照"问题—方案"的模式确定优选技术方案。

按照上述方法分别确定必要技术特征构成的基本技术方案和附加技术特征构成的优选方案后，还应当对各技术特征进行概括和提炼，包括用上位概念概括或并列选择方式概括，以及使用功能性或者效果特征来描述，从而确保该技术方案保护范围最宽。所谓功能性特征，是指对于结构、组分、步骤、条件或其之间的关系等，通过其在发明创造中所起的功能或者效果进行限定的技术特征。

4. 独立权利要求撰写

将确定的基本技术方案与最接近的现有技术作比较，将它们共同的必要技术特征写入前序部分，本申请区别于最接近现有技术的必要技术特征写入特征部分，在前序部分开头写上发明名称，在前序部分和特征部分之间用"其特征是"等类似语进行划界，从而完成独立权利要求的撰写。如果有多个独立的技术方案还要考虑单一性和合案申请的问题。

例如，发明专利201110129176.3的独立权利要求1为：

1. 一种金属光栅结构耦合的热致变色薄膜材料，在热控器件表面沉积金属薄膜，通过光刻的方法将金属薄膜的表面加工成光栅结构，然后将热致变色材料沉积在金属表面上，其特征在于：热致变色材料的厚度 d_1 为500纳米到2微米，金属薄膜的厚度 d_2 不超过100纳米，金属光栅的厚度 d_3 小于1微米。

将独立权利要求分前序部分和特征部分撰写，在于使公众更清楚地看出独立权利要求的全部技术特征中哪些是发明或者实用新型与最接近的现有技术所共有的技术特征，哪些是发明或者实用新型区别于最接近的现有技术的特征。如果有些发明或者实用新型的性质不适于用上述方式撰写，独立权利要求也可以不分前序部分和特征部分，如（1）开拓性发明；（2）由几个状态等同的已知技术整体组合而成的发明，其发明实质在组合本身；（3）已知方法的改进发明，其改进之处在于省去某种物质或者材料，或者是用一种物质或材料代替另一种物质或材料，或者是省去某个步骤；（4）已知发明的改进在于系统中部件的更换或者其相互关系上的变化。

5. 从属权利要求撰写

对上述附加技术特征进行分析，利用那些对申请创造性起作用的附加技术特征写成相应的从属权利要求。例如："4. 根据权利要求1或2所述的金属光栅结构耦合的热致变色薄膜材料，其特征在于：金属光栅的周期在微米量级，即和热致变色材料的热辐射波长在同一个量级。"

6. 防止规避设计

按照上述步骤把权利要求基本撰写完之后，进行防规避设计。与发明人沟通之后，要当面与发明人说清楚哪些方案可以被其他人规避的问题，将其可规避的设计方案记载到权利要求书或者说明书中。

（二）撰写权利要求的要求

专利代理工作在申请文件撰写时有一个核心、两个精髓，核心就是合适的权利保护范围，精髓就是提炼必要技术特征与功能上位化。❶ 为了使专利权的保护范围尽量大，首先根据所解决的技术问题提炼必要技术特征，不要将非必要技术特征（附加技术特征）写入独立权利要求，这样将独立权利要求和从属权利要求区分出来。同时，对技术特征进行适当概括，通过技术特征功能化和上位化，将完成同样功能的技术特征用更上位的概念表述出来，并通过多个权利要求的引用关系形成多层次保护体系的布局。

---

❶ 李银惠："一个核心与两个精髓"，载 http：//www.patent5.com/article/2008/04/22/onetwo.htm，最后访问日期：2017年3月20日。

申请专利的技术具有不同的技术领域，各个技术领域的技术特征虽然是构成技术方案的基本元素，但是各领域的技术表述方式不同导致描述方法各异，因此，对主要的技术领域，如电学、机械和化学等领域的申请文件撰写将在第2~4章详细阐述。但是各个技术领域的权利要求书撰写的实质性要求都是一样的，即应当以说明书为依据，清楚、简要地限定要求专利保护的范围，并符合专利法及其实施细则、专利审查指南中规定的形式要求。

（三）撰写权利要求书的注意事项

在撰写权利要求书时，除满足上述撰写要求之外，还应当注意下列事项：

（1）尽量撰写出一个保护范围较宽的独立权利要求，撰写时不要局限于发明或实用新型的具体实施方式，应当尽可能采取概括性语言来描述技术特征。

（2）为了增加专利申请获得授权的可能性以及在授权后更有利于维护专利权，在说明书中撰写多个实施例，并将实施例撰写成从属权利要求，层层设防。

（3）撰写独立权利要求和从属权利要求时，必须反复推敲、措辞准确、清楚地确定请求保护的范围。否则，一字一句写得不好都会给申请人带来损失。因为根据最高人民法院《关于审理侵犯专利权纠纷案件应用法律若干问题的解释（二）法释〔2016〕1号》第5条的规定，法院在侵权诉讼中确定专利权的保护范围时，独立权利要求的前序部分、特征部分以及从属权利要求的引用部分、限定部分记载的技术特征均有限定作用。

二、先撰写说明书

专利代理人可以先根据技术交底书的内容撰写说明书，其中主要的撰写要求是说明书应支持权利要求书，用词规范准确，语句清楚，将发明或实用新型的技术内容充分公开。说明书的格式除了发明名称外，还包括以下组成部分，并在每一部分前面写明标题，即技术领域、背景技术、发明内容、附图说明、具体实施方式。

1. 发明名称

在说明书中，第一页第一行写明发明名称，该名称与请求书中的名称一致，并左右居中。发明名称要清楚、简明地反映要求保护的技术方案的主题名称和类型。采用本技术领域通用的技术名词，不要使用杜撰的非技术名词，不得使用人名、地名、商标、型号或者商品名称，也不得使用商业性宣传用语。名称如果有特定用途或应用领域的，应在名称中体现，并简单明确，一般不超过25个汉字，但是在化学生物等技术领域除外，例如发明专利的发明名称为"一种双灭火剂喷射枪及其方法""类人胶原蛋白基因、其不同重复数的同向串联基因、含有串联基因的重组质粒及制备方法"。

2. 技术领域

技术领域要写明本发明或实用新型所属或直接应用的技术领域，既不是所属或应用的广义技术领域，也不是其相邻技术领域，更不是发明或实用新型本身，同时要体现发明或实用新型的主题名称和类型。一般可按国际分类表确定其直接所属技术领域，尽可能确定在其最低的分类位置上。如"本发明属于光学显微成像技术领域，特别是一种基于大照明数值孔径的大视场高分辨率显微成像装置及迭代重构方法"。

3. 背景技术

在背景技术中对申请日前的现有技术进行描述和评价。简要说明现有技术主要结构和原理；客观指出存在的主要问题，切忌采用诽谤性语言。除开拓性发明外，至少要引证一篇与本申请最接近的现有技术文献，必要时可引用几篇比较接近的对比文件，它们可以是专利文件，也可以是非专利文件。引证文件应当是公开出版物，写明文件的出处及相关信息。如果本申请克服了技术偏见或难题，应说明其偏见或难题是什么。例如"膨化硝铵炸药及其制备工艺"申请专利时，目的是解决"粉状工业炸药毒性、污染、危险、低效、昂贵、间断的落后状况"技术问题，实现连续、高效、安全、经济的现代化绿色生产。在背景技术中就指明"高能量必然高感度，高爆速必然高危险，高性能必然高成本"被认为是单质炸药领域公认的规律，是一对难以解决的矛盾而成为世界性技术难题。

4. 发明内容

发明内容由三部分组成，即解决的技术问题、技术方案和技术效果。

（1）要解决的技术问题。在描述本申请要解决的技术问题时，应采用正面语句直接、清楚、客观地说明本申请的发明目的，即具体要解决的现有技术中存在的问题，但又不得包含技术方案的具体内容，并体现发明或实用新型专利的主题名称以及发明专利的类型。例如"本发明的目的在于提供一种液体推进剂高压线燃速测量装置及其方法，能够在满足经济性的前提下形成高压环境，准确地测量液体推进剂在近似恒定高压下的线燃速"。

（2）解决技术问题的技术方案。这是对要解决的技术问题所采取的技术手段的集合，是说明书的核心部分。因此，要清楚、完整地写明技术方案，至少应反映包含解决其技术问题的全部必要技术特征形成的技术方案。必要时还可描述附加技术特征，为避免误解应另起段描述。实践中，一般将独立权利要求和重要的从属权利要求内容经过适当的修改记载于此作为技术方案。若有几项独立权利要求时，应当分段说明每项技术方案，而且这一部分的描述应体现出它们之间属于一个总的发明构思以符合单一性的理由。

（3）技术效果。这是本申请取得的有益效果，应清楚、客观地写明本申请与现有技术相比具有的有益效果，如产率、质量、精度和效率的提高，能耗、原材料、工序的节省，加工、操作、控制、使用的简便，环境污染的治理与根治等。不能只断言其有益效果，一般应结合所采取的技术措施来分析结构特点、进行理论说明和提供验证的实验数据。引用实验数据说明有益效果时，应给出必要的实验条件和方法，或者提供仿真数据或图片予以证明。

5. 附图说明

说明书有附图的，应给出附图说明，即对附图的图名、图示的内容作简要说明。附图不止一幅时，应当对所有的附图按顺序做出说明。在零部件较多的情况下，允许用列表的方式对附图中具体零部件名称列表说明。说明书无附图的，说明书文字部分不包括附图说明及其相应的标题。

6. 具体实施方式

说明书中应当详细描述能够实现发明或者实用新型的优选的具体实施方式。因为具体实施方式对于充分公开、理解和实现发明创造，并支持和解释权利要求是必不可少的内容，也是权利要求书进行概括的基础。在适当情况下，应当举例说明，包含一定数量的实施例。有附图的，应当对照附图进行详细说明。说明书文字部分可以有化学式、数学式或者表格，但不得有插图。

在具体实施方式中，除了反映独立权利要求中的全部必要技术特征，还要反映从属权利要求优选方案的全部技术特征，即权利要求书中的每个技术特征，均在说明书中作说明，且不超出说明书记载范围，使所属技术领域的技术人员按照所描述的内容不经创造性劳动就能够重现发明或者实用新型。说明书中记载的内容与权利要求的内容相适应，没有矛盾。对于满足充分公开而言必不可少的内容，不能采用引用的方式撰写，而应当将其具体写入说明书。此外，发明专利如果保护核苷酸或者氨基酸序列的，还应当制作计算机可读形式副本的序列表作为说明书的一个单独部分提交。

三、权利要求书和说明书交替撰写

说明书和权利要求书可以交替撰写，可以先将技术交底书中现有技术进行完善形成说明书的背景技术，并提出本申请的发明目的，即解决的技术问题，然后根据技术问题撰写权利要求书，再根据权利要求书的技术方案来撰写说明书中的实施例；也可以先撰写说明书的背景技术和发明目的，然后将具体的实施方式撰写成说明书的实施例，最后概括、提炼各个实施例中的技术特征形成技术方案，再将技术方案按权利要求区分原则撰写独立权利要求和从属权利要求，最终形成权利要求书。

四、其他专利文件的撰写

(一) 撰写涉及的其他专利文件

除了专利申请文件撰写外,还涉及专利审批、复审和无效阶段的专利文件撰写和修改,主要内容如下:在专利审批阶段,对发明、实用新型和外观设计专利申请初步审查的补正或答复审查意见,以及发明专利实质审查的意见通知书答复。在复审阶段,包括提起复审的请求书撰写、复审通知书和口头审理通知书的答复。在无效宣告阶段,包括提起无效宣告的请求书撰写、专利权人答辩时的意见陈述等。这些也是专利申请人或其代理人撰写专利文件的重要工作,具体内容将在后面各章分别进行举例说明,下面仅以专利代理人对发明专利的审查意见通知书答复为例进行简要介绍。

专利代理人收到发明专利的审查意见通知书(OA)后,首先应当认真阅读和分析审查意见,初步判断审查员的倾向性结论,并及时向申请人转达审查意见通知书,同时提供答复建议。如果仅涉及形式问题,代理人通常可以自行处理,如果涉及实质性问题和权利要求的修改,代理人应及时转达审查员的审查意见。审查意见通知书通常会给出三种类型倾向性结论意见:具有授权前景的肯定性结论意见、无授权前景的否定性结论意见、授权前景不确定的不定性结论意见。

然后按照"两步法"分析审查意见内容,即第一步是核实"事实认定",即理解审查意见的论据、论点和论证过程中对某些事实的查明和认定是否客观真实。第二步是在事实认定基础上判断其"法律适用"是否正确,即适用专利法及其实施细则的相关规定是否适当。如果决定答复时,以专利法及其实施细则和专利审查指南为依据进行全面答复,包括三种答复方式:撰写意见陈述书、修改申请文件和提供证据。

(二) 答复时的注意事项

对于上述专利文件的答复处理,申请人及其代理人应当积极应对,及时补正、答复、陈述意见和修改专利申请文件。对于一些疑难案件的审查意见或复审通知书,这时需要申请人及其代理人对审查意见或复审通知书认真研究，并尽量通过有理有据的意见陈述来说服审查员，不要轻易放弃。

专利申请人或专利权人及其代理人应当注意的是，在专利审查、复审或无效过程的答复处理行为会对日后的专利侵权诉讼产生影响，即通过对权利要求所做的限缩、删除等缩小保护范围的修改和说明而获得授权或维持专利权的，应当以修改后的权利要求来确定专利权的保护范围。人民法院不仅可以运用涉案专利的说明书及附图、权利要求书中的相关权利要求来确定专利权利要求的内容，而且可以运用专利审查档案来解释权利要求。❶ 现在，甚至扩张至与涉案专利存在分案申请关系的其他专利的专利审查档案、生效的专利授权确权裁判文书解释涉案专利的权利要求。所谓专利审查档案，包括专利审查、复审、无效程序中专利申请人或者专利权人提交的书面材料，国务院专利行政部门及其专利复审委员会制作的审查意见通知书、会晤记录、口头审理记录、生效的专利复审请求审查决定书和专利权无效宣告请求审查决定书等。❷ 专利审查档案的记录将作为侵权诉讼中禁止反悔的证据，即专利申请人、专利权人在专利授权或者无效宣告程序中，通过对权利要求、说明书的限缩性修改或者意见陈述而放弃的技术方案，权利人在侵犯专利权纠纷案件中又将其纳入专利权保护范围的，人民法院不予支持。但是，权利人证明专利申请人、专利权人在专利授权确权程序中对权利要求书、说明书及附图的限缩性修改或者陈述被明确否定的，人民法院应当认定该修改或者陈述未导致技术方案的放弃。

【思考与练习】

1. 发明和实用新型的权利要求书、说明书的作用？
2. 代理人撰写专利申请文件前应当考虑哪些问题？
3. 如何撰写一份保护范围比较宽的权利要求书？

---

❶ 最高人民法院《关于审理侵犯专利权纠纷案件应用法律若干问题的解释（2009）》第3条的规定。

❷ 最高人民法院《关于审理侵犯专利权纠纷案件应用法律若干问题的解释（二）（2016）》第6条的规定。

第二章 电学技术领域专利文件撰写

【导读】

本章介绍电学技术领域专利申请文件撰写的基础知识,重点通过案例详述电学技术领域说明书、权利要求书的撰写方法,并对电学技术领域申请文件常见的审查意见答复举例说明。

第一节 概　　述

电学技术领域覆盖的范围非常广泛,除了传统的电路、计算机、通信领域外,近些年发展迅速的云存储、大数据、物联网、3D打印等技术也都属于电学领域。因此,该领域专利申请的种类繁多、数量庞大。

电学技术领域中的专利申请主题多种多样,按照常规分类方法可以分为产品专利、方法专利以及产品和方法双重保护的专利。其中产品专利包括电路类专利、电子元器件类专利、控制系统类专利等具有实体的专利,对应的权利要求为产品权利要求。例如,一种声纳听觉指示电路、基于十字形谐振器的宽带差分带通滤波器、一种雷达视频目标回波模拟装置。

方法专利包括通信方法、控制方法、探测方法、标定方法、修正方法、监测方法、评估方法、图像处理方法等较为抽象的专利,对应的权利要求为方法权利要求。例如,一种复杂网络中避免关键节点的启发式路由方法、一种基于日志挖掘的网站分类目录优化分析方法、一种基于卫星三线阵CCD影像的云顶高度反演方法、一种基于延迟服务器的周期非周期混合实时任务调度方法。

产品和方法双重保护的专利就是将上述两种类型的专利进行合案申请，但是权利要求撰写时需要把产品和方法分别进行撰写，而不能放在一个权利要求中混合在一起。例如，专利名称为滚动直线导轨精度自动测量装置及方法的专利申请，其权利要求书中至少要包括2项独立权利要求，其中一项独立权利要求为"滚动直线导轨精度自动测量装置"，另一项独立权利要求为"滚动直线导轨精度自动测量方法"。

第二节　说明书的撰写

说明书是专利申请文件的重要组成部分，《专利法》第26条对其作出了明确规定：说明书应当充分公开发明的内容，并且要对权利要求书进行支持。下面结合具体电学案例介绍说明书的撰写及其充分公开。

一、电路类专利的说明书撰写

在撰写电路类专利说明书时，按照构成电路的元器件将电路分为电子电路和芯片电路，电子电路是指电路由电容、电阻、二极管等电子元器件连接构成的电路；芯片类电路是指含有芯片的电路。虽然两种电路的组成和原理均不相同，但是说明书撰写的标准是一样的，就是要让技术方案充分公开，使本领域的技术人员能够清楚电路的组成和原理。依据这一要求，在撰写电路类专利说明书时就要写清楚电路的连接关系和信号走向，并写出电路的工作原理和工作方式。

（一）电路类专利说明书的充分公开

电路类专利主要保护电路的构造，在说明书中首先要写清楚电路的构造，也就是要写清楚电路中各个功能模块以及各模块中元器件的连接关系。本领域技术人员根据这些内容可以不经创造性劳动就把电路的构造和功能重复实施。其次，要写清楚电路的工作过程，从而使本领域技术人员更好地理解该电路的工作模式、状态和原理。

需要注意的是，在电路类专利申请文件的撰写过程中，由于电容、电感和电阻等元器件非常多,仅利用电路图中的编号来区分电子元器件不符合专利法及其实施细则的规定。通常按照元器件出现的顺序用名称加编号(又称附图标记)进行区分,例如,第一电阻 R1,第二电阻 R2,……,第 n 电阻 Rn。

芯片类电路的写法与上述电子电路的写法相似,为了充分公开发明的内容,应将芯片引脚的连接关系描述清楚,并写明芯片的工作方式。

(二) 电路类专利说明书附图的绘制

电路图是电路类专利必不可少的组成部分,电路图可以使人能够直观地、形象地理解电路每个技术特征和整体技术方案。每件电路类专利应当提供电路图,不然不足以公开发明人的构思和技术方案。

电路图在绘制时,要做到线条清晰,不能着色和涂改;附图的大小和清晰度应当保证在该图缩小到 2/3 时仍能够清晰地分辨出图中的各个细节,以满足扫描、复印的要求。图中除了必要的编号外,不得含有其他的注释。

(三) 电路类专利说明书的撰写案例

下面以申请人提交的技术交底书"一种基于 Boost 变换器的高频隔离式三电平逆变器"作为案例 1,结合案例 1 的内容详细介绍说明书的撰写过程和步骤。

申请人提供了 1 份技术交底书和 1 幅电路图(见图 2-1),想要保护图中的电路。内容如下:

一种基于 Boost 变换器的高频隔离式三电平逆变器

目前国内外电力电子研究人员对于直-交变换器的研究,主要集中在非电气隔离式、低频和高频电气隔离式等两电平直-交变换器;对于多电平变换器的研究,主要集中在多电平直-直、交-交和直-交-直变换器,而对于多电平直-交变换器的研究则非常少,且仅仅局限于非隔离式、低频或中频隔离式直-交型多电平直-交变换器,而对高频隔离式多电平两级功率变换的逆变器研究比较少。

高频环节逆变技术采用高频脉冲波变压器来取代低频变压器来传输能量，克服了低频逆变技术的缺点，显著提高了逆变器的特性，得到广泛应用，大大降低了变压器的体积和重量，使变压器简易轻便，实现输入与输出的电气隔离同时调节电压的比例，不仅优化了系统，还提高系统的性能，电信、航空航天、军事等领域常常要求供电装置重量轻、体积小、功率密度大和可靠性高。石油、煤和天然气等矿产能源的不断消耗以及环境污染等问题，使用蓄电池、太阳能电池等作为能源的混合型电动汽车驱动日益成为研究热点，效率和体积是首选的因素。因此，高频环节逆变器具有广泛的应用前景，特别是对逆变器的体积、重量有较高要求的逆变场合有更重要的应用前景。

本发明在输入直流电源与交流负载中插入高频隔离变压器，实现了输入侧与负载侧的电气隔离。高频隔离变压器的使用实现了变换器的小型化、轻量化，提高了变换器的效率。

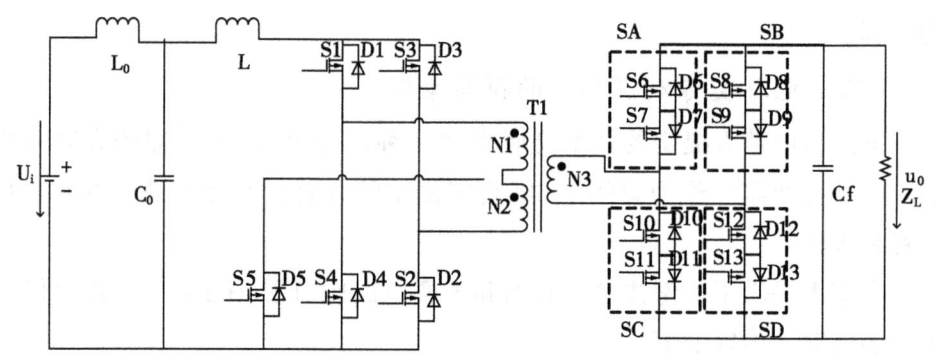

图 2-1

1. 专利代理人的初步处理

专利代理人阅读这份技术交底书后，发现这份技术交底书提供的信息非常有限，要想撰写一份合格的专利申请文件，还须弄清楚以下问题：

（1）申请人申报这件专利，解决的技术问题是什么？

（2）本申请的创新点在哪里？

（3）解决技术问题的技术手段是否只有一种？

（4）除了技术交底书的有益效果外，还有哪些其他技术效果？

2. 专利代理人与发明人进行交流

代理人可以通过邮件、电话或者面谈的方式与发明人进行交流，通过与发明人交流，得到以下信息：

（1）本申请主要解决现有技术中高频隔离变压器体积大、效率低的问题。

（2）本申请的创新点主要在于电路结构上。

（3）本申请的电路除了技术交底书中的电路（适用于高频电气隔离的高压逆变场合的桥式电路）外，还有一种电路结构（适用于高频电气隔离的高压逆变场合的全波电路），电路图见图2-2。

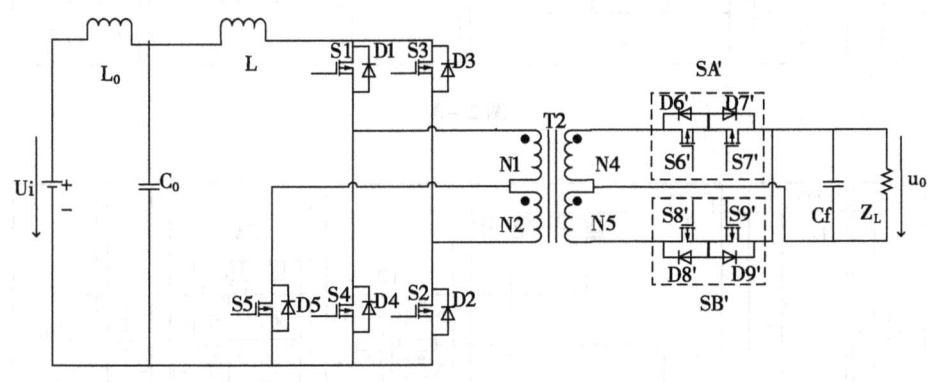

图2-2

（4）本申请的有益效果还有：本申请在输入直流电源与交流负载中插入高频隔离变压器，实现了输入侧与负载侧的电气隔离。本申请中的高频隔离变压器磁芯在每一个开关周期内被双向磁化，提高了变压器磁芯的利用率。

3. 专利代理人对发明人反馈的信息进行整理和修改

通过与发明人交流，代理人最重要的发现就是这个电路实际上有两种不同结构。从两幅电路图中可以清楚地看到，电路前半部分的结构是类似的，后半部分的内容是不同的。如果想要在一件专利中进行保护的话，应找出两幅电路图中共性的部分。只有这样，才便于后续准备材料和撰写申请文件。

通过查找资料并与发明人的再次沟通,将每幅电路图按照功能进行分块,分块后的电路图如图2-3、图2-4所示。

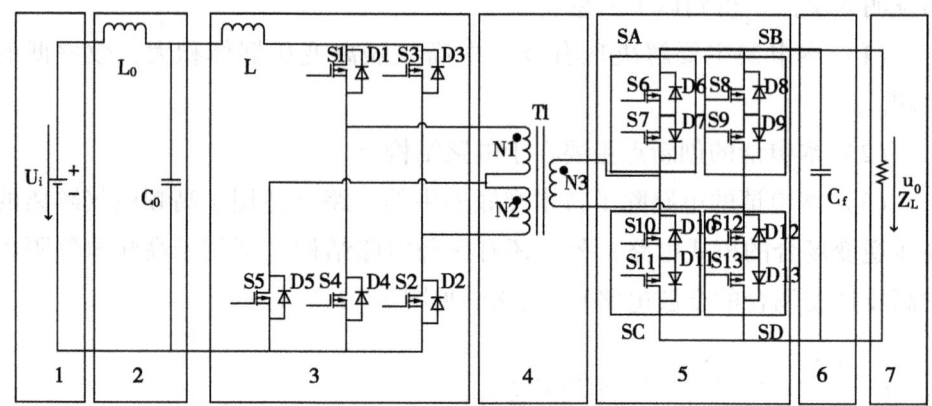

图2-3

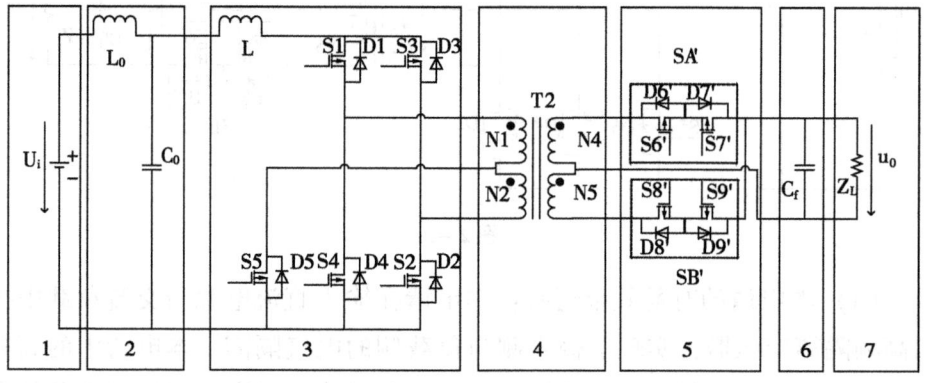

图2-4

之后,代理人根据上述电路图,绘制出两个电路共同的功能图(见图2-5)。

通过前述思考和沟通,代理人把握住本申请的发明点和实施方式,就可以根据上述信息按照说明书的撰写要求撰写技术领域、背景技术、发明内容、附图说明和具体实施方式,并提供说明书附图。撰写时要注意写清

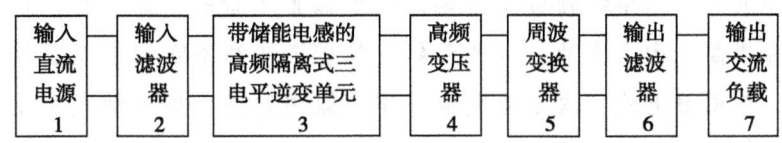

图 2-5

楚电路元器件之间的连接关系、工作过程或原理。

4. 撰写和审阅说明书形成报出稿

代理人按照说明书格式及各组成部分要求进行撰写，撰写好初稿后，发给发明人进行确认。发明人确认代理人对技术方案的理解是否准确，确认代理人是否将发明要点全部写出。如果撰写得不准确，代理人就再进行修改，如此反复，直到公开发明人的全部发明要点和实施方式为止，从而形成报出稿。通过上述撰写过程，形成的说明书如下，说明书附图为图 2-3 和图 2-4、图 2-5，在下列说明书提交文本中省略。

基于 Boost 变换器的高频隔离式三电平逆变器

技术领域

本发明属于电力电子变换技术领域，特别是一种基于 Boost 变换器的高频隔离式三电平逆变器。

背景技术

目前国内外电力电子研究人员对于直-交变换器的研究，主要集中在非电气隔离式、低频和高频电气隔离式等两电平直-交变换器；对于多电平变换器的研究，主要集中在多电平直-直、交-交和直-交-直变换器，而对于多电平直-交变换器的研究则非常少，且仅局限于非隔离式、低频或中频隔离式直-交型多电平直-交变换器，对高频隔离式多电平两级功率变换的逆变器研究却比较少。

高频环节逆变技术采用高频脉冲波变压器取代低频变压器来传输能量，克服了低频逆变技术的缺点，显著提高了逆变器的特性，得到广泛应用，大大降低了变压器的体积和重量，使变压器简易轻便，实现输入与输出的电气隔离同时调节电压的比例，不仅优化了系统还提高了系统的性能，电信、航空航天、军事等领域常常要求供电装置重量轻、体积小、功率密度大和可靠性高。由于石油、煤和天然气等矿产能源不断消耗以及环境污染等问题，使用蓄电池、太阳能电池等作为能源的混合型电动汽车驱动日益成为研究热点，效率和体积是其首选因素。因此，高频环节逆变器都具有广泛的应用前景，特别是在对逆变器的体积、重量有较高要求的逆变场合有更重要的应用前景。

迄今为止，人们对 buck、buck-boost 型高频环节 DC-AC 变换器的研究已经取得显著成果，但是 buck、buck-boost 型高频环节 DC-AC 变换器存在输入电流纹波大、负载短路时可靠性低（buck 型），输出容量小（buck-boost 型）等缺陷。对 Boost 型变换器的研究，主要集中在 Boost 型 DC-DC、AC-AC、AC-DC 变换器，包括非电气隔离式和电气隔离式，对 Boost 型三电平变换器的研究主要集中在无隔离变压器型，而对于带隔离变压器的 Boost 型三电平变换器特别是带隔离变压器的 Boost 型三电平逆变器的研究还很少。为了构成系统、完整的高频环节逆变技术理论，有必要寻求和深入研究 Boost 型高频隔离式三电平逆变器。

发明内容

本发明的目的在于提供一种具有电路拓扑简洁、变换效率高、功率密度高、输入侧功率因数高、高功率密度、输出波形质量高、负载适应能力强、具有两级功率变换（直流 DC-高频交流 HFAC-低频交流 LFAC）、双向功率流、输出滤波器前端电压频谱特性好、降低开关器件的电压应力、能够实现直流电源与交流负载高频电气隔离的基于 Boost 变换器的高频隔离式三电平逆变器。

实现本发明目的的技术解决方案为：（略）

本发明与现有技术相比，其显著优点为：（1）输入储能电感 L 上可以出现三种电压电平，缩小了电感的体积，降低了功率开关管的电压应力，拓宽了功率开关管的选择范围，滤波电容值都得以减小。在民用、工业、国防等要求电气隔离的高压大容量逆变场合，采用本发明的逆变拓扑可以很好地适应这种场合，是比较理想的逆变电源解决方案。（2）在输入直流电源与交流负载中插入高频隔离变压器，实现了输入侧与负载侧的电气隔离。高频隔离变压器的使用实现了变换器的小型化、轻量化，提高了变换器的效率。(3) 本发明中的高频隔离变压器磁芯在每一个开关周期内被双向磁化，提高了变压器磁芯的利用率。(4) 本发明具有功率变换级数少（直流 DC – 高频交流 HFAC – 低频交流 LFAC）、双向功率流、输出滤波器前端电压频谱特性好等优点，因而提高变换效率和功率密度、减小体积和重量。

下面结合附图对本发明作进一步详细的描述。

附图说明

图 2-3 为本发明基于 Boost 变换器的桥式高频隔离式三电平逆变器的电路拓扑图。

图 2-4 为本发明基于 Boost 变换器的全波高频隔离式三电平逆变器的电路拓扑图。

图 2-5 为本发明基于 Boost 变换器的高频隔离式三电平逆变器的结构框架示意图。

具体实施方式

结合图 2-5，本发明基于 Boost 变换器的高频隔离式三电平逆变器，由依次连接的输入直流电源单元 1、输入滤波器 2、带储能电感的高频隔离式三电平逆变单元 3、高频变压器 4、周波变换器 5、输出电容滤波器 6 和输出交流负载 7 构成，输入直流电源单元 1 与输入滤波器 2 的一端连接，输入滤波器 2 的另一端与带储能电感的高频隔离式三电平逆变单元 3 的一端连接，带储能电感的高频隔离式三电平逆变器单元 3 的另一端与高频变压器 4 的初级绕组连接，高频变压器 4 的次级绕组与周波变换器 5 的输入端连接，周波变换器 5 的输出端与输出电容滤波器 6 的输入端连接，输出电容滤波器 6 的输出端与输出交流负载 7 连接。

结合附图 2-3，一种高频隔离式三电平逆变器适用于高频电气隔离的高压逆变场合的桥式的电路拓扑，输入直流电源 U_i 的参考正极与输入滤波器的滤波电感 L_0 的一端连接，输入滤波器的 L_0 另一端与输入滤波器的滤波

电容 C_0 的正极连接，输入滤波器的滤波电容 C_0 的负极与储能电感 L 的一端连接，储能电感 L 的另一端与第一功率开关管 S1 的漏极和第三功率开关管 S3 的漏极相连，第一二极管 D1 和第三二极管 D3 分别反并联于第一功率开关管 S1 和第三功率开关管 S3 两端，即第一二极管 D1 的阴极与第一功率开关管 S1 的漏极连接，第一二极管 D1 的阳极与第一功率开关管 S1 的源极连接，第三二极管 D3 的阴极与第三功率开关管 S3 的漏极连接，第三二极管 D3 的阳极与第三功率开关管 S3 的源极连接，高频变压器 T1 第一原边绕组 N1 的同名端分别和第一功率开关管 S1 的源极和第四功率开关管 S4 的漏极连接，第四二极管 D4 的阴极与第四功率开关管 S4 的漏极连接，第四二极管 D4 的阳极与第四功率开关管 S4 的源极连接，高频变压器 T1 第二原边绕组 N2 的非同名端分别和第三功率开关管 S3 的源极和第二功率开关管 S2 的漏极连接，第二二极管 D2 的阴极与第二功率开关管 S2 的漏极连接，第二二极管 D2 的阳极与第二功率开关管 S2 的源极连接，高频变压器 T1 第一原边绕组 N1 的非同名端与第二原边绕组 N2 的同名端连接，第五功率开关管 S5 的漏极与第一原边绕组 N1 的非同名端和第二原边绕组 N2 的同名端连接，第五二极管 D5 的阴极与第五功率开关管 S5 的漏极连接，第五二极管 D5 的阳极与第五功率开关管 S5 的源极连接，输入直流电源的参考负极分别和第五功率开关管 S5 的源极、第四功率开关管 S4 的源极、第二功率开关管 S2 的源极连接，高频变压器 T1 第三副边绕组 N3 的同名端分别与第一双向功率开关管 SA 和第三双向功率开关管 SC 的一端连接，第一双向功率开关管 SA 的另一端分别和第二双向功率开关管 SB 的一端、输出滤波电容 C_f 的一端连接，高频变压器 T1 第三副边绕组 N3 的非同名端分别与第二双向功率开关管 SB 的另一端和第四双向功率开关管 SD 的一端连接，输出滤波电容 C_f 的另一端分别与第三双向功率开关管 SC 的另一端连接和第四双向功率开关管 SD 的另一端连接，输出滤波电容 C_f 的两端接交流负载 Z_L，所述的第一双向功率开关管 SA、第二双向功率开关管 SB、第三双向功率开关管 SC 和第四双向功率开关管 SD 都是由两个单个的功率开关管反向串联而构成承受正向、反向的电压应力和电流应力的开关，具有双向阻断功能，第一双向功率开关管 SA 包括第六功率开关管 S6、第七功率开关管 S7、第六二极管 D6、第七二极管 D7，第二双向功率开关管 SB 包括第八功率开关管 S8、第九功率开关管 S9、第八二极管 D8，第九二极管 D9，第三双向功率开关管 SC 包括第十功率开关管 S10、第十一功率开关管 S11、第十二极管 D10，第十一二极管 D11，第四双向功率开关管 SD 包括第十二功率开关管 S12、第十三功率开关管 S13、第十二二极管 D12，第十三二极管 D13，第七功率开关管 S7 的漏极和第七二极管 D7 的阴极相连作为第一双向功率开关管 SA 的一端，第六功率开关管 S6 的漏极和第六二极管 D6 的阴极相连作为第一双向功率开关管 SA 的另一端，第七功率开关管 S7 的源极、第六功率开关管 S6 的源极、第七二极管 D7 的阳极、第六二极管 D6 的阳极连接在一起，第八功率开关管 S8 的漏极和第八二极管 D8 的阴极相连作为第二双向功率开关管 SB 的一端，第九功率开关管 S9 的漏极和第九二极管 D9 的阴极相连作为第二双向功率开关管 SB 的另一端，第八功率开关管 S8 的源极、第九功率开关管 S9 的源极、第八二极管 D8 的阳极、第九二极管 D9 的阳极连接在一起。第十功率开关管 S10 的漏极和第十二极管 D10 的阴极相连作为第三双向功率开关管 SC 的一端，第十一功率开关管 S11 的漏极和第十一二极管 D11 的阴极相连作为第三双向功率开关管 SC 的另一端，第十功率开关管 S10 的源极、第十一功率开关管 S11 的源极、第十二极管 D10 的阳极、第十一二极管 D11 的阳极连接在一起，第十二功率开关管 S12 的漏极和第十二二极管 D12 的阴极相连作为第四双向功率开关管 SD 的一端，第十三功率开关管 S13 的漏极和第十三二极管 D13 的阴极相连作为第四双向功率开关管 SD 的另一端，第十二功率开关管 S12 的源极、第十三功率开关管 S13 的源极、第十二二极管 D12 的阳极、第十三二极管 D13 的阳极连接在一起，第八功率开关管 S8 的漏极连接于输出滤波电容的正极，第十三功率开关管 S13 的漏极连接于滤波电容 C_f 的负极后接"地"，滤波电容 C_f 的两端接交流负载 Z_L。

结合图 2-4，一种高频隔离式三电平逆变器适用于高频电气隔离的高压逆变场合的全波型的电路拓扑，输入直流电源 U_i 的参考正极与输入滤波

器的滤波电感 L_0 的一端连接，输入滤波器的 L_0 另一端与输入滤波器的滤波电容 C_0 的正极连接，输入滤波器的滤波电容 C_0 的负极与储能电感 L 的一端连接，储能电感 L 的另一端与第一功率开关管 S1 的漏极和第三功率开关管 S3 的漏极相连，第一二极管 D1 和第三二极管 D3 分别反并联于第一功率开关管 S1 和第三功率开关管 S3 两端，即第一二极管 D1 的阴极与第一功率开关管 S1 的漏极连接，第一二极管 D1 的阳极与第一功率开关管 S1 的源极连接，第三二极管 D3 的阴极与第三功率开关管 S3 的漏极连接，第三二极管 D3 的阳极与第三功率开关管 S3 的源极连接，高频变压器 T2 第一原边绕组 N1 的同名端分别和第一功率开关管 S1 的源极和第四功率开关管 S4 的漏极连接，第四二极管 D4 的阴极与第四功率开关管 S4 的漏极连接，第四二极管 D4 的阳极与第四功率开关管 S4 的源极连接，高频变压器 T2 第二原边绕组 N2 的非同名端分别和第三功率开关管 S3 的源极和第二功率开关管 S2 的漏极连接，第二二极管 D2 的阴极与第二功率开关管 S2 的漏极连接，第二二极管 D2 的阳极与第二功率开关管 S2 的源极连接，高频变压器 T2 第一原边绕组 N1 的非同名端与第二原边绕组 N2 的同名端连接，第五功率开关管 S5 的漏极与第一原边绕组 N1 的非同名端和第二原边绕组 N2 的同名端连接，第五二极管 D5 的阴极与第五功率开关管 S5 的漏极连接，第五二极管 D5 的阳极与第五功率开关管 S5 的源极连接，输入直流电源的参考负极分别和第五功率开关管 S5 的源极、第四功率开关管 S4 的源极、第二功率开关管 S2 的源极连接，高频变压器 T2 的第四副边绕组 N4 的同名端与所述全波变换器的第十四功率开关管 S6′ 的漏极和第十四二极管 D6′ 的阴极连接作为第五双向功率开关管 SA′ 的一端，第十五功率开关管 S7′ 的漏极、第十五二极管 D7′ 的阴极连接在一起作为第五双向功率开关管 SA′ 的另一端，所述全波式周波变换器的第十四功率开关管 S6′ 的源极、第十四二极管 D6′ 的阳极、第十五功率开关管 S7′ 的源极、第十五二极管 D7′ 的阳极连接在一起，高频变压器 T2 的第五副边绕组 N5 的非同名端与所述全波式周波变换器的第十六功率开关管 S8′ 的漏极和第十六二极管 D8′ 的阴极连接，第十六功率开关管 S8′ 的漏极和第十六二极管 D8′ 的阴极连接作为双向功率开关管 SB′

的一端，第十七功率开关管 S9′ 的漏极、第十七二极管 D9′ 的阴极连接作为双向功率开关管 SB′ 的另一端，高频变压器 T2 的第四副边绕组 N4 的非同名端连接于第五副边绕组 N5 的同名端，所述全波周波变换器的第十六功率开关管 S8′ 的源极、第十六二极管 D8′ 的阳极、第十七功率开关管 S9′ 的源极、第十七二极管 D9′ 的阳极连接在一起，所述全波周波变换器的第十七功率开关管 S9′ 的漏极、第十七二极管 D9′ 的阴极、第十五功率开关管 S7′ 的漏极、第十五二极管 D7′ 的阴极连接，第十五功率开关管 S7′ 的漏极连接于输出滤波电容的正极，第五副边绕组 N5 的同名端连接于滤波电容 C_f 的负极后接"地"，滤波电容 C_f 的两端接交流负载 Z_L。

本发明的工作过程为：

本逆变器可以采用有源箝位的脉冲调制（SPWM）斩波的控制方式。当不稳定的高压输入直流 U_i 向交流负载 Z_L 传递功率时，储能电感经高频逆变器后可得到三种电平 U_{L1}、U_{L2}、U_{L3}，输入电源电压经过带储能电感的高频隔离式三电平逆变单元将其调制成双极性的高频脉冲电压，通过高频变压器的隔离、传递后，周波变换器将其解调成单极性的低频脉冲电压，再经输出滤波器进行输出滤波后得到稳定或可调的正弦交流电压 u_o，此逆变器具有四象限工作能力，因此可以带感性、容性、阻性和整流性负载，此逆变器的控制电路可根据交流负载的性质进行调整，从而在输出端得到稳定或可调的电压。该变换器将不稳定的高压直流电变换成稳定或可调的正弦电，并减少功率变换级数，实现高频电气隔离，适用于高压直-交变换场合，C_f 构成输出滤波器，该输出滤波器滤除所述的周波变换器的输出电压中的高压谐波，从而在输出交流负载侧得到高质量的正弦交流电压 u_o。

对于高频隔离式三电平逆变器适用于高频电气隔离的高压逆变场合的桥式电路拓扑，高频隔离式三电平逆变器在一个输出电压周期中的工作过程中电感产生三个电平的过程如下。

（1）输出电压正半周期的工作状态。

①输入储能电感 L 第一电平 U_{L1} 的产生，功率开关管 S1 闭合，S2 闭合，S3 闭合，S4 闭合，S5 断开，此时输入直流电源给储能电感 L 充电，

输入储能电感 L 充电，电感电流线性上升，电感出现第一电平 U_{L1}，周波变换器中的功率开关管 S7 闭合、S9 闭合、S11 闭合、S13 闭合，周波变换器中的功率开关管 S6 断开，S8 断开，S10 断开，S12 断开，输出滤波电容 C_f 与输出交流负载 Z_L 构成回路，输出滤波电容 C_f 对负载 Z_L 供电。

②输入储能电感 L 第二电平 U_{L2} 的产生，功率开关管 S1 闭合，功率开关管 S5 闭合，S2 关断、S3 关断、S4 关断，此时有回路输入电源 U_i 正极—输入滤波器—输入储能电感 L—功率开关管 S1—高频变压器 T1 第一原边绕组 N1—功率开关管 S5—输入电源 U_i 负极，输入电感 L 的电流开始下降，输入电感出现第二电平 U_{L2}，输入电压 U_i 经电感 L 由高频变压器 T1 的第一原边绕组 N1 传递能量到高频变压器 T1 第三副边绕组 N3，功率开关管 S6 闭合，功率开关管 S12 闭合，高频变压器 T1 副边侧的回路由高频变压器 T1 第三副边绕组 N3 同名端—功率开关管 S7—功率开关管 S6—输出滤波电容和输出交流负载—功率开关管 S13—功率开关管 S12—高频变压器 T1 第三副边绕组 N3 的非同名端所构成，此时输入电压 U_i 经电感 L 由高频变压器 T1 第一原边绕组 N1 传递能量到高频变压器 T1 第三副边绕组 N3，给输出滤波电容 C_f 和负载 R_L 供电。输入储能电感 L 第二电平 U_{L2} 产生的另一种模态，功率开关管 S3 闭合，功率开关管 S5 闭合，S1 关断、S2 关断、S4 关断，此时有回路输入电源 U_i 正极—输入滤波器—输入储能电感 L—功率开关管 S3—高频变压器 T1 第二原边绕组 N2—功率开关管 S5—输入电源 U_i 负极，输入电感 L 的电流开始下降，输入电感出现第二电平 U_{L2}，功率开关管 S8 闭合，功率开关管 S10 闭合，高频变压器 T1 副边侧的回路由高频变压器 T1 第三副边绕组 N3 的非同名端—功率开关管 S9—功率开关管 S8—输出滤波电容和输出交流负载—功率开关管 S11—功率开关管 S10—高频变压器 T1 第三副边绕组 N3 的同名端所构成，此时输入电压 U_i 经电感 L 由高频变压器 T1 第二原边绕组 N2 传递能量到高频变压器 T1 第三副边绕组 N3，给输出滤波电容 C_f 和负载 R_L 供电。

③输入储能电感 L 第三电平 U_{L3} 的产生，功率开关管 S1 闭合，功率开关管 S2 闭合，S3 关断，S4 关断，S5 关断，此时有回路输入电源 U_i 正极—

输入滤波器—输入储能电感 L—功率开关管 S1—高频变压器 T1 第一原边绕组 N1—第二原边绕组 N2—功率开关管 S2—输入电源 U_i 负极，输入电感 L 的电流继续下降，输入电感出现第三电平 U_{L3}，功率开关管 S6 闭合，功率开关管 S12 闭合，高频变压器 T1 副边侧的回路由高频变压器 T1 第三副边绕组 N3 同名端—功率开关管 S7—功率开关管 S6—输出滤波电容和输出交流负载—功率开关管 S13—功率开关管 S12—高频变压器 T1 第三副边绕组 N3 的非同名端所构成，此时输入电压 U_i 经电感 L 由高频变压器 T1 第一原边绕组 N1 和第二原边绕组 N2 传递能量到高频变压器 T1 第三副边绕组 N3，给输出滤波电容 C_f 和负载 R_L 供电。输入储能电感 L 第三电平 U_{L3} 的产生的另一种模态，功率开关管 S3 闭合，功率开关管 S4 闭合，S1 关断，S2 关断，S5 关断，此时有回路输入电源 U_i 正极—输入滤波器—输入储能电感 L—功率开关管 S3—高频变压器 T1 第二原边绕组 N2—第一原边绕组 N1—功率开关管 S4—输入电源 U_i 负极，输入电感 L 的电流继续下降，输入电感出现第三电平 U_{L3}，功率开关管 S8 闭合，功率开关管 S10 闭合，高频变压器 T1 副边侧的回路由高频变压器 T1 第三副边绕组的非同名端—功率开关管 S9—功率开关管 S8—输出滤波电容和输出交流负载—功率开关管 S11—功率开关管 S10—高频变压器 T1 第三副边绕组 N3 的同名端所构成，此时输入电压 U_i 经电感 L 由高频变压器 T1 第二原边绕组 N2 和第一原边绕组 N1 传递能量到高频变压器 T1 第三副边绕组 N3，给输出滤波电容 C_f 和负载 R_L 供电。

（2）输出电压负半周期的工作过程。

①输入储能电感 L 第一电平 U_{L1} 的产生，功率开关管 S1 闭合，S2 闭合，S3 闭合，S4 闭合，S5 断开，输入电源 U_i 输入储能电感 L 充电，电感电流线性上升，电感出现第一电平 U_{L1}，周波变换器中的功率开关管 S6 闭合、S8 闭合、S10 闭合、S12 闭合，周波变换器中的功率开关管 S7 断开，S9 断开，S11 断开，S13 断开，此输出滤波电容 C_f—输出交流负载 Z_L 构成回路，输出滤波电容 C_f 对负载 Z_L 供电。

②输入储能电感 L 第二电平 U_{L2} 的产生，功率开关管 S1 闭合，功率开

关管 S5 闭合，S2 关断、S3 关断、S4 关断，此时有回路输入电源 U_i 正极—输入滤波器—输入储能电感 L—功率开关管 S1—高频变压器 T1 第一原边绕组 N1—功率开关管 S5—输入电源 U_i 负极，输入电感 L 的电流开始下降，输入电感出现第二电平 U_{L2}，功率开关管 S9 闭合，功率开关管 S11 闭合，高频变压器 T1 副边侧的回路由高频变压器 T1 副边侧同名端—功率开关管 S10—功率开关管 S11—输出滤波电容和输出交流负载—功率开关管 S8—功率开关管 S9—高频变压器 T1 第三副边绕组 N3 的非同名端所构成，此时输入电压 U_i 经电感 L 由高频变压器 T1 第一原边绕组 N1 传递能量到高频变压器 T1 第三副边绕组 N3，给输出滤波电容 C_f 和负载 R_L 供电。输入储能电感 L 第二电平 U_{L2} 产生的另一种模态，功率开关管 S3 闭合，功率开关管 S5 闭合，S1 关断、S2 关断、S4 关断，此时有回路输入电源 U_i 正极—输入滤波器—输入储能电感 L—功率开关管 S3—高频变压器 T1 第二原边绕组 N2—功率开关管 S5—输入电源 U_i 负极，输入电感 L 的电流开始下降，输入电感出现第二电平 U_{L2}，功率开关管 S7 闭合，功率开关管 S13 闭合，高频变压器 T1 副边侧的回路由高频变压器 T1 副边侧非同名端—功率开关管 S12—功率开关管 S13—输出滤波电容和输出交流负载—功率开关管 S6—功率开关管 S7—高频变压器 T1 第三副边绕组 N3 的同名端所构成，此时输入电源 U_i 经电感 L 由高频变压器 T1 第二原边绕组 N2 传递能量到高频变压器 T1 第三副边绕组 N3，给输出滤波电容 C_f 和负载 R_L 供电。

③输入储能电感 L 第三电平 U_{L3} 的产生，功率开关管 S1 闭合，功率开关管 S2 闭合，S3 关断、S4 关断、S5 关断，此时有回路输入电源 U_i 正极—输入滤波器—输入储能电感 L—功率开关管 S1—高频变压器 T1 第一原边绕组 N1—第二原边绕组 N2—功率开关管 S2—输入电源 U_i 负极，输入电感 L 的电流继续下降，输入电感出现第三电平 U_{L3}，功率开关管 S9 闭合，功率开关管 S11 闭合，高频变压器 T1 副边侧的回路由高频变压器 T1 副边侧同名端—功率开关管 S10—功率开关管 S11—输出滤波电容和输出交流负载—功率开关管 S8—功率开关管 S9—高频变压器 T1 第三副边绕组 N3 的非同名端所构成，此时输入电源 U_i 经电感 L 由高频变压器 T1 第一原边绕组 N1 和

第二原边绕组 N2 传递能量到高频变压器 T1 第三副边绕组 N3，给输出滤波电容 C_f 和负载 R_L 供电。输入储能电感 L 第三电平 U_{L3} 产生的另一种模态，功率开关管 S3 闭合，功率开关管 S4 闭合，S1 关断、S2 关断、S5 关断，此时有回路输入电源 U_i 正极—输入滤波器—输入储能电感 L—功率开关管 S3—高频变压器 T1 第二原边绕组 N2—第一原边绕组 N1—功率开关管 S4—输入电源 U_i 负极，输入电感 L 的电流继续下降，输入电感出现三电平 U_{L3}，功率开关管 S7 闭合，功率开关管 S13 闭合，高频变压器 T1 副边侧的回路由高频变压器 T1 副边侧非同名端—功率开关管 S12—功率开关管 S13—输出滤波电容和输出交流负载—功率开关管 S6—功率开关管 S7—高频变压器 T1 第三副边绕组 N3 的同名端所构成，此时输入电压 U_i 经电感 L 由高频变压器 T1 第二原边绕组 N2 和第一原边绕组 N1 传递能量到高频变压器 T1 第三副边绕组 N3，给输出滤波电容 C_f 和负载 R_L 供电。

对于高频隔离式三电平逆变器适用于高频电气隔离的高压逆变场合的全波电路拓扑，高频隔离式三电平逆变器在一个输出电压周期的工作过程中电感产生三个电平的过程如下。

（1）输出电压正半周期的工作状态。

①输入储能电感 L 第一电平 U_{L1} 的产生，功率开关管 S1 闭合，S2 闭合，S3 闭合，S4 闭合，S5 断开，此时输入直流电源给储能电感 L 充电，输入储能电感 L 充电，电感电流线性上升，电感出现第一电平 U_{L1}，周波变换器中的四象限功率开关管 SA′、SB′闭合，输出滤波电容 C_f 与输出交流负载 Z_L 构成回路，输出滤波电容 C_f 对负载 Z_L 供电。

②输入储能电感 L 第二电平 U_{L2} 的产生，功率开关管 S1 闭合，功率开关管 S5 闭合，S2 关断、S3 关断、S4 关断，此时有回路输入电源 U_i 正极—输入滤波器—输入储能电感 L—功率开关管 S1—高频变压器 T2 第一原边绕组 N1—功率开关管 S5—输入电源 U_i 负极，输入电感 L 的电流开始下降，输入电感出现第二电平 U_{L2}，四象限功率开关管 SA′闭合，高频变压器 T2 副边侧的回路由高频变压器 T2 第四副边绕组 N4 同名端—四象功率开关管 SA′—输出滤波电容和输出交流负载—高频变压器 T2 第四副边绕组 N4 的

非同名端所构成，此时输入电源 U_i 经电感 L 由高频变压器 T2 第一原边绕组 N1 传递能量到高频变压器 T2 第四副边绕组 N4，给输出滤波电容 C_f 和负载 R_L 供电。输入储能电感 L 第二电平 U_{L2} 的产生的另一种模态，四象限功率开关管 SB′ 闭合，功率开关管 S5 闭合，S1 关断、S2 关断、S4 关断，此时有回路输入电源 U_i 正极—输入滤波器—输入储能电感 L—功率开关管 S3—高频变压器 T2 第二原边绕组 N2—功率开关管 S5—输入电源 U_i 负极，输入电感 L 的电流开始下降，输入电感出现第二电平 U_{L2}，高频变压器 T2 副边侧的回路由高频变压器 T2 第五副边绕组 N5 的非同名端—四象限功率开关管 SB′—输出滤波电容和输出交流负载—高频变压器 T2 第五副边绕组 N5 的同名端所构成，此时输入电压 U_i 经电感 L 由高频变压器 T2 第二原边绕组 N2 传递能量到高频变压器 T2 第五副边绕组 N5，给输出滤波电容 C_f 和负载 R_L 供电。

③ 输入储能电感 L 第三电平 U_{L3} 的产生，功率开关管 S1 闭合，功率开关管 S2 闭合，S3 关断，S4 关断，S5 关断，此时有回路输入电源 U_i 正极—输入滤波器—输入储能电感 L—功率开关管 S1—高频变压器 T2 第一原边绕组 N1—第二原边绕组 N2—功率开关管 S2—输入电源 U_i 负极，输入电感 L 的电流继续下降，输入电感出现第三电平 UL3，四象限功率开关管 SA′ 闭合，高频变压器 T2 副边侧的回路由高频变压器 T2 第四副边绕组 N4 同名端—四象限功率开关管 SA′—输出滤波电容和输出交流负载—高频变压器 T2 第四副边绕组 N4 的非同名端所构成，此时输入电源 U_i 经电感 L 由高频变压器 T2 第一原边绕组 N1 和第二原边绕组 N2 传递能量到高频变压器 T2 第四副边绕组 N4，给输出滤波电容 C_f 和负载 R_L 供电。输入储能电感 L 第三电平 U_{L3} 的产生的另一种模态，功率开关管 S3 闭合，功率开关管 S4 闭合，S1 关断，S2 关断，S5 关断，此时有回路输入电源 U_i 正极——输入滤波器—输入储能电感 L—功率开关管 S3—高频变压器 T2 第二原边绕组 N2—第一原边绕组 N1—功率开关管 S4—输入电源 U_i 负极，输入电感 L 的电流继续下降，输入电感出现第三电平 U_{L3}，四象限功率开关管 SB′ 闭合，高频变压器 T2 副边侧的回路由高频变压器 T2 第五副

边绕组 N5 的非同名端——四象限功率开关管 SB′——输出滤波电容和输出交流负载——高频变压器 T2 第五副边绕组 N5 的同名端所构成，此时输入电源 U_i 经电感 L 由高频变压器 T2 第二原边绕组 N2 和第一原边绕组 N1 传递能量到高频变压器 T2 第五副边绕组 N5，给输出滤波电容 C_f 和负载 R_L 供电。

（2）输出电压负半周期的工作状态。

①输入储能电感 L 第一电平 U_{L1} 的产生，功率开关管 S1 闭合，S2 闭合，S3 闭合，S4 闭合，S5 断开，此时输入直流电源给储能电感 L 充电，输入储能电感 L 充电，电感电流线性上升，电感出现第一电平 U_{L1}，周波变换器中的四象限功率开关管 SA′、SB′闭合，输出滤波电容 C_f 与输出交流负载 Z_L 构成回路，输出滤波电容 C_f 对负载 Z_L 供电。

②输入储能电感 L 第二电平 U_{L2} 的产生，功率开关管 S1 闭合，功率开关管 S5 闭合，S2 关断、S3 关断、S4 关断，此时有回路输入电源 U_i 正极——输入滤波器——输入储能电感 L——功率开关管 S1——高频变压器 T2 第一原边绕组 N1——功率开关管 S5——输入电源 U_i 负极，输入电感 L 的电流开始下降，输入电感出现第二电平 U_{L2}，四象限功率开关管 SB′闭合，高频变压器 T2 副边侧的回路由高频变压器 T2 第五副边绕组 N5 同名端——输出滤波电容和输出交流负载——四象限功率开关管 SB′——高频变压器 T2 第五副边绕组 N5 的非同名端所构成，此时输入电压 U_i 经电感 L 由高频变压器 T2 第一原边绕组 N1 传递能量到高频变压器 T2 第五副边绕组 N5，给输出滤波电容 C_f 和负载 R_L 供电。输入储能电感 L 第二电平 U_{L2} 产生的另一种模态，功率开关管 S3 闭合，功率开关管 S5 闭合，S1 关断、S2 关断、S4 关断，此时有回路输入电源 U_i 正极——输入滤波器——输入储能电感 L——功率开关管 S3——高频变压器 T2 第二原边绕组 N2——功率开关管 S5——输入电源 U_i 负极，输入电感 L 的电流开始下降，输入电感出现第二电平 U_{L2}，四象限功率开关管 SA′闭合，高频变压器 T2 副边侧的回路由高频变压器 T2 第四副边绕组 N4 的非同名端——输出滤波电容和输出交流负载——四象限功率开关管 SA′——高频变压器 T2 第四副边绕组 N4 的同名端所构成，此时输入电压 U_i 经电感 L 由高频

变压器 T2 第二原边绕组 N2 传递能量到高频变压器 T2 第四副边绕组 N4，给输出滤波电容 C_f 和负载 R_L 供电。

③输入储能电感 L 第三电平 U_{L3} 的产生，功率开关管 S1 闭合，功率开关管 S2 闭合，S3 关断，S4 关断，S5 关断，此时有回路输入电源 U_i 正极—输入滤波器—输入储能电感 L—功率开关管 S1—高频变压器 T2 第一原边绕组 N1—第二原边绕组 N2—功率开关管 S2—输入电源 U_i 负极，输入电感 L 的电流继续下降，输入电感出现第三电平 U_{L3}，四象限功率开关管 SB′ 闭合，高频变压器 T2 副边侧的回路由高频变压器 T2 第五副边绕组 N5 同名端—输出滤波电容和输出交流负载—四象限功率开关管 SB′—高频变压器 T2 第五副边绕组 N5 的非同名端所构成，此时输入电压 U_i 经电感 L 由高频变压器 T2 第一原边绕组 N1 和第二原边绕组 N2 传递能量到高频变压器 T2 第五副边绕组 N5，给输出滤波电容 C_f 和负载 R_L 供电。输入储能电感 L 第三电平 U_{L3} 产生的另一种模态，功率开关管 S3 闭合，功率开关管 S4 闭合，S1 关断，S2 关断，S5 关断，此时有回路输入电源 U_i 正极——输入滤波器—输入储能电感 L—功率开关管 S3—高频变压器 T2 第二原边绕组 N2—第一原边绕组 N1—功率开关管 S4—输入电源 U_i 负极，输入电感 L 的电流继续下降，输入电感出现第三电平 U_{L3}，四象限功率开关管 SA′ 闭合，高频变压器 T2 副边侧的回路由高频变压器 T2 第四副边绕组 N4 的非同名端—输出滤波电容和输出交流负载—四象限功率开关管 SA′—高频变压器 T2 第四副边绕组 N4 的同名端所构成，此时输入电压 U_i 经电感 L 由高频变压器 T2 第二原边绕组 N2 和第一原边绕组 N1 传递能量到高频变压器 T2 第四副边绕组 N4，给输出滤波电容 C_f 和负载 R_L 供电。

本发明具有功率变换级数少（直流 DC - 高频交流 HFAC - 低频交流 LFAC），双向功率流，输出滤波器前端电压频谱特性好等优点，因而提高了变换效率和功率密度、减小了体积和重量。

5. 撰写后的评析和心得

本申请保护的主题是一种基于 Boost 变换器的高频隔离式三电平逆变

器，实际上是一种电路结构，为了充分公开说明书的内容，在说明书撰写时首先要写清楚电路的结构，也就是要写清楚电路中各个元器件的连接关系，在案例 1 的具体实施方式部分，前几段都是结合附图对电路的结构进行描述，代理人将电路中各个元器件的连接关系写得非常清楚，详细到每个元器件的引脚是如何连接的，本领域技术人员根据这些元器件的连接关系很容易弄清楚电路的构造。另外，要写清楚电路的工作过程，本申请对适用于高频电气隔离的高压逆变场合的桥式电路拓扑，写出了输出电压正半周期的工作状态和输出电压负半周期的工作状态；并且对适用于高频电气隔离的高压逆变场合的全波电路拓扑，也写出了输出电压正半周期的工作状态和输出电压负半周期的工作状态，从而使本领域技术人员更好地了解该电路的工作模式和工作状态。

说明书附图中，图 2-5 是整个电路的原理框图，从该图中可以清楚电路各组成部分以及连接关系，该附图是为了让本领域技术人员更容易理解本发明的技术方案，但该附图并不是必要的附图，当电路结构不是很复杂时可以省略。图 2-3 和图 2-4 是本申请必须具备的附图，这两幅图充分公开了本申请的技术方案和技术细节。

二、系统类专利的说明书撰写

系统类专利一般是软件和硬件混合的系统，硬件作为软件实施的载体，可以是成熟的硬件也可以是新研制的器件。通过系统中软件的运行，从而实现系统的各项功能。这种系统类专利在撰写时要写清楚各模块（单元）之间的连接关系和相互之间的处理过程。因为每个模块都是通过与其他模块的配合才能完成一项整体的功能。如果某个模块本身具有创新性，也应对该模块加以描述和说明。如果系统中的硬件是新研制的器件，还需要把该器件的结构及原理描述清楚，从而实现说明书的充分公开。

（一）系统类专利说明书的充分公开

系统类专利保护的是系统的构成，包括系统中各个模块之间的连接和各个模块本身的功能,在说明书中应写清楚系统中各模块之间的连接关系及其信号传输,并且需要介绍每个模块的功能和作用。必要时,可以写出模块的硬件型号和加载的软件,通过这样的描述,可以对发明的内容进行清楚完整的介绍,从而实现说明书的充分公开。

(二) 系统类专利说明书附图的绘制

系统类专利的附图一般是原理框图,框图中的每个方框表示一个功能模块,通过直线或者箭头表示功能模块之间的信号交互,这样就可以利用原理框图将系统的框架搭建出来。必要时,可以在方框内写上文字,从而使原理框图的内容更加完整。另外,根据需要提供一些模块的工作流程图。

(三) 系统类专利说明书的撰写案例

下面以申请人提交的技术交底书"一种基于LabVIEW开放性微电网实验系统"作为案例2,结合该案例的内容详细介绍说明书的撰写过程和步骤。

申请人想保护一种微电网实验系统,提供的技术交底书如下。

一种基于LabVIEW开放性微电网实验系统

由于微电网设备的多样性以及分布式电源的不可控性和随机波动性,使得电源的协调控制问题比较复杂。对于在保证系统电能质量的前提下,实现多种分布式电源单元的灵活投切以及微电网控制的平滑过渡,这些都是有待解决的研究课题。然而,目前分布式电源微电网的运行实例较少,因此,建立分布式电源微电网实验系统是研究分析微电网运行的重要手段。该实验系统的原理图(见图2-6)如下:

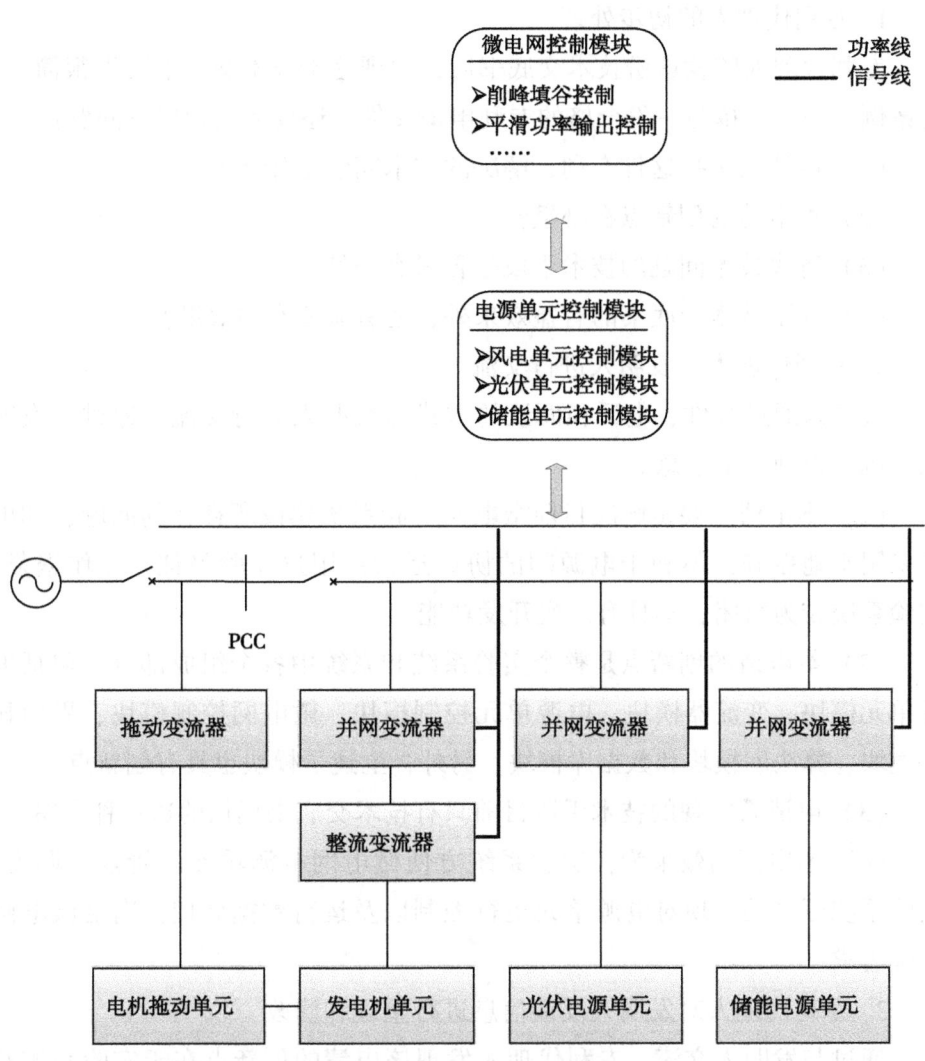

图 2-6 一种基于 LabVIEW 开放性微电网实验系统原理

本申请的实验系统支持二次开发，除了利用所提供的算法库模块和微电网控制模块进行简单的微电网控制实验外，还可通过提供的二次开发接口自主写入控制算法实现电源运行控制和微电网调度的二次开发，以满足更加深入的研究需要。

1. 专利代理人的初步处理

专利代理人阅读这份技术交底书后,发现这份技术交底书写得很简单,与案例1一样,撰写一份合格的专利申请文件,还要弄清楚以下问题:

(1) 申请人申报这件专利,解决的技术问题是什么?

(2) 本申请的创新点在哪里?

(3) 解决技术问题的技术手段是否只有一种?

(4) 除了技术交底书的有益效果外,还有哪些有益效果?

2. 专利代理人与发明人进行交流

代理人通过邮件、电话和面谈的方式与发明人进行交流,通过与发明人交流,得到以下信息。

(1) 本申请主要是解决目前微电网实验系统建设所存在的问题,如电源采用本地控制,不利于电源间的协调运行;用户体验欠佳,操作繁复;实验系统较为封闭,不具有二次开发功能。

(2) 本申请的创新点是整个实验系统和系统中各个组成部分,包括电源单元模块、变流器模块、电源单元控制模块、微电网控制模块、界面显示模块、算法库模块和数据库模块。另外,上述子模块也具有创新点。

(3) 申请人实现的技术手段目前只有技术交底书提供的这一种方案。

(4) 本申请的效果为:实验系统方便微电网电源单元的管理、调度;实验系统可自动实现对电源单元运行控制以及运行数据处理,满足微电网实验需求。

3. 专利代理人对发明人反馈信息进行整理和修改

通过与发明人交流,专利代理人发现该申请的创新点在于实验系统和实验系统中各组成部分。在撰写说明书时,要写清楚系统整体的构成和系统中各模块的构成。缺少的材料需要发明人提供或者代理人自行收集。由于实验系统中的很多模块还包括若干子模块,在撰写时也要把子模块介绍清楚,例如,实验系统中变流器模块包括5个变流器,该5个变流器包括1个拖动变流器、1个整流变流器和3个并网变流器。

其中,拖动变流器的输入侧接配电网,输出侧接电机拖动单元。

整流变流器的输入侧接发电机单元,输出侧接第一并网变流器的输入侧,第一并网变流器的输出侧接配电网。

第二并网变流器的输入侧接光伏电源单元,第二并网变流器的输出侧接配电网。

第三并网变流器的输入侧接储能电源单元,第三并网变流器的输出侧接配电网。

除此之外,还应把每个模块的功能以及与其他模块的连接和信息交互关系写清楚。只有这样,才能将说明书充分公开。

说明书附图也需要修改,附图中除了具备能体现出整个实验系统的框架图,还需要系统关键模块的工作流程图。这些附图由申请人补交。

4. 撰写和审阅说明书形成报出稿

通过上述思考和沟通,代理人就把握住了本申请的发明点和实施方式,然后根据上述信息按照说明书的格式及其各组成部分的要求撰写技术领域、背景技术、发明内容、附图说明和具体实施方式,并提供说明书附图。代理人撰写之后,发给发明人进行审核、修改和完善,从而形成报出稿,说明书及其附图如下。

一种基于LabVIEW开放性微电网实验系统

技术领域

本发明属于微电网实验技术领域,具体涉及一种基于LabVIEW开放性微电网实验系统。

背景技术

随着世界经济和工业的飞速发展,全球对能源的需求也迅速加大,与此同时煤炭、石油等传统能源随着逐步消耗正日趋枯竭,所以,开发新能源、加强可再生能源的利用成为各国的发展共识和必然选择。分布式发电以其灵活、经济与环保等主要优势,得到越来越广泛的应用。但分布式电源本身也存在诸多问题,例如分布式电源单机接入成本高,功率输出具有随机性和波动性,对电网的安全性构成威胁。为协调分布式电源与电网的矛盾,提高分布式电源的可控性和经济性,学者们提出了微电网的概念。

所谓微电网是指由分布式电源、储能装置、能量转换装置、负荷、监控和保护装置等组成的小型发配电系统，是一个能够实现自我控制、保护和管理的自治系统。

由于微电网设备的多样性以及分布式电源的不可控性和随机波动性，使得电源的协调控制问题比较复杂。对于在保证系统电能质量的前提下，实现多种分布式电源单元的灵活投切以及微电网控制的平滑过渡，都是有待解决的研究课题。然而，目前分布式电源微电网的运行实例较少，因此，建立分布式电源微电网实验系统是研究分析微电网运行的重要手段。

目前微电网实验系统的建设也存在诸多问题，如电源采用本地控制，不利于电源间的协调运行；用户体验欠佳，操作繁复；实验系统较为封闭，不具有二次开发功能等。

发明内容

本发明的目的在于提供一种基于LabVIEW开放性微电网实验系统。

实现本发明目的的技术解决方案为：（略）

本发明与现有技术相比，其显著优点为：（1）本发明的基于LabVIEW开放性微电网实验系统实现电源单元集中控制管理，电源单元的电气硬件设备通过ADS通讯映射至LabVIEW软件实验系统，并提供电源单元数据交互接口，方便微电网电源单元的管理、调度；（2）本发明的基于Lab-VIEW开放性微电网实验系统实现电源单元模块化封装，将电源单元封装成图形化模块，提供通信、控制量和运行数据信息等参数接口，使得微电网实验系统界面更加简洁、形象，便于操作；（3）本发明的实验系统提供算法库，控制算法库包含电源单元的控制算法和数据管理算法。利用控制算法模块和数据管理算法可自动实现对电源单元运行控制以及运行数据处理，满足微电网实验需求。（4）本发明的实验系统支持二次开发，除了利用所提供的算法库模块和微电网控制模块进行简单的微电网控制实验，还可通过提供的二次开发接口自主写入控制算法实现电源运行控制和微电网调度的二次开发，以满足更加深入的研究需要。

下面结合附图对本发明作进一步详细描述。

附图说明

图 2-7 为本发明的基于 LabVIEW 的微电网实验系统总体架构示意图。

图 2-8 为本发明的微电网光伏单元运行控制流程示意图。

图 2-9 为本发明的微电网储能电源单元运行控制流程示意图。

图 2-10 为本发明的微电网风电电机拖动单元运行控制流程示意图。

图 2-11 为本发明的微电网风电发电单元运行控制流程示意图。

图 2-12 为本发明的微电网调度流程示意图。

具体实施方式

本发明的一种基于 LabVIEW 开放性微电网实验系统,包括依次相连的电源单元模块、变流器模块、电源单元控制模块和微电网控制模块,还包括界面显示模块、算法库模块和数据库模块,该三个模块均与电源单元控制模块、微电网控制模块相连;

其中,电源单元模块用于给微电网提供电能;

变流器模块用于控制电源单元模块即用于控制光伏、储能和风电的并网发电以及模拟风机转动;

电源单元控制模块用于控制变流器模块,实现电源单元的运行控制;

微电网控制模块用于调度电源单元控制模块,实现分布式电源的协调优化运行,并提供二次开发接口;

算法库模块用于提供电源单元的控制算法和数据管理算法,并开放二次开发接口;

数据库模块用于接收电源单元控制模块和算法库模块的数据信息,并对所述数据信息进行存储;

界面显示模块用于对电源单元控制模块和微电网控制模块进行基于 LabVIEW 的图形化显示。

所述电源单元模块包括风电电源单元、光伏电源单元和储能电源单元,其中风电电源单元包括电机拖动单元和发电机单元。

所述变流器模块包括 5 个变流器,该 5 个变流器包括 1 个拖动变流器、1 个整流变流器和 3 个并网变流器;

其中，拖动变流器的输入侧接配电网，输出侧接电机拖动单元；

整流变流器的输入侧接发电机单元，输出侧接第一并网变流器的输入侧，第一并网变流器的输出侧接配电网；

第二并网变流器的输入侧接光伏电源单元，第二并网变流器的输出侧接配电网；

第三并网变流器的输入侧接储能电源单元，第三并网变流器的输出侧接配电网。

所述电源单元控制模块通过自动化设备通讯规范 ADS，将电源单元硬件设备映射至 LabVIEW 软件实验系统并封装成图形化模块，电源单元控制模块提供控制量和运行数据信息接口，对各电源单元进行启停、控制参数写入和运行数据信息监测操作；电源单元控制模块具体包括：用于控制光伏电源单元工作的光伏单元控制模块、用于控制储能电源单元工作的储能单元控制模块和用于控制拖动电机和发电机工作的风电单元控制模块。

所述微电网控制模块提供削峰填谷控制模块和平滑微电网功率输出控制模块。其中，削峰填谷控制模块，根据电网所处的峰/谷运行时段以及用电供需平衡状况，通过调度储能电源单元支撑电网；平滑微电网功率输出控制模块，根据电源单元的能量波动，针对每个电源单元产生的发电目标，平滑微电网的功率输出，减少对电网的冲击。

所述算法库模块包含各电源单元的控制算法和数据管理算法。其中，控制算法利用数据库模块的电源单元运行数据信息，自动实现控制电源单元的运行，通过电源单元控制模块实现控制量下达至变流器硬件设备完成控制功能；数据管理算法提供各电源单元数据处理的算法，描述电源单元运行状态。

所述界面显示模块包括界面管理模块、看门狗管理模块和报警管理模块。

所述并网变流器的规格参数为：交流侧额定功率10kW、交流侧额定电压380Vac、交流侧额定频率50Hz、交流侧额定输出电流15A；拖动变流器的规格参数为额定输出功率15kW、交流侧额定输入电压380Vac、交流侧额定输入频率50Hz、额定输入电流23A；整流变流器的规格参数为额定输入功率10kW、交流侧额定输入电压400Vac、交流侧额定输入频率50Hz、交流侧允许频率范围0~320Hz。

下面进行更详细的描述：

如图2-7所示，微电网实验系统通过ADS通讯将电源单元硬件设备映射至LabVIEW软件实验系统，获取微网硬件设备的状态信息、环境信息以及各种电气参数，并将电源单元封装成模块，提供控制量和运行数据信息。算法库模块中的控制算法利用数据库模块提供的电源单元数据信息，执行控制算法后得到控制参数，下达至相应的电源单元控制模块。其中，电源单元的控制算法取决于微电网的调度策略。最后，电源单元控制模块再通过ADS通讯将控制参数传达至变流器模块，驱动电源单元运行。涉及的模块包括依次相连的电源单元模块、变流器模块、电源单元控制模块和微电网控制模块，还包括界面显示模块、算法库模块和数据库模块，该三个模块均与电源单元控制模块、微电网控制模块相连。

电源单元模块包括光伏模拟器、储能蓄电池和风机模拟器（异步电动机和永磁同步发电机对拖系统）。

变流器模块包括光伏并网变流器、储能并网变流器、风电电机拖动变流器、风电整流变流器和风电并网变流器。光伏并网变流器控制光伏直流侧电压和无功输出。储能并网变流器控制储能直流侧电压和无功输出。风电拖动变流器通过控制异步电动机的转速模拟风机转动；风电整流变流器控制发电机转矩；风电并网变流器用于稳定整流后直流侧电压。

电源单元控制模块包括光伏单元控制模块、储能单元控制模块和风电单元控制模块。光伏单元控制模块用于控制光伏并网变流器实现光伏电源单元直流侧电压和无功输出的可控。储能单元控制模块用于控制储能并网变流器实现储能电源单元直流侧电压和无功输出的可控。风电单元控制模块分为风电电机拖动控制模块和风电发电控制模块。其中，风电电机拖动控制模块控制风电电机拖动变流器实现电机转速的可控，风电发电控制模块中的风电整流控制模块用于控制风电整流变流器实现电机发电，风电发电控制模块中的风电并网控制模块用于控制风电并网变流器实现稳定整流后直流侧电压。

微电网控制模块用于调度电源单元控制模块，实现光伏单元、储能单元和风电单元的协调优化运行，并提供二次开发接口。微电网控制模块提供削峰填谷控制模块和平滑微电网功率输出控制模块。微电网调度的二次开发，根据数据库模块提供的电源单元数据，利用微电网控制模块提供的电源单元运行方式接口，可自主编写调度算法实现不同控制目标下的电源单元调度运行。

算法库模块包含电源单元的控制算法和数据管理算法。控制算法利用数据库模块的电源单元运行数据信息，可自动实现控制电源单元的运行，通过电源单元控制模块实现控制量下达至变流器硬件设备完成控制功能。数据管理算法用于电源单元运行数据的处理，可更加详尽地描述微电网和电源单元的运行状况。

控制算法包含光伏电源单元控制算法、储能电源单元控制算法和风电电源单元控制算法。光伏电源单元控制算法，包括恒压控制算法和最大功率点跟踪（Maximum Power Point Tracking，MPPT）控制算法。储能电源单元控制算法，包括恒压充放电控制算法，恒流充放电控制算法，恒功率充放电控制算法和三段式充电控制算法。风电电源单元控制算法，包括风电发电单元的恒转矩控制算法、最大功率点跟踪变转矩控制算法、风电电机拖动单元的恒转速控制算法和在各种不同风速情况下模拟风机的变转速控制算法。控制算法的二次开发，根据自主写入的控制算法，基于电源单元控制模块提供的控制量接口实现电源单元运行控制。

数据管理算法包含变流器在线总时长算法、变流器运行总时长算法、电源单元能量总输出算法、储能蓄电池电荷状态（State of Charge，SOC）算法、储能蓄电池最大放电功率算法和储能最大充电功率算法。变流器在线总时长算法用于统计变流器的待机和运行总时间。变流器运行总时长算法用于统计变流器的运行时间。电源单元能量总输出算法用于统计电源单元输出的总发电量。储能蓄电池电荷状态算法用于计算电池的剩余容量。储能蓄电池最大放电功率算法用于计算电池在单位时间内输出的最大功率。储能最大充电功率算法用于计算电池在单位时间内存储的最大功率。数据管理算法的二次开发，利用数据库提供的数据信息，根据自主编写的数据管理算法处理数据信息，描述其他运行状态用于电源单元和微电网的运行分析。

数据库模块用于接收光伏单元控制模块、储能单元控制模块、风电单元控制模块和算法库模块的数据信息，并对所述数据信息进行存储。

界面显示模块包括界面管理模块、看门狗管理模块和报警管理模块。界面管理模块负责对电源单元控制模块界面和微电网控制模块界面的图标显示进行管理。看门狗管理模块以显示灯的形式，表征电源单元控制模块与变流器模块之间的通讯状态。报警管理模块也采用显示灯的形式，对电源单元模块和变流器模块的硬件故障进行报警。

如图 2-8 所示，通过 ADS 通讯将光伏电源单元硬件设备映射至 LabVIEW 软件实验系统，并封装成光伏单元控制模块，提供运行数据（光伏直流侧电压、输出电流、输出功率等）和控制量（启停、直流侧电压和无功电流）接口。运行数据存储于数据库模块，且数据库模块向算法库模块提供光伏电源单元的数据信息。算法库模块中的数据管理算法对数据信息进行处理，得到光伏电源单元在线时长、运行时长和输出能量等，并存入数据库模块。算法库模块中的控制算法包括恒压控制和 MPPT 控制，根据运行方式、运行数据和控制目标值计算得到光伏电源单元直流侧电压参考值和无功电流参考值，下达给光伏电源单元控制模块。光伏电源单元控制模块再通过 ADS 通讯传至光伏并网变流器，实现光伏单元发电控制。

光伏单元控制模块提供的二次开发接口，包括光伏单元启停控制量、直流侧电压控制量和无功电流控制量。

如图 2-9 所示，通过 ADS 通讯将储能电源单元硬件设备映射至 LabVIEW 软件实验系统，并封装成储能单元控制模块，提供运行数据（蓄电池直流侧电压、输出电流、输出功率等）和控制量（启停、直流侧电压和无功电流）。运行数据存储于数据库模块，且数据库模块向算法库模块提供储能电源单元的数据信息。算法库中的数据管理算法对数据信息进行处理，得到储能电源单元在线时长、运行时长、输出能量和负荷状态等，并存入数据库模块。算法库模块中的运行控制算法包括恒压充放电控制、恒流充放电控制和恒功率充放电控制，根据运行方式、运行数据和控制目标值计算得到储能蓄电池电源单元直流侧电压参考值和无功电流参考值，下达给储能电源单元控制模块。储能电源单元控制模块再通过 ADS 通讯传至储能并网变流器，实现储能单元充放电控制。

储能单元控制模块提供的二次开发接口，包括储能单元启停控制量、直流侧电压控制量和无功电流控制量。

如图 2-10 所示，通过 ADS 通讯将风电电机拖动单元硬件设备映射至 LabVIEW 软件实验系统，并封装成风电电机拖动控制模块。提供运行数据（电机转速、电机转矩、电机功率等）和控制量（启停、转速）。运行数据存储于数据库模块，且数据库模块向算法库模块提供电机拖动单元的数据信息。算法库模块中的数据管理算法对数据信息进行处理，得到电机拖动单元在线时长和运行时长等，并存入数据库模块。算法库模块中的运行控制算法包括恒转速控制和模拟不同风速情况下的变转速控制，根据运行方式、运行数据和控制目标值计算得到电机转速参考值，下达给风机模拟控制模块。风机模拟控制模块再通过 ADS 通讯传至风电拖动变流器，实现电机转速控制。

风电电机拖动单元控制模块提供的二次开发接口，包括风电电机拖动单元启停控制量和电机转速控制量。

如图 2-11 所示，通过 ADS 通讯将风电发电单元硬件设备映射至 LabVIEW 软件实验系统，并封装成风电整流控制模块和风电并网控制模块。提供运行数据（直流侧电压、有功电流、发电机转速、发电机转矩等）和控制量（启停、发电机转矩）。运行数据存储于数据库模块，且数据库模块向算法库模块提供风电发电单元的数据信息。算法库模块中的数据管理算法对数据信息进行处理，得到风电发电单元在线时长、运行时长和风电输出能量等，并存入数据库模块。算法库模块中的运行控制算法包括恒转矩控制和 MPPT 控制，根据运行方式、运行数据和控制目标值计算得到发电机转矩参考值，下达给风电整流控制模块。风电整流控制模块再通过通信传至风电整流变流器，实现转矩控制。

风电发电单元控制模块提供的二次开发接口，包括风电发电单元启停控制量和发电机转矩控制量。

如图 2-12 所示，根据微电网的不同优化目标，对光伏单元、储能单元和风电单元进行调度。提供的微电网控制模块包括削峰填谷控制模块和平滑微电网功率输出控制模块。

对于削峰填谷控制，首先统计公共连接点（Point of Common Coupling，PCC）的日平均功率曲线，获得负荷的高峰和低谷区域。系统处于峰时段时，当负荷功率大于发电量，储能蓄电池以最大放电功率为限补偿功率差额；当负荷功率小于发电量，蓄电池以最大充电功率为限存储多余的功率。系统处于谷时段时，当负荷功率大于发电量，蓄电池充电，并受最大充电功率和微电网与配电网功率交互限制；当负荷功率小于发电量，蓄电池以最大充电功率充电。

对于平滑微电网功率输出控制，根据平滑要求和风光功率的超短期预测值，计算功率平滑模式下风光储系统的发电功率曲线即有功期望值曲线。计算风电和光伏电源单元的输出总功率与有功期望值之差，根据储能蓄电池的最大充电和放电功率来修正所述功率差值。即当功率差值为正值时，储能蓄电池充电并受最大充电功率限制；当功率差值为负值时，储能蓄电池放电并受最大放电功率限制。

微电网控制模块提供的二次开发接口，包括光伏单元运行方式（恒压控制和最大功率点跟踪控制）、储能单元运行方式（恒压充放电控制、恒流充放电控制、恒功率充放电控制算法和三段式充电控制）、风电电机拖动单元运行方式（恒转速控制和变转速控制）和风电发电单元运行方式（恒转矩控制和最大功率点跟踪变转矩控制）。

由上可知，本发明的基于 LabVIEW 开放性微电网实验系统，解决了微电网实验用户体验欠佳、操作繁复、实验系统封闭等问题，不仅提高了工作效率，还避免了高成本的投入，具有较大的使用价值和推广价值。

说明书附图

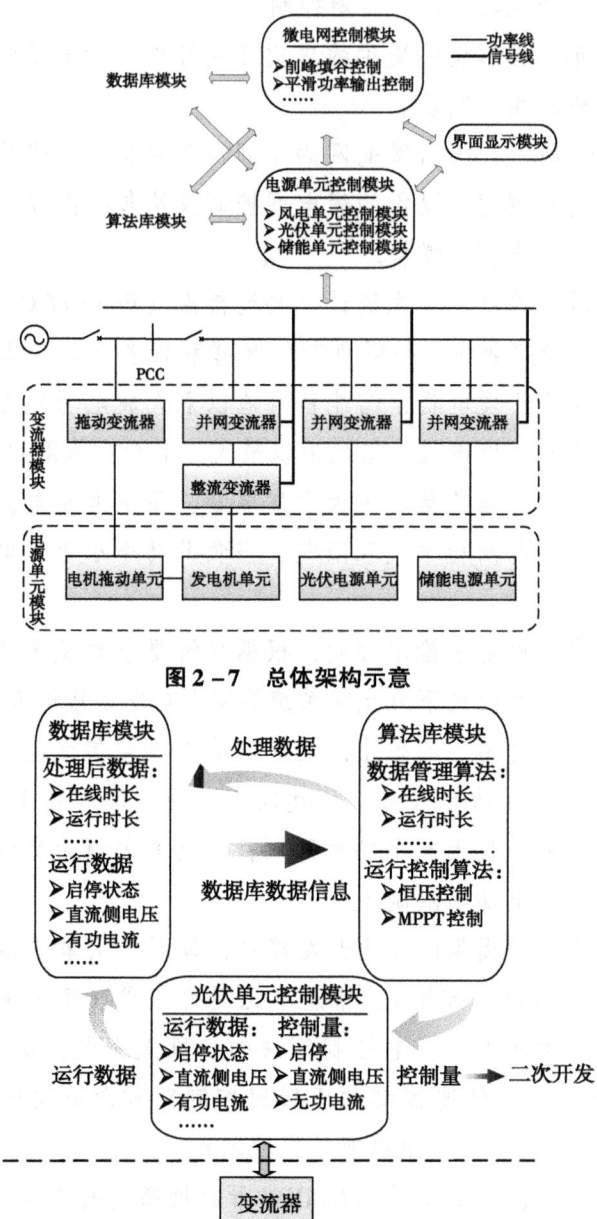

图 2-7 总体架构示意

图 2-8 光伏单位运行控制流程

58

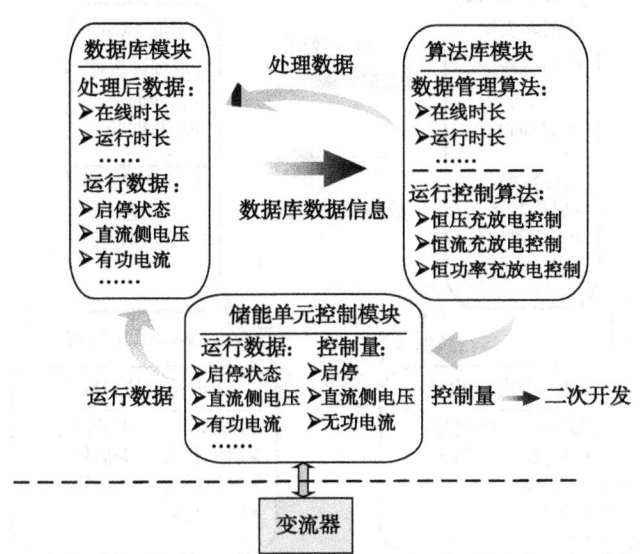

图 2-9 储能单元运行控制流程

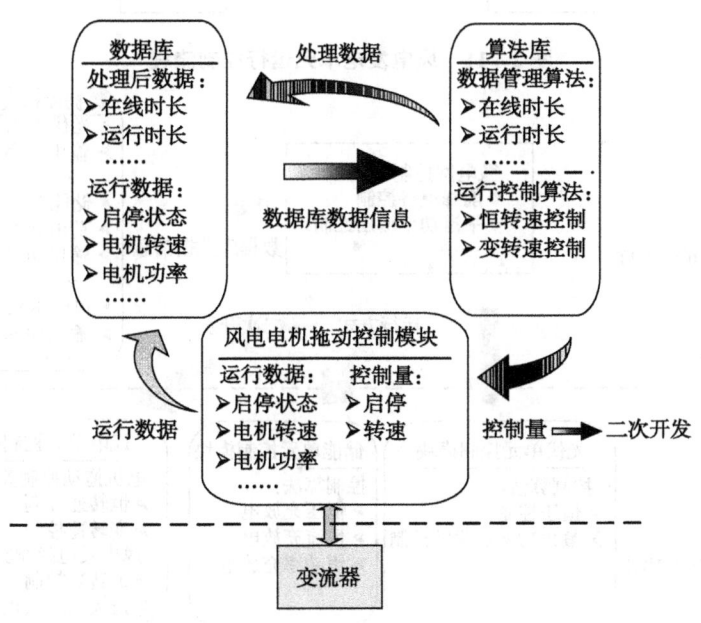

图 2-10 风电电机拖动单元运行控制流程

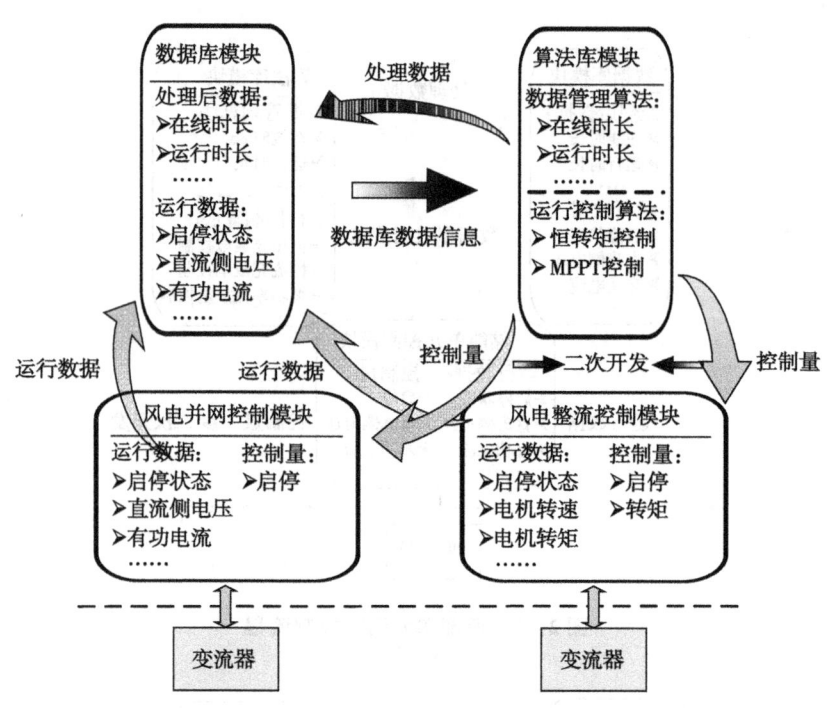

图 2-11 风电发电单元运行控制流程

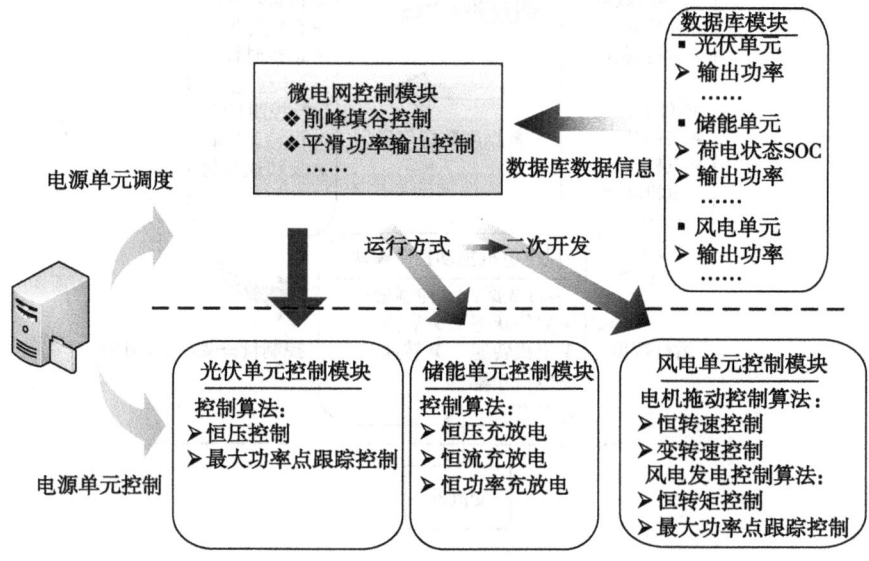

图 2-12 调度流程

5. 撰写后的评析和心得

系统类专利保护的是系统的构成，包括系统中各模块之间的连接关系和各模块本身的功能。所以，在说明书中需要写清楚系统中各个模块之间的连接关系及信号传输，并且需要对每个模块的功能和作用进行介绍。上面的例子公开了一种基于 LabVIEW 开放性微电网实验系统，这个系统不仅包括硬件模块也包括软件模块。所以，在说明书撰写时，为了充分公开发明的内容，需要将各模块的功能以及与其他模块的信息交互描述清楚。

在说明书具体实施方式这部分内容中，前几段是对系统中各模块之间的连接关系以及各自完成的功能进行介绍；之后对有发明点的模块进行详细的介绍，比如变流器模块、电源单元控制模块、数据库模块等。这样就可以对发明的内容进行清楚完整的介绍，从而实现说明书的充分公开。

三、方法类专利的说明书撰写

撰写方法专利时，要重点写清楚方法实现的过程。方法专利普遍具有这样的共性：存在一个输入，通过相关方法对输入的内容进行处理，最终得到处理的结果。其中输入的内容可以是系统自己采集到的信息，包括图像、数据、音频等，具体根据专利保护的内容而定；对输入的内容进行处理时，一般是采用数学的方法进行，这些数学方法可以是已有算法，也可以是新算法。算法处理的结果往往就是方法最终输出的内容。按照上述流程进行撰写，思路非常清晰，并且逻辑层次分明，便于本领域人员和审查员的理解。

（一）方法类专利说明书的充分公开

方法类专利保护的是活动的处理过程。因此，要在说明书中将方法的流程表述清楚，从而让本领域的技术人员理解方法的具体处理过程。重点步骤要分成若干小步骤进行详细的介绍，需要用公式说明时就结合公式对重点步骤进行解释，并且要把公式中各个参数的含义解释清楚。另外，还

61

要结合一个具体的实施例进行验证，实施例是实施方法的举例说明。

需要注意的是，在方法类专利中，由于说明书中数学模型的参数较多，需要对出现的每个参数的含义都进行说明，并且每个参数在文中的含义是唯一的，不能出现一个参数具有两种以上含义的情况。

（二）方法类专利说明书附图的绘制

方法类专利的附图一般具有以下几种：方法流程图、结果验证图、模型仿真图等。方法流程图是对方法整体流程的介绍，当方法专利比较复杂时，流程图应清楚地反映方法的实施过程，从而便于本领域技术人员的理解。而当方法较为简单时，流程图就可以省略。对于图像处理类的方法专利，在说明书附图中一般要加入图像处理过程中每个步骤对应的附图，从而便于本领域技术人员的理解。需要对处理的数据进行对比分析时，可以在说明书附图中加上结果对比分析的柱状图或者饼图等。

（三）方法类专利说明书的撰写案例

下面以申请人提交的技术交底书"一种确定多层隔热材料起伏表面红外辐射的方法"作为案例3，结合案例3的内容详细介绍说明书的撰写过程和步骤。

申请人要保护一种确定多层隔热材料起伏表面红外辐射的方法，提供的技术交底书如下：

一种确定多层隔热材料起伏表面红外辐射的方法

目前，随着各国航天事业的飞速发展，空间监测与识别技术的研究已经受到越来越多的重视。红外技术是一种常用的空间监测手段，对目标表面红外辐射特性的研究是解决红外探测与识别的前提。作为最重要的空间目标，卫星系统的红外辐射特性分析，已经受到广泛的重视。国内外许多研究者开展了相关建模、仿真与分析的工作。

然而，航天器通常用柔软轻便的多层隔热材料进行包裹，从而其表面会形成起伏、褶皱。起伏表面由于各个位置的表面朝向不同，其接收的热流也会有差别；同时，在凹面处还会形成表面相互辐射传热；以上过程会影响卫星的温度场,进而影响卫星表面的热红外特性。为了真实地反映卫星的表面红外辐射特性,起伏表面的形貌模拟和红外辐射计算方法的研究则具有十分重要的意义。

本发明方法流程为:首先生成随机起伏表面并确定表面间辐射传递因子;之后建立起伏表面的自身发射辐射模型、吸收太阳直接辐射模型、吸收地球红外辐射模型、吸收地球反射太阳辐射模型以及吸收其他面元的辐射模型;接着,确定起伏表面总辐射热流,进而根据能量方程求得起伏表面温度分布;最后求取任意波段内的起伏表面红外辐射分布。其中最后一步是根据普朗克定律积分求得的。

本发明建立适用于空间环境下航天器起伏表面的传热模型和红外辐射模型,考虑了起伏表面形貌特征和环境热流的影响,可以计算空间环境下航天器起伏表面的温度分布和红外辐射特性。

1. 专利代理人的初步处理

专利代理人阅读这份技术交底书后,发现这份技术交底书写得很简略,要想撰写一份合格的专利申请文件,还要弄清楚以下几个问题:

(1) 发明人申报这件专利,想要解决的技术问题是什么?

(2) 本发明的创新点在哪里?

(3) 解决技术问题的技术手段是否只有一种?

(4) 本件专利的输入是什么?对输入的内容进行处理的手段是否清楚?处理结果是什么?

(5) 除了技术交底书的有益效果外,还有哪些有益效果?

2. 专利代理人与发明人进行交流

代理人可以通过邮件、电话或者面谈的方式与发明人进行交流,通过与发明人交流,得到以下信息:

(1) 本申请主要是针对现有技术不能很好地确定多层隔热材料起伏表面红外辐射,从而提供一种解决方法。

(2) 本申请的创新点在于整个处理流程,包括流程中的处理步骤;其中每个处理步骤都有对应的数学模型,并提供相应的数学模型。

(3) 本申请的方法目前只有这一种处理流程。

(4) 本申请的输入是"多隔热材料起伏表面",处理的手段就是发明人公开的方法,最终输出就是"红外辐射"。

(5) 本申请无其他有益效果。

3. 专利代理人对发明人反馈的信息进行整理和修改

通过与发明人交流,专利代理人发现本申请存在2个以上的创新点:首先,整体的处理过程是一个创新点。其次,每个处理步骤都是创新点。这样,在撰写说明书时就要把整体流程写清楚,并且要把每个步骤处理过程也要写清楚。需要注意的是,在介绍步骤时要结合具体的数学模型进行说明,这样才能保证说明书的充分公开。

为了将发明人的发明点描述清楚,在说明书的具体实施方式中要举例说明,从而验证方法是可行的。在说明书附图中要根据方法绘制流程图,便于理解发明的整体流程。在说明书附图中还要根据需要提供实施例中的仿真图。

4. 撰写和审阅说明书形成报出稿

通过上述思考和沟通,代理人把握住了该申请的发明点和实施方式,然后根据上述信息按照说明书的格式及各组成部分的要求撰写技术领域、背景技术、发明内容、附图说明和具体实施方式,并提供说明书附图。在撰写过程中发现有不清楚的地方,要继续与发明人沟通。代理人撰写好初稿后,发给发明人进行确认、修改和完善,从而形成说明书及其附图的报出稿,具体如下:

一种确定多层隔热材料起伏表面红外辐射的方法

技术领域

本发明属于一种红外辐射模型的建模方法,具体涉及确定空间环境下航天器起伏表面红外辐射的方法。

背景技术

目前,随着各国航天事业的飞速发展,空间监测与识别技术的研究已经受到越来越多的重视。红外技术是一种常用的空间监测手段,对目标表面红外辐射特性的研究是解决红外探测与识别的前提。作为最重要的空间目标，卫星系统的红外辐射特性分析已经受到广泛的重视。国内外许多研究者开展了相关建模、仿真与分析的工作。文献1［韩玉阁，宣益民．卫星的红外辐射特征研究．红外与激光工程，2005，34（1）：34～37．］和文献2［张伟清．卫星红外辐射特性研究．南京理工大学，2006］通过建立卫星温度控制方程对温度场进行了求解，并建立了卫星红外辐射通量计算模型。文献3［马伟，宣益民，韩玉阁，李强．长寿命卫星热控涂层性能退化及其对卫星热特征的影响，宇航学报，2010，31（2）：568～572．］则进一步给出卫星表面热控涂层在空间辐照环境下的退化模型，可以预测卫星红外辐射特性在空间环境下的退化结果。

然而，航天器通常用柔软轻便的多层隔热材料进行包裹，从而其表面会形成起伏、褶皱。起伏表面由于各个位置的表面朝向不同，其接收的热流也会有差别；同时，在凹面处还会形成表面相互辐射传热；以上过程会影响卫星的温度场，进而影响卫星表面的热红外特性。为了真实地反映卫星的表面红外辐射特性，起伏表面的形貌模拟和红外辐射计算方法的研究则具有十分重要的意义，而现有技术当中尚无相关描述。

发明内容

本发明的目的在于提供一种确定多层隔热材料起伏表面红外辐射的方法。

本发明目的的技术解决方案如下：（略）

本发明具有的有益效果是：（1）本发明建立了适用于空间环境下航天器起伏表面的传热模型和红外辐射模型，考虑了起伏表面形貌特征和环境热流的影响，可以计算空间环境下航天器起伏表面的温度分布和红外辐射特性；（2）本发明采用二级随机表面生成方法模拟起伏表面形态特征，采用蒙特卡罗法计算起伏表面面元间的辐射传递系数，具有高效、精确计算空间目标起伏表面温度场和红外辐射分布的特点。

附图说明

图2-13是空间环境下起伏表面红外辐射计算模型的建立和简化流

程图。

图 2-14 是模拟生成的起伏表面形貌图。

图 2-15 是太阳直射时，起伏表面的温度分布图。

图 2-16 是太阳入射角度为 45°时，起伏表面的温度分布图。

图 2-17 是太阳 45°角入射时的起伏表面红外辐射通量分布，波段为 8~14μm。

具体实施方式

结合图 2-13，一种确定空间环境下航天器起伏表面红外辐射的方法，包括以下步骤：

步骤 1 建立随机起伏表面形态特征的生成模型

所述随机起伏表面形态特征的生成模型为：

步骤 1-1 给定表面高度均方根 σ，二维随机起伏表面高度均方根定义为：

$$\sigma = \sqrt{\frac{1}{N}\sum_{n=1}^{N}[z(x,y) - \bar{z}(x,y)]^2}$$

其中，$z(x,y)$ 为二维随机起伏表面取样点高度，$\bar{z}(x,y)$ 为二维随机起伏表面取样点高度平均值，N 为取样点总数；

步骤 1-2 根据表面高度均方根 σ 生成服从高斯分布的随机序列 $\eta(x,y)$，$\eta(x,y) \sim N(0,\sigma)$，并计算其傅立叶变换 $A(w_x, w_y)$；

步骤 1-3 根据指数型自相关函数，通过傅立叶变换得到滤波器输出信号的功率谱密度，其中指数型自相关函数 $R(\tau_x, \tau_y)$ 为：

$$R(\tau_x, \tau_y) = \sigma^2 \exp\{-2.3[(\tau_x/\beta_x)^2 + (\tau_y/\beta_y)^{-2}]^{1/2}\}$$

式中，β_x、β_y 分别表示 x、y 方向上的自相关长度；

滤波器输出信号的功率谱密度 $G(\omega_x, \omega_y)$ 为：

$$G(\omega_x, \omega_y) = \frac{1}{2\pi}\int_0^\infty \int_0^\infty R(\tau_x, \tau_y)\cos(\omega_x\tau_x + \omega_y\tau_y)d\tau_x d\tau_y$$

同时，确定输入序列 $\eta(x,y)$ 的功率谱密度 $S(\omega_x, \omega_y)$ 为：

$$S(\omega_x, \omega_y) = \frac{1}{2\pi}\int_0^\infty \int_0^\infty \eta(x,y)\cos(\omega_x x + \omega_y y)dxdy$$

由于输入序列服从高斯分布,则其功率谱密度应为常数,即 $S(\omega_x,\omega_y)$ = C;

步骤 1-4 计算滤波器的传递函数 $H(w_x,w_y)$ 为:
$$H(w_x,w_y) = (G(w_x,w_y)/C)^{1/2}$$

步骤 1-5 计算输入序列经过二维滤波器后的输出序列的傅立叶变换:
$$Z(w_x,w_y) = H(w_x,w_y)A(w_x,w_y);$$

步骤 1-6 对 $Z(w_x,w_y)$ 进行傅立叶逆变换得到表面的高度分布函数 $z(x,y)$;

步骤 1-7 再次执行步骤 1-1~步骤 1-6,生成二级随机起伏表面,第二级表面的高度均方根与第一级的比例为 1:50,通过前面所述方法生成不同相关长度和高度均方根的随机表面;

步骤 1-8 将两个表面叠加合成,从而得到接近真实的多层隔热材料随机起伏表面形貌。

步骤 2 建立起伏表面面元间的辐射传递模型,根据模拟的起伏表面形态特征,确定表面间辐射传递系数

所述起伏表面面元间的辐射传递模型为:

步骤 2-1 对每个面元随机发射 M 条光束,$M>10000$,对每一条光束的发射、反射和吸收进行跟踪,同时生成计数器 m_{ij},其含义为面元 i 发射的光束,最终被面元 j 吸收的数目;

步骤 2-2 确定光束随机发射点坐标 $P_0(x,y,z)$ 的概率模型为:
$$x = x_{\min} + R_x(x_{\max} - x_{\min})$$
$$y = y_{\min} + R_y(y_{\max} - y_{\min})$$
$$z = z(x,y)$$

式中,R_x 与 R_y 分别为 [0,1] 区间均匀分布的随机数;x,y 的取值范围分别为 [$x_{\min}$, $x_{\max}$],[$y_{\min}$, $y_{\max}$],该计算得到的是面元坐标系下的发射点坐标,并将其转化为系统坐标系下的发射点坐标;

步骤 2-3 确定光束随机发射方向 $L(\theta,\psi)$ 的概率模型为:

$$\theta = \arccos(\sqrt{1 - R_\theta})$$

$$\psi = 2\pi R_\psi$$

式中，R_θ 与 R_ψ 分别是天顶角和圆周角的均匀分布随机数，并将该方向矢量转化为系统坐标系下的方向；

步骤 2-4 跟踪光束，通过解方程组判断光束是否与其他面元相交：

$$P = P_0 + aL$$

$$\Phi(x,y,z) = 0$$

式中，$\Phi(x,y,z) = 0$ 为表面方程，P 为相交点位置坐标，a 为系数，如有交点，则解得交点坐标，并确定交点所在的面元，之后执行步骤 2-5；否则，则该光束跟踪结束，返回步骤 2-2 进行下一条光束跟踪；

步骤 2-5 若表面吸收率是 α，生成随机数 R_α，判断光束是否被吸收：若 $R_\alpha \leq \alpha$，则光束被吸收，计数器 $m_{ij} = m_{ij} + 1$，结束本条光束跟踪，反之，则光束被反射，继续执行步骤 2-6 进行跟踪；

步骤 2-6 确定反射光束的发射点坐标 P_0 和反射方向矢量 L_r（θ_r，ψ_r），发射点坐标即交点坐标 $P_0 = P$，如果是漫反射表面，反射方向的模拟与发射方向概率模型相同，即：

$$\theta_r = \arccos(\sqrt{1 - R_\theta})$$

$$\psi_r = 2\pi R_\psi$$

如果是镜面反射表面，反射方向根据菲涅尔反射定律确定：

$$\theta_r = \pi - \theta_i$$

$$\psi_r = \psi_i + \pi \quad (0 < \psi_i \leq \pi)$$

$$\psi_r = \psi_i - \pi \quad (\pi < \psi_i \leq 2\pi)$$

式中，θ_i，ψ_i 分别是面元坐标系下入射光束的天顶角和圆周角，反射方向也转化为系统坐标系下的方向，同时返回步骤 2-4；

步骤 2-7 完成所有面元所有光束的跟踪，根据最终的光束计数器结果计算面元间的辐射传递因子 F_{ij}：

$$F_{ij} = \frac{m_{ij}}{M}$$

F_{ij}定义为面元i的自身辐射能量,最终被面元j吸收的份额。

步骤3 基于空间环境下起伏表面的辐射传递过程,建立起伏表面的自身发射辐射模型、吸收太阳直接辐射模型、吸收地球红外辐射模型、吸收地球反射太阳辐射模型以及吸收其他面元的辐射模型;所述模型如下。

(a) 自身发射辐射模型:

$$Q_{Emit} = \varepsilon k_B A T^4$$

式中参数的含义为:Q_{Emit}表示表面面元自身发射的红外辐射热流;k_B为斯忒藩·波尔兹曼常数,$k_B = 5.67 \times 10^{-8} \text{W}/(\text{m}^2 \cdot \text{K}^4)$;$A$为微元表面面积,单位$\text{m}^2$;$\varepsilon$为表面的红外发射率;

(b) 吸收太阳辐射模型:

$$Q_{Sun} = \alpha_S A S \mu$$

式中参数的含义为:Q_{Sun}表示表面面元吸收太阳直接辐射热流;α_S为表面的太阳吸收率;μ为太阳辐射在面元表面的入射角余弦;S为空间环境中太阳直接辐照密度,取一年中太阳辐照的平均值,即太阳常数$1353 \text{W}/\text{m}^2$;

(c) 吸收地球红外辐射模型:

$$Q_{Earth} = \alpha_{IR} A E_{io} \varphi_1$$

式中参数的含义为:Q_{Earth}表示表面面元吸收地球红外辐射热流;α_{IR}为表面红外波段的吸收率,$\alpha_{IR} = \varepsilon$;$E_{io}$为地球等效热流密度,取220 W/m^2;φ_1为地球辐射角系数;地球辐射角系数的计算如下:

当$0 \leq \beta \leq arccosk$时,

$$\varphi_1 = k^2 \cos\beta$$

当$arccosk < \beta < (\pi - arccosk)$时,

$$\varphi_1 = k^2\cos\beta + \frac{1}{2}\left[\frac{\pi}{2} - \sqrt{1-k^2}\sqrt{k^2 - \cos^2\beta} - \arcsin\left(\frac{\sqrt{1-k^2}}{\sin\beta}\right) - k^2\cos\beta\arccos\left(\frac{\sqrt{1-k^2}}{ktg\beta}\right)\right]$$

当$(\pi - arccosk) < \beta < \pi$时,

$$\varphi_1 = 0$$

式中,β为表面微元法线方向与表面微元指向地心方向的夹角;$k =$

$R_e / (R_e + h)$，R_e 为地球半径，h 为目标轨道高度；

（d）吸收地球反射太阳辐射模型：

$$Q_{Eref} = \alpha_S \rho_E A S \varphi_2$$

式中参数的含义为：Q_{Eref} 表示表面面元吸收地球反射太阳辐射热流；ρ_E 为地球表面对太阳辐射的平均反射率；φ_2 为地球反照角系数，可用地球辐射角系数计算得到：

$$\varphi_2 = \varphi_1 \cos\Phi$$

式中，Φ 为目标与地心的连线矢量与太阳光矢量的夹角，所述目标与地心的连线矢量的方向指向目标，太阳光矢量的方向指向太阳；

（e）吸收其他面元的辐射模型：

$$Q_{Self} = \sum_{i=1}^{N} F_{ij} \varepsilon k_B A T_i^4$$

式中参数的含义为：Q_{Self} 表示表面面元吸收其他面元的红外辐射热流或者吸收其他面元反射太阳的辐射热流；F_{ij} 为表面面元间的红外辐射传递系数；i 表示其他面元的编号，j 表示当前计算面元的编号，N 为面元总数。

步骤4 根据上述空间环境下起伏表面的辐射传递模型，确定起伏表面总辐射热流，所用公式为：

$$Q = Q_{Sun} + Q_{Earth} + Q_{Eref} + Q_{Self} - Q_{Emit}$$

式中参数的含义为：Q 表示物体表面总热流。

进而由以上物体表面总热流，根据能量方程求得物体表面温度分布。

步骤5 根据上述计算得到的起伏表面温度分布和辐射传递模型，根据普朗克定律积分求得起伏表面红外辐射分布；确定物体表面红外辐射强度所用公式为：

$$E_{\lambda_1 - \lambda_2} = E_{\lambda_1 - \lambda_2}^{emit} + E_{\lambda_1 - \lambda_2}^{ref}$$

式中参数的含义为：$E_{\lambda_1 - \lambda_2}$ 表示表面面元的有效辐射通量，λ_1、λ_2 分别表示红外波段的上下限，单位 m；$E_{\lambda_1 - \lambda_2}^{emit}$ 和 $E_{\lambda_1 - \lambda_2}^{ref}$ 分别表示自身发射的辐射通量与反射的辐射通量，自身发射的辐射通量可以利用普朗克函数积分得到：

$$E_{\lambda_1 - \lambda_2}^{emit} = \int_{\lambda_1}^{\lambda_2} \varepsilon(\lambda) \cdot \frac{C_1}{\lambda^5 [\exp(\frac{C_2}{\lambda T}) - 1]} d\lambda$$

式中，C_1 为第一辐射常量，$3.742 \times 10^{-16} \text{W} \cdot \text{m}^2$；$C_2$ 为第二辐射常量，$1.4388 \times 10^{-2} \text{m} \cdot \text{K}$；$\varepsilon(\lambda)$ 为表面的光谱发射率；

反射的辐射通量计算如下：

$$E^{ref}_{\lambda_1 - \lambda_2} = \int_{\lambda_1}^{\lambda_2} [1 - \varepsilon(\lambda)] \cdot G(\lambda) d\lambda$$

式中，$G(\lambda)$ 为面元接收到的光谱辐照密度，包括太阳直接辐射、地球辐射、地球反射太阳辐射、其他面元的辐射，具体计算如下：

$$G(\lambda) = S(\lambda)\mu + E_{io}(\lambda)\varphi_1 + \rho_E S(\lambda)\varphi_2 + \sum_{i=1}^{N} F_{ij} E_i^{emit}(\lambda)$$

式中，$S(\lambda)$ 表示太空环境中的太阳光谱辐射密度，$E_{io}(\lambda)$ 为地球等效光谱热流密度；$E_i^{emit}(\lambda)$ 表示其他面元自身发射的光谱红外辐射。

下面结合实施例对本发明做进一步详细的描述：

实施例

本实施例中，首先模拟生成随机起伏表面，表面大小为 2m×2m，材料选取镀铝聚酰亚胺薄膜，厚度为 0.001m，材料密度为 $1800 \text{kg} \cdot \text{m}^{-3}$，比热容为 $1300 \text{J} \cdot \text{kg}^{-1} \cdot \text{K}^{-1}$，热导率为 $0.3 \text{W} \cdot \text{m}^{-1} \cdot \text{K}^{-1}$，表面平均太阳辐射吸收率为 0.09，平均红外发射率 0.03，表面反射特性为镜面反射。第一级的表面高度均方根设为 0.01m，X 轴和 Y 轴方向的相关长度，分别为 2m 和 0.2m；第二级的表面高度均方根设为 0.0002m，X 轴和 Y 轴方向的相关长度，分别为 0.02m 和 0.02m。起伏表面的网格划分为 120×120。

结合图 2-14、图 2-15、图 2-16 和图 2-17 可以看出，考虑起伏特性的多层隔热材料表面，在空间环境下的红外辐射分布很不均匀，而利用本方法得到的结果细节表现良好，能够真实有效地反映起伏表面的红外辐射特性。

由上可知，本实施例针对具体参数的表面材料在给定的空间环境条件下模拟了起伏表面的温度分布和红外辐射通量，考虑了起伏表面形貌特征和环境热流的影响，可以计算空间环境下航天器起伏表面的温度分布和红外辐射特性；采用二级随机表面生成方法模拟起伏表面形态特征，采用蒙特卡罗法计算起伏表面面元间的辐射传递系数，能够真实准确地反映空间目标起伏表面温度场和红外辐射分布。

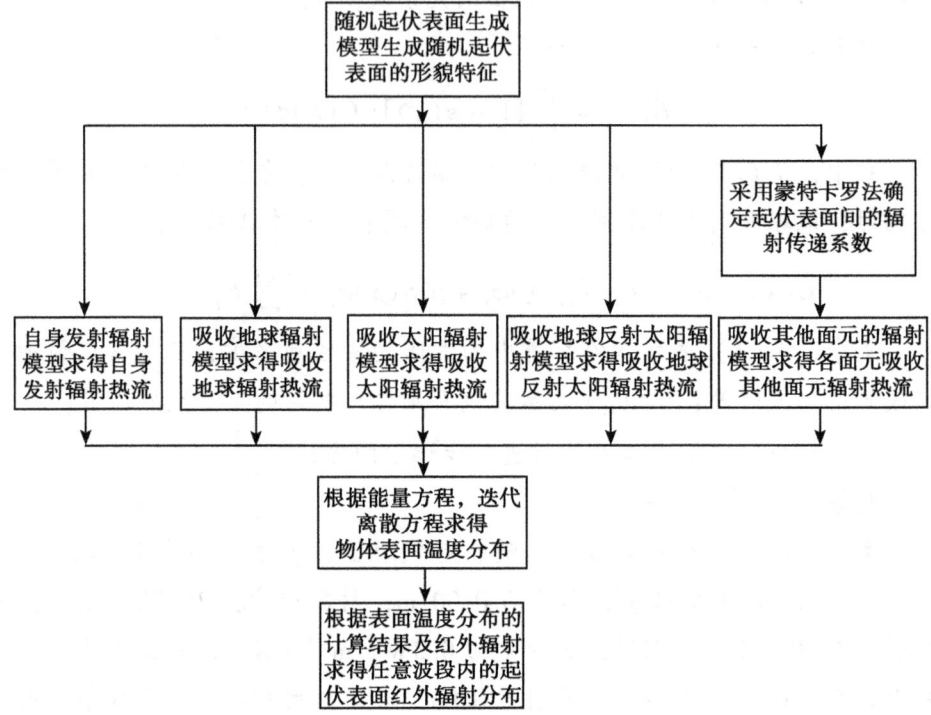

图2-13 空间环境下起伏表面红外辐射计算模型的建立和简化流程

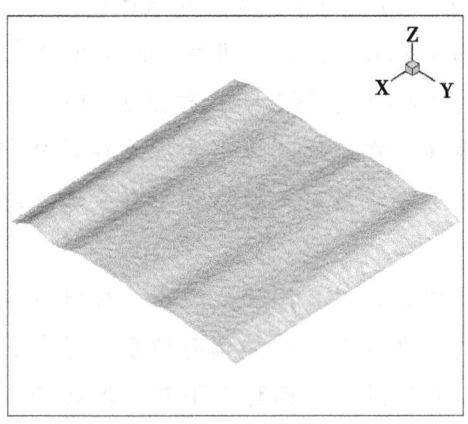

图2-14 模拟生成的起伏表面形貌

图 2-15　太阳直射时起伏表面的温度分布

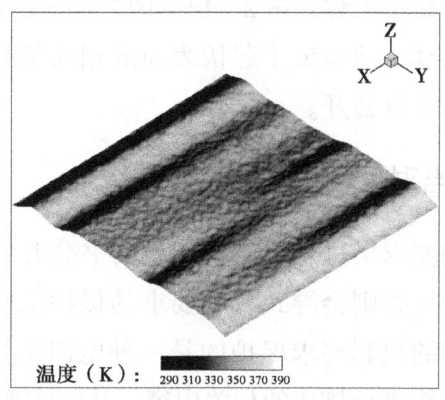

图 2-16　太阳 45°角射入时起伏表面的温度分布

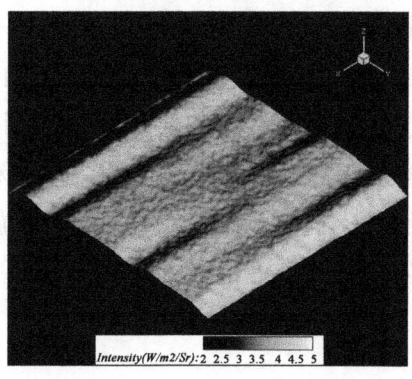

图 2-17　太阳 45°角入射时起伏表面红色辐射通量分布（波段为 8~14μm）

5. 撰写后的评析和心得

本申请保护的是一种确定多层隔热材料起伏表面红外辐射的方法，也就是确定多层隔热材料起伏表面的红外辐射。该方法处理的对象是"多隔热材料起伏表面"，通过对该"多层隔热材料起伏表面"的相关建模处理，最终输出的结果就是它的红外辐射。在具体实施方式中，要按照处理的流程详细介绍该方法，对于重点步骤就分成若干小步骤进行详细介绍，需要用公式说明时就结合公式对重点步骤进行解释，并且要把公式中各参数的含义解释清楚。

此外，在说明书附图中，图2-13是专利方法的整体流程图，该流程图清晰反映该方法的整个流程；图2-14~图2-17是在处理过程中出现的各仿真图，该仿真图真实地验证了起伏表面的相关信息。通过撰写上述内容，实现了说明书的充分公开。

四、说明书应当对权利要求书进行支持

说明书要对权利要求书进行支持，即说明书公开的内容应当足以支持权利要求的保护范围，否则会导致权利要求的保护范围没有以说明书为依据。例如，如果专利的权利要求保护的是一种电路结构，那么，在说明书中必须要有对电路结构进行描述的相关内容，从而实现对权利要求的支持。

这里所说的"支持"是指内容上的实质支持，不少申请人认为：将权利要求的全部内容复制到说明书中，就可以实现说明书对权利要求的支持。这种说明书的撰写方式从表面上看，权利要求中的内容在说明书中均有体现，看似支持权利要求。实际上，权利要求是对发明创造的技术特征进行概括，这些概括的内容应当在说明书举例说明，使权利要求的概括有依据。并且，如果该内容不足以让本领域技术人员理解和实施发明技术方案的话，仍会被认定为说明书公开的内容不足以支持权利要求书。

第三节 权利要求书撰写

一、电路类专利的权利要求书撰写

电路类专利保护的是电路的连接关系和信号走向，独立权利要求要体现出电路整体的结构，所以，独立权利要求应当是对电路整体结构进行保护，在独立权利要求中要描述电路由几个模块构成，模块之间的连接关系如何，它们之间有什么样的信号传输。从属权利要求是对具有创新的模块作进一步限定，描述该模块的构成以及内部元器件的连接关系。

下面以案例1（一种基于 Boost 变换器的高频隔离式三电平逆变器）的说明书为基础，按照以下方法撰写其权利要求书。

（一）撰写权利要求书的步骤和思路

1. 分析技术交底书

本发明的创新点在于电路结构，该电路是由输入直流电源单元（1）、输入滤波器（2）、带储能电感的高频隔离式三电平逆变单元（3）、高频变压器（4）、周波变换器（5）、输出滤波器（6）、输出交流负载（7）这7部分组成。电路具备两种不同的实施方式：第一种实施方式中，电路构成桥式高频隔离式三电平逆变器；第二种实施方式中，电路构成全波高频隔离式三电平逆变器。

2. 确定撰写思路

由于电路具有两种不同的实现方式，这两种不同的方式区别在于高频变压器（4）、周波变换器（5）、输出电容滤波器（6）和输出交流负载（7）四个模块，之前的三个模块：输入直流电源单元（1）、输入滤波器（2）、带储能电感的高频隔离式三电平逆变单元（3）是完全相同的。

为了实现专利保护范围的最大化，可以在独立权利要求中写出两种电路的共性部分，即基于 Boost 变换器的高频隔离式三电平逆变器是由几个模块构成的以及各模块之间信号的连接关系。这样，独立权利要求保护的就是整体的电路构思。

输入直流电源单元（1）、输出滤波器（6）和输出交流负载（7）本身均无创新点，不需要用单独的从属权利要求对其进行保护，而输入滤波器（2）、带储能电感的高频隔离式三电平逆变单元（3）以及两种实施方式是本申请的优选方案，用从属权利要求对其进行保护。其中，从属权利要求2保护输入滤波器（2）的具体电路构成。从属权利要求3保护带储能电感的高频隔离式三电平逆变单元（3）的具体电路构成。从属权利要求4保护高频变压器（4）、周波变换器（5）、输出滤波器（6）和输出交流负载（7）构成的第一种实施方式的整体电路结构。从属权利要求5保护高频变压器（4）、周波变换器（5）、输出滤波器（6）和输出交流负载（7）构成的第二种实施方式的整体电路结构。

通过上述权利要求的布局和安排，就可以对本发明的所有技术方案进行保护。即使是在实质审查过程中，审查员认定权利要求1没有创造性，也可以通过修改权利要求缩小保护范围来获得该专利的授权。

（二）形成最终的权利要求书

1. 一种基于Boost变换器的高频隔离式三电平逆变器，其特征在于，包括依次连接的输入直流电源单元（1）、输入滤波器（2）、带储能电感的高频隔离式三电平逆变单元（3）、高频变压器（4）、周波变换器（5）、输出滤波器（6）、输出交流负载（7），其中，输入直流电源单元（1）包括输入直流电源（U_i），输入直流电源（U_i）与输入滤波器（2）的一端连接，输入滤波器（2）的另一端与带储能电感的高频隔离式三电平逆变单元（3）的一端连接，带储能电感的高频隔离式三电平逆变器单元（3）的另一端与高频变压器（4）的初级绕组连接，高频变压器（4）的次级绕组与周波变换器（5）的输入端连接，周波变换器（5）的输出端与输出滤波器（6）的输入端连接，输出滤波器（6）的输出端与输出交流负载（7）连接。

2. 根据权利要求1所述的基于Boost变换器的高频隔离式三电平逆变器，其特征在于，所述输入滤波器（2）包括输入滤波电感（L_0）和输入滤波电容（C_0），其中，输入直流电源（U_i）的参考正极与输入滤波电感（L_0）的一端连接，输入滤波电感（L_0）的另一端分别与输入滤波电容（C_0）的正极和储能电感（L）的一端连接，输入滤波电容（C_0）的负极与输入直流电源（U_i）的参考负极连接。

3. 根据权利要求1所述的基于Boost变换器的高频隔离式三电平逆变器，其特征在于，所述带储能电感的高频隔离式三电平逆变单元（3）包括第一功率开关管（S1）及第一二极管（D1），第二功率开关管（S2）及第二二极管（D2），第三功率开关管（S3）及第三二极管（D3），第四功率开关管（S4）及第四二极管（D4），第五功率开关管（S5）及第五二极管（D5）；其中，储能电感（L）的一端和输入滤波器（2）的电容正极连接，储能电感（L）的另一端与第一功率开关管（S1）的漏极和第三功率开关管（S3）的漏极相连，第一二极管（D1）和第三二极管（D3）分别反并联于第一功率开关管（S1）和第三功率开关管（S3）两端，即第一二极管（D1）的阴极与第一功率开关管（S1）的漏极连接，第一二极管（D1）的阳极与第一功率开关管（S1）的源极连接，第三二极管（D3）的阴极与第三功率开关管（S3）的漏极连接，第三二极管（D3）的阳极与第三功率开关管（S3）的源极连接，第四二极管（D4）的阴极与第四功率开关管（S4）的漏极连接，第四二极管（D4）的阳极与第四功率开关管（S4）的源极连接，第二二极管（D2）的阴极与第二功率开关管（S2）的漏极连接，第二二极管（D2）的阳极与第二功率开关管（S2）的源极连接，第五二极管（D5）的阴极与第五功率开关管（S5）的漏极连接，第五二极管（D5）的阳极与第五功率开关管（S5）的源极连接，第一功率开关管（S1）的源极分别和高频变压器（4）的第一原边绕组（N1）的同名端和第四功率开关管（S4）的漏极连接，高频变压器（4）的第一原边绕组（N1）的非同名端和第二原边绕组（N2）的同名端连接后与第五功率开关管（S5）的漏极连接，第二原边绕组（N2）的非同名端分别和第二功率开关管（S2）的漏极和第三功率开关管（S3）的源极连接，输入直流电源的参考负极分别和输入滤波电容（C_0）的负极、第五功率开关管（S5）的源极、第四功率开关管（S4）的源极、第二功率开关管（S2）的源极连接。

4. 根据权利要求1、2或3所述的基于Boost变换器的高频隔离式三电平逆变器，其特征在于，高频变压器（4）和周波变换器（5）分别为高频变压器（T1）和桥式周波变换器；

所述高频变压器（T1）包括第一原边绕组（N1）、第二原边绕组（N2）和第三副边绕组（N3），第一原边绕组（N1）的同名端与第一功率开关管（S1）的源极连接，第一原边绕组（N1）的非同名端与第二原边绕组（N2）的同名端连接后与第五功率开关管（S5）的漏极连接，第二原边绕组（N2）的非同名端与第二功率开关管（S2）的漏极连接；高频变压器（4）的第三副边绕组（N3）与周波变换器（5）的输入端连接；

所述周波变换器（5）为桥式周波变换器，包括第一四象限功率开关管（SA）、第二四象限功率开关管（SB）、第三四象限功率开关管（SC）、第四四象限功率开关管（SD），高频变压器（T1）的第三副边绕组（N3）的同名端与所述桥式周波变换器的第七功率开关管（S7）的漏极、第七二极管（D7）的阴极、第十功率开关管（S10）的漏极、第十二极管（D10）的阴极连接，所述的桥式周波变换器（5）的第七功率开关管（S7）的源极、第七二极管（D7）的阳极、第六功率开关管（S6）的源极、第六二极管（D6）的阳极连接在一起，所述桥式周波变换器（5）的第六功率开关管（S6）的漏极、第六二极管（D6）的阴极、第八功率开关管（S8）的漏极、第八二极管（D8）的阴极连接在一起，所述的桥式周波变换器（5）的第八器功率开关管（S8）的源极、第八二极管（D8）的阳极、第九功率开关管（S9）的源极、第九二极管（D9）的阳极连接在一起，所述桥式周波变换器（5）的第九功率开关管（S9）的漏极、第九二极管（D9）的阴极、第十二功率开关管（S12）的漏极、第十二二极管（D12）的阴极连接在一起，高频变压器（T1）的第三副边绕组（N3）的非同名端与所述桥式周波变换器（5）的第九功率开关管（S9）的漏极、第九二极管（D9）的阴极、第十二功率开关管（S12）的漏极、第十二二极管（D12）的阴极连接在一起，所述的桥式周波变换器（5）的第十二功率开关管（S12）的源极、第十二二极管（D12）的阳极、第十三功率开关管（S13）的源极、第十三二极管（D13）的阳极连接在一起，所述的桥式周波变换器（5）的第十三功率开关管（S13）的漏极、第十三二极管（D13）的阴极、第十一功率开关管（S11）的漏极、第十一二极管（D11）的阴极连接在一起，所述的桥式周波变换器（5）的第十一功率开关管（S11）的源极、第十一二极管（D11）的阳极、第十功率开关管（S10）的源极、第十二极管（D10）的阳极连接在一起，第六功率开关管（S6）、第七功率开关管（S7）、第六二极管（D6）、第七二极管（D7）构成第一四象限功率开关管（SA），第八功率开关管（S8）、第九功率开关管（S9）、第八二极管（D8）、第九二极管（D9）构成第二四象限功率开关管（SB），第十功率开关管（S10）、第十一功率开关管（S11）、第十二极管（D10）、第十一二极管（D11）构成第三四象限功率开关管（SC），第十二功率开关管（S12）、第十三功率开关管（S13）、第十二二极管（D12）、第十三二极管（D13）构成第四四象限功率开关管（SD），第一四象限功率开关管（SA）、第二四象限功率开关管（SB）、第三四象限功率开关管（SC）、第四四象限功率开关管（SD）四个四象限功率开关管构成所述桥式周波变换器；

所述输出滤波器（6）包括输出滤波电容（C_f），其中，输出滤波电容（C_f）的正极与周波变换器（5）中第六功率开关管（S6）的漏极、第六二极管（D6）的阴极、第八功率开关管（S8）的漏极、第八二极管（D8）的阴极连接，输出滤波电容（C_f）的负极与周波变换器（5）中的第十一功率开关管（S11）的漏极、第十一二极管（D11）的阴极、第十三功率开关管（S13）的漏极、第十三二极管（D13）的阴极连接；

所述输出交流负载（7）包括交流负载（Z_L），交流负载（Z_L）的两端分别与输出滤波电容（C_f）的正极和负极连接。

5. 根据权利要求1、2或3所述的基于Boost变换器的高频隔离式三电平逆变器，其特征在于，所述高频变压器（4）和周波变换器（5）分别为高频变压器（T2）和全波周波变换器；

所述高频变压器（T2）包括第一原边绕组（N1）、第二原边绕组

(N2）和第四副边绕组（N4），第五副边绕组（N5）、第一原边绕组（N1）的同名端与第一功率开关管（S1）的源极连接，第一原边绕组（N1）的非同名端与第二原边绕组（N2）的同名端连接后与第五功率开关管（S5）的漏极连接，第二原边绕组（N2）的非同名端与第二功率开关管（S2）的漏极连接；高频变压器（T2）的第四副边绕组（N4）、第五副边绕组（N5）与周波变换器（5）的输入端连接；

所述周波变换器（5）为全波周波变换器，包括五四象限功率开关管（SA'）和第六四象限功率开关管（SB'），高频变压器（T2）的第四副边绕组（N4）的同名端与所述全波变换器的第十四功率开关管（S6'）的漏极和第十四二极管（D6'）的阴极连接，所述全波式周波变换器（5）的第十四功率开关管（S6'）的源极、第十四二极管（D6'）的阳极、第十五功率开关管（S7'）的源极、第十五二极管（D7'）的阳极连接在一起，高频变压器（T2）的第五副边绕组（N5）的非同名端与所述全波式周波变换器的第十六功率开关管（S8'）的漏极和第十六二极管（D8'）的阴极连接，高频变压器（T2）的第四副边绕组（N4）的非同名端连接于第五副边绕组（N5）的同名端，所述全波周波变换器（5）的第十六功率开关管（S8'）的源极、第十六二极管（D8'）的阳极、第十七功率开关管（S9'）的源极、第十七二极管（D9'）的阳极连接在一起，所述全波周波变换器的第十七功率开关管（S9'）的漏极、第十七二极管（D9'）的阴极、第十五功率开关管（S7'）的漏极、第十五二极管（D7'）的阴极连接在一起，第十四功率开关管（S6'）、第十五功率开关管（S7'）、第十四二极管（D6'）、第十五二极管（D7'）构成第五四象限功率开关管（SA'），第十六功率开关管（S8'）、第十七功率开关管（S9'）、第十六二极管（D8'）、第十七二极管（D9'）构成第六四象限功率开关管（SB'），第五四象限功率开关管（SA'）和第六四象限功率开关管（SB'）构成所述全波周波变换器；

所述输出滤波器（6）包括输出滤波电容（C_f），其中，输出滤波电容（C_f）的正极与第十五二极管（D7'）的阴极相连，输出滤波电容（C_f）的负极与高频变压器（T2）的第四副边绕组（N4）的非同名端相连；

所述输出交流负载（7）包括交流负载（Z_L），交流负载（Z_L）的两端分别与输出滤波电容（C_f）的正极和负极连接。

二、系统类专利的权利要求书撰写

系统类专利保护的是系统的结构和构成，独立权利要求中要体现出系统整体的结构，以及系统中各模块之间的信号交互关系，所以，独立权利要求一般描述系统整体的结构以及各功能模块间信息交互。从属权利要求是对具备创新的功能模块做进一步描述。

下面以案例2（一种基于LabVIEW开放性微电网实验平台）的说明书为基础，按照以下方法撰写权利要求书。

（一）撰写权利要求书的步骤和思路

1. 分析技术交底书

本发明的创新点在于整个实验系统和系统中的各组成部分，包括电源单元模块、变流器模块、电源单元控制模块、微电网控制模块、界面显示模块、算法库模块和数据库模块。

2. 确定撰写思路

通过对技术交底书的分析，在独立权利要求1中写清楚该微电网实验系统的整体构成以及各个功能模块之间的信息交互，从而实现保护范围的最大化。在撰写时不仅要描述构成该微电网实验平台的所有功能模块的连接关系，还要说明每个功能模块的作用以及与其他模块的控制关系和信息交互。

从属权利要求2~7分别对电源单元模块、变流器模块、电源单元控制模块、微电网控制模块、算法库模块和界面显示模块进行保护，将构成上述模块的子模块展开说明，对将上述子模块之间的连接关系和信息交互进行保护。权利要求8是对权利要求3中的并网变流器的进一步限定。

通过上述权利要求的布局实现专利保护范围的最大化。即使是在实质审查过程中，审查员认定权利要求1没有创造性，也可以通过修改权利要求缩小保护范围来获得该专利的授权。

(二) 形成最终的权利要求书

1. 一种基于 LabVIEW 开放性微电网实验系统，其特征在于，包括依次相连的电源单元模块、变流器模块、电源单元控制模块和微电网控制模块，还包括界面显示模块、算法库模块和数据库模块，该三个模块均与电源单元控制模块、微电网控制模块相连；

其中，电源单元模块用于给微电网提供电能；

变流器模块用于控制电源单元即用于控制光伏、储能和风电的并网发电以及模拟风机转动；

电源单元控制模块用于控制变流器，实现电源单元的运行控制；

微电网控制模块用于调度电源单元控制模块，实现分布式电源的协调优化运行，并提供二次开发接口；

算法库模块用于提供电源单元的控制算法和数据管理算法，并开放二次开发接口；

数据库模块用于接收电源单元控制模块和算法库模块的数据信息，并对所述数据信息进行存储；

界面显示模块用于对电源单元控制模块和微电网控制模块进行基于 LabVIEW 的图形化显示。

2. 根据权利要求1所述的基于 LabVIEW 开放性微电网实验系统，其特征在于，所述电源单元模块包括风电电源单元、光伏电源单元和储能电源单元，其中风电电源单元包括电机拖动单元和发电机单元。

3. 根据权利要求1所述的基于 LabVIEW 开放性微电网实验系统，其特征在于，所述变流器模块包括5个变流器，该5个变流器包括1个拖动变流器、1个整流变流器和3个并网变流器；

其中，拖动变流器的输入侧接配电网，输出侧接电机拖动单元；

整流变流器的输入侧接发电机单元，输出侧接第一并网变流器的输入侧，第一并网变流器的输出侧接配电网；

第二并网变流器的输入侧接光伏电源单元，第二并网变流器的输出侧接配电网；

第三并网变流器的输入侧接储能电源单元，第三并网变流器的输出侧接配电网。

4. 根据权利要求1所述的基于LabVIEW开放性微电网实验系统，其特征在于，电源单元控制模块通过自动化设备通讯规范ADS，将电源单元硬件设备映射至LabVIEW软件实验平台并封装成图形化模块，电源单元控制模块提供控制量和运行数据信息接口，对各电源单元进行启停、控制参数写入和运行数据信息监测操作；电源单元控制模块具体包括：用于控制光伏电源单元工作的光伏单元控制模块；用于控制储能电源单元工作的储能单元控制模块；用于控制拖动电机和发电机工作的风电单元控制模块。

5. 根据权利要求1所述的基于LabVIEW开放性微电网实验系统，其特征在于，微电网控制模块提供削峰填谷控制模块和平滑微电网功率输出控制模块；

其中，削峰填谷控制模块，根据电网所处的峰/谷运行时段以及用电供需平衡状况，通过调度储能电源单元支撑电网；

平滑微电网功率输出控制模块，根据电源单元的能量波动，针对每个电源单元产生的发电目标，平滑微电网的功率输出，减少对电网的冲击。

6. 根据权利要求1所述的基于LabVIEW开放性微电网实验系统，其特征在于，算法库模块包含各电源单元的控制算法和数据管理算法；

其中，控制算法利用数据库模块的电源单元运行数据信息，自动实现控制电源单元的运行，通过电源单元控制模块实现控制量下达至变流器硬件设备完成控制功能；

数据管理算法提供各电源单元数据处理的算法，描述电源单元运行状态。

7. 根据权利要求1所述的基于LabVIEW开放性微电网实验系统，其特征在于，界面显示模块包括界面管理模块、看门狗管理模块和报警管理模块。

8. 根据权利要求3所述的基于LabVIEW开放性微电网实验系统，其特征在于，并网变流器的规格参数为：交流侧额定功率10kW、交流侧额定电压380Vac、交流侧额定频率50Hz、交流侧额定输出电流15A；拖动变流器的规格参数为额定输出功率15kW、交流侧额定输入电压380Vac、交流侧额定输入频率50Hz、额定输入电流23A；整流变流器的规格参数为额定输入功率10kW、交流侧额定输入电压400Vac、交流侧额定输入频率50Hz、交流侧允许频率范围0~320Hz。

三、方法类专利的权利要求书撰写

方法类专利保护的是方法流程和处理过程，独立权利要求要清晰地描述整个方法包含的步骤以及各步骤之间的逻辑关系，需要具有"处理的对象""处理的方法"和"处理的结果"三个要素。从属权利要求是对整个流程中具有创新的子步骤做进一步描述。

下面以案例3（一种确定多层隔热材料起伏表面红外辐射的方法）的说明书为基础，按照以下方法撰写权利要求书。

（一）撰写权利要求书的步骤和思路

1. 分析技术交底书

本发明保护的主题是一种确定多层隔热材料起伏表面红外辐射的方法，其创新点包括方法的整体过程以及各流程中具体的处理步骤。

2. 确定撰写思路

根据上述技术创新点，利用独立权利要求1保护多层隔热材料起伏表面红外辐射方法的整体流程。利用从属权利要求2~6分别对每个步骤的创新点进行保护，即权利要求2对步骤1中建立随机起伏表面形态特征的生成模型进行保护，权利要求3对步骤2中起伏表面面元间的辐射传递模型进行保护。在权利要求撰写的过程中，通过数学模型可以更加直观清楚地反映发明所要保护的内容。

通过上述权利要求的布局和安排，就可以实现对整个方法进行全方位的保护。即使是在实质审查过程中，审查员认定权利要求1没有创造性，也可以通过修改权利要求缩小保护范围来获得该专利的授权。

(二) 形成最终的权利要求书

1. 一种确定多层隔热材料起伏表面红外辐射的方法，其特征在于，包括以下步骤：

步骤1 建立随机起伏表面形态特征的生成模型，生成随机起伏表面；

步骤2 建立起伏表面间的辐射传递模型，根据模拟的起伏表面形态特征，确定表面间辐射传递因子；

步骤3 基于空间环境下起伏表面的辐射传递过程，建立起伏表面的自身发射辐射模型、吸收太阳直接辐射模型、吸收地球红外辐射模型、吸收地球反射太阳辐射模型以及吸收其他面元的辐射模型；

步骤4 根据上述空间环境下起伏表面的辐射传递模型，确定起伏表面总辐射热流，进而根据能量方程求得起伏表面温度分布；

步骤5 根据上述计算得到的起伏表面温度分布和辐射传递模型，根据普朗克定律积分求得任意波段内的起伏表面红外辐射分布。

2. 根据权利要求1所述的确定多层隔热材料起伏表面红外辐射的方法，其特征在于，步骤1中建立随机起伏表面形态特征的生成模型具体为：

步骤1-1 给定表面高度均方根 σ，二维随机起伏表面高度均方根定义为：

$$\sigma = \sqrt{\frac{1}{N} \sum_{n=1}^{N} [z(x,y) - \bar{z}(x,y)]^2}$$

其中，$z(x,y)$ 为二维随机起伏表面取样点高度，$\bar{z}(x,y)$ 为二维随机起伏表面取样点高度平均值，N 为取样点总数；

步骤1-2 根据表面高度均方根 σ 生成服从高斯分布的随机序列 $\eta(x,y)$，$\eta(x,y) \sim N(0,\sigma)$，并计算其傅立叶变换 $A(w_x, w_y)$；

步骤1-3 根据指数型自相关函数，通过傅立叶变换得到滤波器输出信号的功率谱密度，其中指数型自相关函数 $R(\tau_x, \tau_y)$ 为：

$$R(\tau_x, \tau_y) = \sigma^2 \exp\{-2.3[(\tau_x/\beta_x)^2 + (\tau_y/\beta_y)^{-2}]^{1/2}\}$$

式中，β_x、β_y 分别表示 x、y 方向上的自相关长度；

滤波器输出信号的功率谱密度 $G(\omega_x,\omega_y)$ 为：

$$G(\omega_x,\omega_y) = \frac{1}{2\pi}\int_0^\infty \int_0^\infty R(\tau_x,\tau_y)\cos(\omega_x\tau_x + \omega_y\tau_y)d\tau_x d\tau_y$$

同时，确定输入序列 $\eta(x,y)$ 的功率谱密度 $S(\omega_x,\omega_y)$ 为：

$$S(\omega_x,\omega_y) = \frac{1}{2\pi}\int_0^\infty \int_0^\infty \eta(x,y)\cos(\omega_x x + \omega_y y)dxdy$$

由于输入序列服从高斯分布，则其功率谱密度应为常数，即 $S(\omega_x,\omega_y) = C$；

步骤 1-4 计算滤波器的传递函数 $H(w_x,w_y)$ 为：

$$H(w_x,w_y) = (G(w_x,w_y)/C)^{1/2};$$

步骤 1-5 计算输入序列经过二维滤波器后的输出序列的傅立叶变换：

$$Z(w_x,w_y) = H(w_x,w_y)A(w_x,w_y);$$

步骤 1-6 对 $Z(w_x,w_y)$ 进行傅立叶逆变换得到表面的高度分布函数 $z(x,y)$；

步骤 1-7 再次执行步骤 1-1~1-6，生成二级随机起伏表面，第二级表面的高度均方根与第一级的比例为 1:50，通过前面所述方法生成不同相关长度和高度均方根的随机表面；

步骤 1-8 将两个表面叠加合成，从而得到接近真实的多层隔热材料随机起伏表面形貌。

3. 根据权利要求 1 所述的确定多层隔热材料起伏表面红外辐射的方法，其特征在于，步骤 2 中所述起伏表面面元间的辐射传递模型具体为：

步骤 2-1 对每个面元随机发射 M 条光束，$M > 10\,000$，对每一条光束的发射、反射和吸收进行跟踪，同时生成计数器 m_{ij}，其含义为面元 i 发射的光束，最终被面元 j 吸收的数目；

步骤 2-2 确定光束随机发射点坐标 $P_0(x,y,z)$ 的概率模型为：

$$x = x_{\min} + R_x(x_{\max} - x_{\min})$$
$$y = y_{\min} + R_y(y_{\max} - y_{\min})$$
$$z = z(x,y)$$

式中，R_x 与 R_y 分别为 [0, 1] 区间均匀分布的随机数；x, y 的取值范围分别为 $[x_{\min}, x_{\max}]$，$[y_{\min}, y_{\max}]$，该计算得到的是面元坐标系下的发射点坐标，并将其转化为系统坐标系下的发射点坐标；

步骤 2-3　确定光束随机发射方向 $L(\theta, \psi)$ 的概率模型为：

$$\theta = \arccos(\sqrt{1-R_\theta})$$

$$\psi = 2\pi R_\psi$$

式中，R_θ 与 R_ψ 分别是天顶角和圆周角的均匀分布随机数，并将该方向矢量转化为系统坐标系下的方向；

步骤 2-4　跟踪光束，通过解方程组判断光束是否与其他面元相交：

$$P = P_0 + aL$$

$$\Phi(x, y, z) = 0$$

式中，$\Phi(x, y, z) = 0$ 为表面方程，P 为相交点位置坐标，a 为系数，如有交点，则解得交点坐标，并确定交点所在的面元，之后执行步骤 2-5；否则，则该光束跟踪结束，返回步骤 2-2 进行下一条光束跟踪；

步骤 2-5　若表面吸收率是 α，生成随机数 R_α，判断光束是否被吸收：若 $R_\alpha \leq \alpha$，则光束被吸收，计数器 $m_{ij} = m_{ij} + 1$，结束本条光束跟踪，反之，则光束被反射，继续执行步骤 2-6 进行跟踪；

步骤 2-6　确定反射光束的发射点坐标 P_0 和反射方向矢量 $L_r(\theta_r, \psi_r)$，发射点坐标即交点坐标 $P_0 = P$，如果是漫反射表面，反射方向的模拟与发射方向概率模型相同，即：

$$\theta_r = \arccos(\sqrt{1-R_\theta})$$

$$\psi_r = 2\pi R_\psi$$

如果是镜面反射表面，反射方向根据菲涅尔反射定律确定：

$$\theta_r = \pi - \theta_i$$

$$\psi_r = \psi_i + \pi \quad (0 < \psi_i \leq \pi)$$

$$\psi_r = \psi_i - \pi \quad (\pi < \psi_i \leq 2\pi)$$

式中，θ_i, ψ_i 分别是面元坐标系下入射光束的天顶角和圆周角，反射方向也转化为系统坐标系下的方向，同时返回步骤 2-4；

步骤2-7 完成所有面元所有光束的跟踪，根据最终的光束计数器结果计算面元间的辐射传递因子 F_{ij}：

$$F_{ij} = \frac{m_{ij}}{M}$$

F_{ij} 定义为面元 i 的自身辐射能量，最终被面元 j 吸收的份额。

4. 根据权利要求1所述的确定多层隔热材料起伏表面红外辐射的方法，其特征在于，步骤3中所述起伏表面的自身发射辐射模型、吸收太阳直接辐射模型、吸收地球红外辐射模型、吸收地球反射太阳辐射模型以及吸收其他面元的辐射模型分别为：

（a）自身发射辐射模型：

$$Q_{Emit} = \varepsilon k_B A T^4$$

式中参数的含义为，Q_{Emit} 表示表面面元自身发射的红外辐射热流；k_B 为斯忒藩·波尔兹曼常数，$k_B = 5.67 \times 10^{-8} W/(m^2 \cdot K^4)$；$A$ 为微元表面面积，单位 m^2；ε 为表面的红外发射率；

（b）吸收太阳辐射模型：

$$Q_{Sun} = \alpha_S A S \mu$$

式中参数的含义为，Q_{Sun} 表示表面面元吸收太阳直接辐射热流；α_S 为表面的太阳吸收率；μ 为太阳辐射在面元表面的入射角余弦；S 为空间环境中太阳直接辐照密度，取一年中太阳辐照的平均值，即太阳常数 $1353 W/m^2$；

（c）吸收地球红外辐射模型：

$$Q_{Earth} = \alpha_{IR} A E_{io} \varphi_1$$

式中参数的含义为，Q_{Earth} 表示表面面元吸收地球红外辐射热流；α_{IR} 为表面红外波段的吸收率，$\alpha_{IR} = \varepsilon$；$E_{io}$ 为地球等效热流密度，取 $220 W/m^2$；φ_1 为地球辐射角系数；地球辐射角系数的计算如下：

当 $0 \leq \beta \leq arccosk$ 时，

$$\varphi_1 = k^2 \cos\beta$$

当 $arccosk < \beta < (\pi - arccosk)$ 时，

$$\varphi_1 = k^2\cos\beta + \frac{1}{2}\left[\frac{\pi}{2} - \sqrt{1-k^2}\sqrt{k^2-\cos^2\beta} - \arcsin\left(\frac{\sqrt{1-k^2}}{\sin\beta}\right) - k^2\cos\beta\arccos\left(\frac{\sqrt{1-k^2}}{ktg\beta}\right)\right]$$

当 $(\pi - arccosk) < \beta < \pi$ 时，
$$\varphi_1 = 0$$

式中，β 为表面微元法线方向与表面微元指向地心方向的夹角；$k = R_e/(R_e+h)$，R_e 为地球半径，h 为目标轨道高度；

(d) 吸收地球反射太阳辐射模型：
$$Q_{Eref} = \alpha_S \rho_E A S \varphi_2$$

式中参数的含义为，Q_{Eref} 表示表面面元吸收地球反射太阳辐射热流；ρ_E 为地球表面对太阳辐射的平均反射率；φ_2 为地球反照角系数，可用地球辐射角系数计算得到：
$$\varphi_2 = \varphi_1 \cos\Phi$$

式中，Φ 为目标与地心的连线矢量与太阳光矢量的夹角，所述目标与地心的连线矢量的方向指向目标，太阳光矢量的方向指向太阳；

(e) 吸收其他面元的辐射模型：
$$Q_{Self} = \sum_{i=1}^{N} F_{ij} \varepsilon k_B A T_i^4$$

式中参数的含义为，Q_{Self} 表示表面面元吸收其他面元的红外辐射热流或者吸收其他面元反射太阳的辐射热流；F_{ij} 为表面面元间的红外辐射传递系数；i 表示其他面元的编号，j 表示当前计算面元的编号，N 为面元总数。

5. 根据权利要求1所述的确定多层隔热材料起伏表面红外辐射的方法，其特征在于，步骤4确定物体表面总热流所用公式为：
$$Q = Q_{Sun} + Q_{Earth} + Q_{Eref} + Q_{Self} - Q_{Emit}$$

式中参数的含义为，Q 表示物体表面总热流。

6. 根据权利要求1所述的确定多层隔热材料起伏表面红外辐射的方法，其特征在于，步骤5确定物体表面红外辐射通量所用公式为：
$$E_{\lambda_1-\lambda_2} = E_{\lambda_1-\lambda_2}^{emit} + E_{\lambda_1-\lambda_2}^{ref}$$

式中参数的含义为，$E_{\lambda_1-\lambda_2}$ 表示表面面元的有效辐射通量，λ_1、λ_2 分别表示红外波段的上下限，单位 m；$E_{\lambda_1-\lambda_2}^{emit}$ 和 $E_{\lambda_1-\lambda_2}^{ref}$ 分别表示自身发射的辐射通量与反射的辐射通量，自身发射的辐射通量可以利用普朗克函数积分得到：

$$E_{\lambda_1-\lambda_2}^{emit} = \int_{\lambda_1}^{\lambda_2} \varepsilon(\lambda) \cdot \frac{C_1}{\lambda^5 [\exp(\frac{C_2}{\lambda T}) - 1]} d\lambda$$

式中，C_1 为第一辐射常量，$3.742 \times 10^{-16} W \cdot m^2$；$C_2$ 为第二辐射常量，$1.4388 \times 10^{-2} m \cdot K$；$\varepsilon(\lambda)$ 为表面的光谱发射率；

反射的辐射通量计算如下：

$$E_{\lambda_1-\lambda_2}^{ref} = \int_{\lambda_1}^{\lambda_2} [1 - \varepsilon(\lambda)] \cdot G(\lambda) d\lambda$$

式中，$G(\lambda)$ 为面元接收到的光谱辐照密度，包括太阳直接辐射、地球辐射、地球反射太阳辐射、其他面元的辐射，具体计算如下：

$$G(\lambda) = S(\lambda)\mu + E_{io}(\lambda)\varphi_1 + \rho_E S(\lambda)\varphi_2 + \sum_{i=1}^{N} F_{ij} E_i^{emit}(\lambda)$$

式中，$S(\lambda)$ 表示太空环境中的太阳光谱辐射密度，$E_{io}(\lambda)$ 为地球等效光谱热流密度；$E_i^{emit}(\lambda)$ 表示其他面元自身发射的光谱红外辐射。

四、其他类型专利的权利要求书撰写

《专利法》第25条明确规定了智力活动的规则和方法是不授予专利权的客体。《专利审查指南（2010）》给出了不授权的原因：智力活动的规则和方法是指导人们进行思维、表达、判断和记忆的规则和方法；由于其没有采用技术手段或者利用自然规律，也未解决技术问题和产生技术效果，因而不构成技术方案，不能被授予专利权。

申请人对此并不了解，提供的技术交底书有时会有属于"智力活动的规则和方法"的内容，所以，专利代理人在进行撰写时要分析研究其技术方案，增补技术内容，删除不是专利保护客体的内容，通过撰写技巧来避免上述情况的发生。简言之，就是要采用"技术手段"来解决"技术问题"，最终实现"技术效果"。下面以申请人提供的关于"一种网站分类目录优化分析方法"的技术交底书作为案例4来说明该类专利的权利要求撰写方法。

申请人提供了"一种网站分类目录优化分析方法"的技术交底书，内

容如下:

一种网站分类目录分析方法

一种网站分类目录分析方法,步骤为:

步骤1 技术人员对网站日志数据进行预处理,删除不需要的数据,保留需要的待挖掘数据;

步骤2 技术人员计算任意两个目录路径之间的相似度;

步骤3 技术人员对目录路径相似度矩阵进行分析,得到分析结果;

步骤4 技术人员基于路径搜索法挖掘出每类用户期望的目录体系,并与原有分类目录体系对比分析,得到最终的分析结果。

除了上述简单的内容外,并附了一幅流程图(见图2-18)。

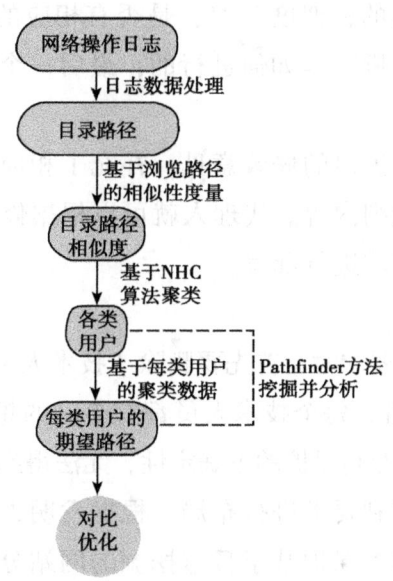

图2-18 一种网络分类目录分析方法流程

(一)撰写权利要求书的步骤和思路

1. 分析技术交底书

通过阅读上述材料,代理人发现技术交底书思路非常明确,就是对网站分类目录进行分析，最终得到分析的结果。而技术交底书只提供了一种处理流程，大部分工作都是由"技术人员"来完成，并未介绍"技术人员"是如何完成的，因此，缺乏必要的技术手段。如果按照上述的方式直接撰写权利要求书，很容易将专利写成"操作手册"，使审查员误认为该技术方案是"智力活动的规则和方法"，从而成为不受专利法保护的客体。

2. 代理人对技术方案修改的建议

通过进一步分析，代理人发现"对网站日志数据进行预处理""计算任意两个目录路径之间的相似度"等处理方法均可以利用计算机来处理，是技术手段，可以根据发明人提供的思路从每个步骤出发来确定更加细致的技术方案。代理人提出修改意见并和发明人沟通，沟通的内容主要如下："对网站日志数据进行预处理"是如何进行的，需要处理哪些步骤；"计算任意两个目录路径之间的相似度"时，是否有相应的算法公式；"对目录路径相似度矩阵进行分析"是如何进行的；最后一个步骤是否具备更加详细的处理方案。

发明人根据代理人提出的修改意见，补充了相应材料，完善了技术方案，剔除人为参与的规则内容。代理人就可以根据修改后的技术交底书按照权利要求的布局和要求进行撰写。

3. 确定撰写思路

代理人在撰写权利要求时，首先要删除"技术人员"的相关表述，由于"技术人员"具有主观性，每个技术人员都有自己的想法和思路，如果不删除这种表述，就会增加专利保护的不确定性，无法得到明确的技术方案。

其次，代理人对权利要求进行布局。根据发明人补充的材料，代理人可以利用独立权利要求1保护基于日志挖掘的网站分类目录优化分析方法的整体流程，利用从属权利要求对每个步骤的创新点进行保护。具体是利用从属权利要求2对步骤1中的"对网站日志数据进行预处理"进行保护，利用从属权利要求3对步骤2中的"确定任意两个目录路径之间的相似度，构造目录路径相似度矩阵"进行保护，依次类推。

最后，代理人开始撰写权利要求书。在具体撰写时要注意技术方案整体要包括"处理的对象""处理的方法"和"处理的结果"三个要素,从而确保撰写的内容是专利保护的客体。通过对权利要求进行上述布局和安排,就可以实现对整个方法全方位的保护。

(二) 形成最终的权利要求书

1. 一种基于日志挖掘的网站分类目录优化分析方法,其特征在于,步骤如下:

步骤1 对网站日志数据进行预处理;

步骤2 利用"基于浏览路径顺序的方法 VOB"确定任意两个目录路径之间的相似度,构造目录路径相似度矩阵,所述目录路径相似度矩阵的第一行和第一列为中转化处理后的所有目录路径,其余均为行对应目录与列对应目录之间的相似度;

步骤3 利用"基于矩阵变换的分裂层次聚类 NHC 算法"对目录路径相似度矩阵进行聚类,根据目录路径的相似度将对应的用户聚类直到所有类别的凝聚度都不小于 0.95 为止;

步骤4 基于"路径搜索法 Pathfinder"挖掘出每类用户期望的目录体系,并与原有分类目录体系对比分析,给出网站分类目录的优化方案。

2. 根据权利要求1所述的基于日志挖掘的网站分类目录优化分析方法,其特征在于,步骤1对网站日志数据进行预处理具体如下:

步骤1-1 对日志数据字段进行净化处理,具体是将原始日志数据中的请求协议字段、文件名字段这些与挖掘目的不相关的字段删除,最终保留用户的 IP 地址 IPNUMBER、访问时间 VISIT-TIME、浏览者的 cookie 信息 COOKIE、访问网址 URL、访问状态 STATUS 以及当前访问网址的来源网址 REFERER;

步骤1-2 对日志内容进行净化,具体为:判断访问状态 STATUS 的属性值,若属性值不以 2、3 开头,则删除该属性值对应的日志项;之后判断访问网址 URL 和当前访问网址的来源网址 REFERER 中是否包含字符串"-catalog"或"catlist",若均没有包含,则删除该属性值对应的日志项;

步骤1-3 对网址进行统一编号,具体为:将日志中涉及的访问网址URL、当前访问网址的来源网址REFERER按出现次序用阿拉伯数字从小到大统一编号,若同一网址出现多次则按网址第一次出现的次序编号;

步骤1-4 建立网址目录对应关系,具体为:分析日志项中访问网址URL和当前访问网址的来源网址REFERER中的字符串,若存在" - catalog"字符串且" - catalog"字符串与.html间存在"/",则.html与最近的一个"/"之间的字符串即为网址所在目录名称;若存在" - catalog"字符串且" - catalog"字符串与.html间不存在"/",则" - catalog"字符串与其左侧最接近的"/"之间的字符串即为网址所在目录名称;若存在字符串"catlist",则.html与最近的一个"/"之间的字符串即为网址所在目录名称;新建表格记录网址与所在目录的对应关系;

步骤1-5 对用户进行识别,判断日志项中是否包含浏览者的cookie信息COOKIE,若包含则认为同一个浏览者的cookie信息COOKIE代表同一个用户,否则认为同一个IP地址IPNUMBER代表同一用户;对识别出的用户按出现次序用阿拉伯数字从小到大编号;

步骤1-6 对会话路径进行识别,具体为,分析日志项中同一个用户访问时间VISIT - TIME,若访问时间VISIT - TIME差在30分钟以内则将对应的日志项提取为一个会话路径并用阿拉伯数字将会话路径从小到大统一编号,会话路径提取格式为:会话路径编号、用户、访问网址URL及访问网址对应的访问时间VISIT - TIME;

步骤1-7 对事务路径进行识别,具体为,若同一个会话路径中同一个访问网址URL出现次数为n次且n>1,则将会话路径分为n个,其中在该访问网址URL第二次出现前的会话路径为第一个事务路径;删除会话路径中该访问网址URL第一次和第二次出现间的其他访问网址URL且只保留一个该访问网址URL,则会话路径中该访问网址URL第三次出现之前的会话路径为第二个事务路径;以此类推直至会话路径中所有访问网址URL只出现一次为止;

步骤1-8 对网站分类目录进行编码,具体为,按网站分类目录所在层级以及目录间的从属关系统—用阿拉伯数字编号；

步骤 1-9　将事务路径转化为目录路径，具体为，基于步骤 1-4 中的网址目录对应关系，找出事务路径中每个网址对应的目录，并用目录代替事务路径中对应的网址；若事务路径中每个网址转为对应的目录后，存在同一目录连续出现次数大于 1 的情况，则最终保留一个目录。

3. 根据权利要求 1 所述的基于日志挖掘的网站分类目录优化分析方法，其特征在于，步骤 2 中利用"基于浏览路径顺序的方法 VOB"确定任意两个目录路径之间的相似度，构造目录路径相似度矩阵，具体步骤如下：

步骤 2-1　对所有的目录路径进行标号，依次标为 Q_1、Q_2、Q_3、……、Q_m，其中 m 为目录路径总个数；

步骤 2-2　找出每个目录路径 Q_i 所有的 $t(0 < t < r+1$ 且 t 为整数)跳路径 Q_i^t，具体表示为：

$$Q_i^t = \{q_i, q_{i+1}, \cdots, q_{i+t-1} \mid i = 1, 2, \cdots, r-t+1\}$$

其中 i 为整数且取值范围为 $1 < i < t+1$；$Q_i = q_1, q_2, \cdots, q_r$，$q_i$ 表示按序访问的目录，r 为 Q_i 包含的目录总数目；之后，用 $f(Q_i) = \cup_{l=1}^{r} Q_l$ 标识目录路径 Q_i 的特征空间；

步骤 2-3　找出任意两个目录路径 Q_i 和 Q_j，用"基于浏览路径顺序的方法 VOB"计算出 Q_i 和 Q_j 目录路径的相似度 Q_{ij}，并将其作为目录路径相似矩阵中的第 i 行第 j 列元素，具体使用公式为：

$$Q_{ij} = \frac{<Q_i, Q_j>^l}{\sqrt{<Q_i, Q_i>^l \cdot <Q_j, Q_j>^l}}$$

其中 $l = \min(length(Q_i), length(Q_j))$，$length(Q_i)$ 表示目录路径 Q_i 的长度，l 表示两个目录路径中较短目录路径的长度；$<Q_i, Q_j>^l$ 是目录路径 Q_i 和 Q_j 在特征空间的内积，定义为：

$$<Q_i, Q_j>^l = \sum_{k=1}^{l} \sum_{q \in Q_i^k \cap Q_j^k} length(q) \cdot length(q)$$

其中 Q_i^k 表示目录路径 Q_i 的 k 跳路径；

步骤 2-4　重复步骤 2-3 直至算出 m×m 相似度矩阵中的所有元素为

止，构造成相似度矩阵 A，具体表示为：

$$A = \begin{pmatrix} Q_{11} & Q_{12} & \cdots & Q_{1m} \\ Q_{21} & Q_{22} & \cdots & Q_{2m} \\ \cdots & \cdots & \cdots & \cdots \\ Q_{m1} & Q_{m2} & \cdots & Q_{mm} \end{pmatrix}$$

其中 m 为目录路径总个数。

4. 根据权利要求 1 所述的基于日志挖掘的网站分类目录优化分析方法，其特征在于，步骤 3 中利用"基于矩阵变换的分裂层次聚类 NHC 算法"对目录路径相似度矩阵进行聚类，根据目录路径的相似度将对应的用户聚类直到所有类别的凝聚度都不小于 0.95 为止，具体步骤为：

步骤 3-1 将步骤 2 中的目录相似度矩阵 A 的行和列按数值从大到小进行排序；

步骤 3-2 将相似度矩阵按主对角线进行分块处理矩阵得到矩阵 B，具体表示为：

$$B = \begin{pmatrix} A_{11} & \cdots & A_{12} \\ \cdots & d & \cdots \\ A_{21} & \cdots & A_{22} \end{pmatrix}$$

其中 d 是矩阵 A 的划分点；

步骤 3-3 找出划分点，具体为：计算 F_d 值，当 F_d 值最大值时 d 的值就为划分点，其中 F_d 表示为：

$$F_d = M^d(A_{11}) * M^d(A_{22}) - M^d(A_{12}) * M^d(A_{21})$$

其中，$M^d(A_{ij})$ 定义为 $M^d(A_{ij}) = \sum_{i=(p-1)*d+1}^{d+(m-d)*(p-1)} (\sum_{i=(q-1)*d+1}^{d+(m-d)*(q-1)} Q_{ij}), 1 \leq p \leq 2, 1 \leq q \leq 2$，$m$ 为目录路径总个数；

步骤 3-4 计算聚簇 A_{11}、A_{22} 的凝聚度 T，具体计算公式为：

$$T(A_{xx}) = \frac{1}{M} * \sum_{1 \leq i \leq j \leq t} Q_{ij} (1 \leq x \leq 2)$$

其中，t 表示 A_{xx} 方阵中的行列数，$M = t(t-1)/2$，Q_{ij} 表示目录路径 Q_i

和目录路径 Q_j 的相似度;

步骤 3-5 分析各聚簇的凝聚度值,若所有凝聚度值不小于 0.95,则聚类结束;如仍有聚簇其凝聚度值小于 0.95,则将该聚簇当作新一轮的相似度矩阵 A,并重复步骤 3-1~步骤 3-4 直到所有的聚簇凝聚度都不小于 0.95 为止。

5. 根据权利要求 1 所述的基于日志挖掘的网站分类目录优化分析方法,其特征在于,步骤 4 中基于"路径搜索法 Pathfinder"挖掘出每类用户期望的目录体系,并与原有分类目录体系对比分析,给出网站分类目录的具体优化建议,具体如下:

步骤 4-1 构造每大类用户的目录共现频次矩阵并结合路径搜索法构建路径搜索图;

步骤 4-2 基于路径搜索法中"相关系数"计算方法,计算出每类用户期望目录路径与网站分类目录体系的相关系数;

步骤 4-3 基于路径搜索法构建网站分类目录路径搜索图,具体为:以网站分类目录体系为基础,以目录作为节点,参照网站分类目录体系若目录间存在上下级关系则建立边,最终构建出网站分类目录路径搜索图;

步骤 4-4 根据步骤 4-2 中用户期望目录与网站目录相关系数判断网站目录是否需要优化,若相关系数小于等于 0.7 则需要优化,具体是利用步骤 4-1 中的用户路径搜索图与步骤 4-3 中的网站分类目录路径搜索图对网站分类目录进行优化,否则不需要优化,结束操作。

6. 根据权利要求 5 所述的基于日志挖掘的网站分类目录优化分析方法,其特征在于,步骤 4-1 构造每大类用户的目录共现频次矩阵并结合路径搜索法构建路径搜索图,具体步骤如下:

步骤 4-1-1 构造每大类用户的目录共现频次矩阵,所述目录共现频次矩阵的第一行和第一列为对应类别用户涉及的所有目录路径,其余均为共现频次;所述共现频次是指两个目录在目录路径中共同出现的次数;之后,将共现频次矩阵中 a 行 b 列元素值均设为 0,其中 $0<a<b<w$ 且 a、b 均为整数,w 代表共现频次矩阵行列数;之后,将目录自身与自身共现

频次设为 0 即对角线元素设为 0；

步骤 4-1-2　基于步骤 4-1-1 中构造出每个目录频次矩阵，以目录作为节点，以目录频次倒数作为两个节点间的权重，以满足三角不等式为前提构建目录间的最短路径搜索图，最终路径搜索图即为用户期望的目录层次体系；其中，三角不等式指的是路径搜索图中两点之间存在边当且仅当其权值为两点之间的最短路径。

第四节　审查意见通知书的答复

审查意见通知书的答复是专利文件撰写的重要内容，也是专利代理的重要工作之一。审查员通过审查意见反馈其对专利申请的整体评价，专利代理人通过意见陈述书完成对审查意见的答复。审查员发出的审查意见通知书主要包括申请文件的形式问题和实质问题，其中实质问题包括权利要求是否具备新颖性、创造性、实用性，专利的主题是否属于专利法保护的客体，以及说明书是否公开充分等问题。专利代理人进行答复时，首先要评判审查员发出的审查意见是否正确，即一方面评判审查员对事实认定是否正确，另一方面评判审查员对法律的适用是否恰当。然后针对审查意见逐条准备答辩的理由、证据。

下面结合几个代表性的案例来说明答复审查意见的方法。

一、涉及新颖性的答复

(一) 答复思路

审查员在提出新颖性的审查意见时，一般要检索几篇在申请日之前公开的现有技术文献作为对比文件进行单独对比，判断该对比文件是否公开了专利的技术方案。代理人在答复时，首先要判断对比文件的公开日期是否在本申请的申请日之前（或者是否构成抵触申请），如果不在本申请的申请日之前，就说明对比文件的选取有误，可以直接针对这个点进行答复；然后再就对比文件的技术方案是否与本申请的技术方案相同进行比较和分析。下面通过案例5说明新颖性审查意见的答复方法。

(二) 答复案例

1. 发明创造简介

【案例5】

发明人为了提高风能捕获效率而发明了一种基于神经网络优化起始转速的最大功率点跟踪控制方法，其独立权利要求为：

一种基于神经网络优化起始转速的最大功率点跟踪控制方法，其特征在于，以基于起始转速调整的改进功率曲线法为基础，采用神经网络调整起始发电转速来实现最大功率点跟踪控制，所述基于起始转速调整的改进功率曲线法所用公式为：

$$M\dot{\omega} = T_m(v, \omega) - T_e(\omega)$$

$$T_m(v,\omega) = \frac{0.5\rho\pi R^5 C_p(\lambda)}{\lambda^3}\omega^2$$

$$T_e(\omega) = \begin{cases} 0 & \omega < \omega_{bgn} \\ T_{opt} & \omega > \omega_{bgn} \end{cases}$$

$$\omega_{bgn} = \lambda_{opt}(\bar{v}_T - \alpha)/R$$

式中，M 为转动惯量，T_m 为风轮的机械驱动转矩，T_e 为电磁制动转矩，v 为风速，ω 为风轮的角速度，$\dot{\omega}$ 为风轮角加速度，ρ 为空气密度，R 为风轮半径，C_p 为风能利用系数，$\lambda = \omega R/v$ 是叶尖速比，ω_{bgn} 为起始发电转速即起始转速，λ_{opt} 为最佳叶尖速比，$\bar{v}_T$ 为一个周期内的风速采样值序列的平均值，α 为补偿系数，用于周期性地调整起始转速，T_{opt} 为风机的最优转矩曲线，具体为：

$$T_{opt}(\omega) = K_m\omega^2$$

$$K_m = \frac{0.5\rho\pi R^5 C_p^{max}}{\lambda_{opt}^3}$$

式中，C_p^{max} 为最大风能利用系数；

其中起始发电转速 ω_{bgn} 采用神经网络进行调整的步骤如下：

步骤1 进行初始化，即对风速采样频率和起始转速更新周期 T_r 进行设置，其中风速采样频率为 1~4Hz；清空 T_r 所对应的风速采样值序列，将 ω_{bgn} 初始化为风机最大功率点跟踪控制阶段的最小转速；

步骤 2　训练神经网络，即利用遍历算法获得多种平均风速 $\bar{v}_T$ 和湍流强度 TI 下对应的最佳补偿系数 α_{opt}，将其作为神经网络的训练样本；训练时，以风速的平均值 $\bar{v}_T$ 和湍流强度 TI 为神经网络的输入变量，以最佳补偿系数为输出变量；

步骤 3　进入新的起始转速更新周期 T_r，以风速采样周期 T_w 在该周期 T_r 中对风速值进行采样即读取风速测量值，并保存至风速采样值序列；

步骤 4　判定当前起始转速更新周期 T_r 是否完成，若完成，则执行步骤 5；否则，继续以风速采样周期 T_w 在该周期 T_r 中对风速值进行采样并保存至风速采样值序列；

步骤 5　求取风速采样值序列的平均值 $\bar{v}_T$ 和湍流强度 TI；

步骤 6　以步骤 5 求取的风速采样值序列的平均值 $\bar{v}_T$ 和湍流强度 TI 为输入，调用神经网络获得对应的最佳补偿系数 α_{opt}；

步骤 7　根据步骤 6 获得的最佳补偿系数 α_{opt} 对起始转速 ω_{bgn} 进行调整，之后以更新后的 ω_{bgn} 进入新的更新周期 T_r，电磁制动转矩仍按以下公式调整：

$$T_e(\omega) = \begin{cases} 0 & \omega < \omega_{bgn} \\ T_{opt} & \omega > \omega_{bgn} \end{cases}$$

之后清空风速采样值序列，并跳至步骤 3。

2. 审查意见

审查员在审查的过程中，找到发明人之前发表的一篇文章，发出以下审查意见通知书：

权利要求 1 不具备《专利法》第 22 条第 2 款规定的新颖性。

权利要求 1 请求保护一种基于神经网络优化起始转速的最大功率点跟踪控制方法，对比文件 1 ["一种基于收缩跟踪区间的改进最大功率点跟踪控制"，殷明慧等，中国电机工程学报，第 32 卷第 27 期 2012 年 9 月 25

日],实质上公开了一种基于神经网络优化起始转速的最大功率点跟踪控制方法,并具体公开了以下内容:参见对比文件1第1.1节,第2.1~2.2节,第3.3节。

因此,权利要求1所要求保护的技术方案以及被对比文件1公开,技术方案相同,且属于风力发电功率控制的技术领域,解决的都是传统功率控制方法动态响应性能较差的技术问题,都能达到提高动态响应性和提高风能捕获效率的技术效果。因此,权利要求1所要求保护的技术方案不具备新颖性,不符合《专利法》第22条第2款规定的新颖性。

3. 审查意见的答复

代理人仔细阅读审查员的审查意见,通过与发明人沟通后发现,本申请是在之前文章的基础上作出的发明创造,是对之前文章的进一步改进。发明人对此作出了重要的创新,并不是相同的技术方案。因此,就从这个角度出发撰写了以下意见陈述书:

尊敬的审查员同志:您好!

您发出的审查意见我们已经收到,首先非常感谢审查员同志对我们的申请文件进行了细致的审查并明确指出申请文件中存在的问题,现在我们已经按审查员的意见进行答复,具体陈述为:

1. 审查员认为权利要求1不具备《专利法》第22条第2款规定的新颖性。发明人对此有不同观点:

对比文件1提出的一种基于收缩跟踪区间的改进最大功率点跟踪控制的关键在于调整风机的起始转速。对比文件1根据平均风速$\bar{v}_T$调节起始转速,补偿系数α的值由经验确定,且固定不变,如式(1)所示。

$$\omega_{bgn} = \lambda_{opt}(\bar{v}_T - \alpha)/R \tag{1}$$

实际上,最佳的起始转速受到很多因素的影响,包括风速条件、风机的气动及结构参数,但对比文件1在确定补偿系数α时忽略了这些因素。

本申请的创新点在于运用神经网络来描述被对比文件1中的补偿系数α的最佳值α_{opt}与风速条件(平均风速、湍流强度)以及风机气动、结构参数（风轮的气动特性、风轮的直径、风轮的转动惯量）的复杂非线性关系，调用神经网络获得对应的最佳补偿系数 α_{opt}（详见步骤5）；使得跟踪区间的在线优化设定能够考虑变化的风速条件，而且能同时反映具体风力机的气动、结构设计。

在实施例中，大量仿真试验研究的统计结果表明本申请的控制方法的风能捕获效率优于被对比文件1的方法。

由上可知，本发明的权利要求1采用神经网络获得对应的最佳补偿系数 α_{opt}，解决了对比文件1中仅凭经验，无法准确获取补偿系数 α 的问题，并且与对比文件不相同，因此具备新颖性。

通过上述的争辩，审查员最终接受本申请具有新颖性的理由，对本申请授予了专利权。

二、涉及创造性的答复

（一）答复思路

审查员在提出创造性的审查意见时，往往会检索几篇相同或相似的对比文件，然后将本申请的权利要求与最接近的对比文件进行比较，找出区别技术特征，最后判断该区别技术特征在其他的对比文件中是否存在技术启示。如果存在技术启示，则认为该项权利要求不具备创造性。或者，审查员判断该区别技术特征是否为公知常识，如果是公知常识，也认定该项权利要求不具备创造性。

针对创造性的答复，代理人首先要判断审查员评判得是否准确，如果发现审查员判断错误，就可以针锋相对地进行争辩，下面通过案例6进行说明创造性审查意见的答复方法。

（二）答复案例

1. 发明创造简介

【案例6】

在医学测量和工业测量中，人们常常需要对物体的外形和尺寸进行测量,目前的测量设备有:三坐标测量系统、固定式激光扫描系统和机械臂抄数机。上述设备不仅可以对物体进行三维测量,还可以对柱状体的外周形状进行测量。但是上述设备在测量时对物体的大小和测量状态有很高要求,例如,在测量时,被测物体必须能够摆放在测量装置上,被测物在测量过程中不能随意移动;并且传统的测量探头均为接触式的测量探头,对于某些柔性物体(如人体)不适合。

采用固定式激光扫描系统对物体外周形状测量时是将被测物放置到测距仪前并且对被测物进行旋转,同时记录旋转的位置,从而得到其一周的测量数据。这种方法不适于被测物不便旋转的情况,比如人体的测量。另一种方法是对被测物不进行旋转,而将探测装置旋转,这也是一种常见的 3D 测量方法,比如人体外形的测量和其他物件的扫描测量。这类装置通常都有一个基座,被测物或人置于基座上,基座带动扫描臂进行扫描。对于一个长形的柱状体,当物体的长度大于扫描臂时,就无法将大出的部位置入测量范围,从而无法测量。

近些年出现的手持式激光扫描仪具有很大的灵活性,使用中不需要将被测物移动到系统的测量位置,而可以手持扫描头,到现场对物体进行扫描,获得物体的三维数据。按照需要的路径扫描,也可以获得柱状体的截面形状,但需要明确扫描的范围并对数据进行后处理来得出一个截面的外周形状。另外,激光扫描头也存在激光辐射的问题,如对头部进行测量的时候,需要避免激光进入人眼。

发明人针对现有技术存在的问题,发明了一种柱状体外周形状测量装置与方法,其权利要求为:

1. 一种柱状体外周形状测量装置,其特征在于,包括外部机架(1)、定位支撑装置、位置编码读取装置、驱动装置、初始定位装置、转环(12)、测距模块(14)和控制与显示模块;

所述驱动装置、定位支撑装置、位置编码读取装置、初始定位装置和控制与显示模块均设置在外部机架(1)上,外部机架(1)的中部开有圆形通孔,圆形通孔的内壁设置转环(12),转环(12)上设置测距装置

(14)，所述测距装置（14）包括至少一个测距探头，所述测距探头均对准转环（12）的圆心，驱动装置用于驱动转环（12）旋转，定位支撑装置用于对转环（12）进行支持定位，位置编码读取装置用于确定转环角度；所述驱动装置、测距模块（14）、位置编码读取装置、初始定位装置均与控制与显示模块相连。

2. 根据权利要求1所述的柱状体外周形状测量装置，其特征在于，所述测距装置（14）包括4个相同的测距探头，该4个测距探头均匀地分布在转环（12）上；所述测距探头为光学测距探头或超声测距探头。

3. 根据权利要求1所述的柱状体外周形状测量装置，其特征在于，还包括内部防护环（13），该内部防护环（13）位于转环（12）的内侧。

4. 根据权利要求1所述的柱状体外周形状测量装置，其特征在于，所述驱动装置包括驱动滑轮（8）和驱动电机（9），所述驱动滑轮（8）在驱动电机（9）的带动下旋转，该驱动滑轮（8）通过固定件固定在外部机架（1）上并与转环（12）相接触。

5. 根据权利要求1所述的柱状体外周形状测量装置，其特征在于，所述定位支撑装置的数量大于等于1，每个定位支撑装置均包括固定件（2）和支撑滑轮（3），所述支撑滑轮（3）通过固定件（2）设置在外部机架（1）上，每个支撑滑轮（3）均与转环（12）相接触。

6. 根据权利要求5所述的柱状体外周形状测量装置，其特征在于，支撑滑轮（3）的外周开有凹槽，转环（12）的周边嵌套在支撑滑轮（3）外周的凹槽内；或者，转环（12）的外周开有凹槽，支撑滑轮（3）的周边嵌套在转环（12）外周的凹槽内。

7. 根据权利要求1所述的柱状体外周形状测量装置，其特征在于，位置编码读取装置包括编码器支架（4）、编码器弹簧（5）、编码器（6）和编码器接触轮（7），所述编码器（6）设置在编码器支架（4）上，编码器（6）上装有编码器接触轮（7），所述编码器接触轮（7）与转环（12）相接触，编码器支架（4）上还设置编码器弹簧（5），编码器弹簧（5）的另一端与外部机架（1）相连。

8. 根据权利要求1所述的柱状体外周形状测量装置，其特征在于，测距探头上设置充电电池，充电电池由与其配套的无线充电器充电，无线充电器包括无线充电接收模块和无线充电发送模块，所述无线充电接收模块设置在转环（12）上并与充电电池相连，为其充电，无线充电发送模块设置在外部机架（1）上；

或者转环（12）的外周设置一组以上的导电环，在外部机架（1）上设置对应的导电刷，所述导电刷与导电环相接触，形成外部机架和内部转环的电连接，从而对转环上的测距探头供电。

9. 一种基于权利要求1所述柱状体外周形状测量装置的标定方法，其特征在于，采用全周旋转的标定方法，具体包括以下步骤：

步骤1 将两个标定物支撑台置于测量装置外部机架（1）的两侧，并通过外部机架（1）上的定位孔（16）确定位置，放置半径为R的圆柱形标定物于支撑台上，标定物穿过测量转环，其轴向与转环（12）所在平面垂直，标定物的中心轴靠近测量环的中心；

步骤2 测量系统初始化，将转环（12）归位到初始位置；

步骤3 运行一次测量，并记录测量数据；

步骤4 采用最小二程法对测量的数据进行曲线拟合，使拟合误差最小，计算出拟合的圆和圆心（X0，Y0）；

步骤5 将所有测量的数据减去（X0，Y0），得到归中心后的测量数据；

步骤6 将归中心后的测试数据与半径为R的圆的标准数据相减，得出的偏差即为系统误差，将此误差数据保存到控制与显示模块用于以后的测量补偿。

10. 一种基于权利要求1所述柱状体外周形状测量装置的标定方法，其特征在于，采用局部旋转的标定方法，具体包括以下步骤：

步骤A 将两个标定物支撑台置于测量装置外部机架（1）的两侧，并通过外部机架（1）上的定位孔（16）确定位置，放置半径为R的圆柱形标定物于支撑台上，标定物穿过测量转环，其轴向与转环（12）所在平面垂直，标定物的中心轴靠近测量环的中心；

步骤 B 测量系统初始化，将转环（12）归位到初始位置；

步骤 C 运行一次测量，并记录测量数据；

步骤 D 将两个标定物支撑台平移到另一固定位置，标定物随之平移距离 D，所述 D>0；

步骤 E 再次运行一次测量，并记录测量数据；

步骤 F 采用最小二乘法对两次测量数据进行圆弧的拟合，圆心一的坐标为：(X0, Y0)；圆心二的坐标为：[X0+d, Y0+sqrt（D2-d2）]，d 表示平移平台移动距离 D 后圆心在 X 方向的分量；

步骤 G 采用最小二乘数值求解法使两组数据拟合后的综合误差最小，计算出此时的 X0，Y0 和 d；

步骤 H 将第一组数据减去（X0, Y0），将第二组数据减去 [X0+d, Y0+sqrt（D2-d2）]，得到两组归中心后的数据；

步骤 I 将归中心后的测试数据与半径为 R 的圆的标准数据相减，得出的偏差即为系统误差，将此误差数据保存到控制与显示模块用于以后的测量补偿。

上述权利要求中技术方案对应的附图为：

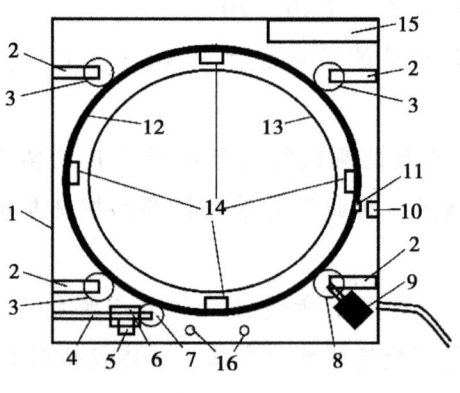

图 2-19

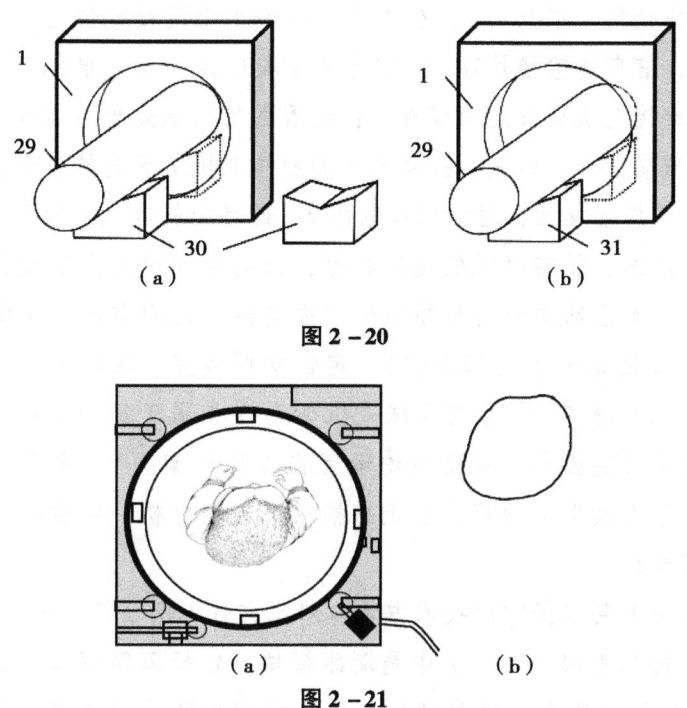

图 2-20

图 2-21

2. 审查意见

针对上述专利申请,审查员发出的审查意见如下。

本申请涉及一种柱状体外周形状测量装置与方法。经审查,现提出如下审查意见:

1. 权利要求 1 不具有创造性,不符合《专利法》第 22 条第 3 款的规定。

权利要求 1 要求保护一种柱状体外周形状测量装置,属于尺寸测景领域。同属于尺寸测量领域的对比文件 1(CN 03673918A,公开日 2014 年 3 月 26 日)是最接近的现有技术,其公开了一种球式全方位激光扫描仪(属于一种柱状体外周形状测量装置),具体公开了以下技术特征(参见说明书第 4~17 段、附图 1)包括一球式机架 1(即外部机架)、球式机架 1 中心设置放置台 2(相当于外部机架的中部开有圆形通孔),放置台 2 放置待扫描物体 9 设置圆环状扫描支架 3,在扫描支架 3 上设置激光扫描仪 4

(其扫描探头必然对准圆心)，在激光扫描仪 4 上设置定位芯片 5 (即初始定位装置)、信息传输模块 6，扫描支架 3 底部为一旋转电机 7 (即驱动装置)，控制旋转电机按设定角度旋转；设置扫描信息处理装置 8 (即控制模块)，处理扫描信息，控制扫描支架 3 的旋转电机 7 的旋转角度，扫描时激光扫描仪 4 沿扫描支架 3 运动扫描物体 9，通过旋转电机 7 的全角度旋转扫描，定位芯片结合旋转电机的角度数据，确定空间位置点的数据信息。从附图 1 中可以看出球式机架与圆环状扫描支架 3 之间有定位支撑装置 (相当于定位支撑装置用于支持定位)，定位支撑装置、旋转电机、激光扫描仪、扫描信息处理装置均设置在球式机架上 (相当于驱动装置、定位支撑装置、初始定位装置和控制模块均设置在外部机架上)。本领域技术人员可以直接、毫无疑义地确定，激光扫描仪、旋转电机、定位芯片与扫描信息处理装置相连。

权利要求 1 要求保护的技术方案与对比文件 1 所公开的技术方案相比，其区别技术特征为权利要求 1 中是测距模块，包括测距探头，而对比文件 1 中是扫描仪权利要求 1 中是转环，设置在圆形通孔的内壁，驱动装置用于驱动转环旋转，控制模块同样是显示模块，还包括位置编码读取装置，设置在外部机架上，与控制与显示模块相连，用于确定转环角度，而对比文件 1 中是环状扫描支架，且没有位置编码读取装置。

基于上述区别技术特征，权利要求 1 保护的技术方案所要解决的技术问题为如何测量旋转角度。

针对上述区别技术特征对比文件 1 是激光扫描仪沿扫描支架运动，从而扫描物体，而本申请是通过转环转动带动测距探头转动，从而测量物体本领域技术人员根据需要用测距装置代替扫描仪，并使对比文件 1 中的环状扫描支架转动从而带动测距装置运动，是本领域技术人员的常规选择。在此基础上，通过将编码器设置在球式机架上以测量转动角度、控制模块具有显示功能、环状扫描支架设置在球状机架圆孔的内壁，也是本领域技术人员的惯用技术手段。

综上所述，在对比文件 1 的基础上结合本领域常用技术手段获得权利要求 1 所要保护的技术方案对本领域技术人员来说是显而易见的，因此，权利要求 1 不具备突出的实质性特点和显著的进步，因而不具有创造性，不符合《专利法》第 22 条第 3 款的规定。

2. 权利要求 2~8 不具有创造性，不符合《专利法》第 22 条第 3 款的规定。权利要求 2 是权利要求 1 的从属权利要求，其进一步限定了权利要求 1。在对比文件 1 结合本领域常用技术手段获得权利要求 1 所要保护的技术方案的基础上，根据需要设置合适个数的测距装置例如 4 个、并使探头均匀分布是本领域技术人员根据需要容易想到的，而测距探头根据需要采用光学测距探头或超声测距探头是本领域技术人员的常规选择。因此，在其引用的权利要求 1 不具有创造性的基础上，权利要求 2 也不具有创造性，不符合《专利法》第 22 条第 3 款的规定。

权利要求 3 是权利要求 1 的从属权利要求，其进一步限定了权利要求 1。在对比文件 1 结合本领域常用技术手段获得权利要求 1 所要保护的技术方案的基础上，根据需要在扫描支架内侧设置内部防护环，是本领域技术人员的常规选择。因此，在其引用的权利要求 1 不具有创造性的基础上，权利要求 3 也不具有创造性，不符合《专利法》第 22 条第 3 款的规定。

权利要求 4 是权利要求 1 的从属权利要求，其进一步限定了权利要求 1。驱动电机被对比文件 1 公开。在对比文件 1 结合本领域常用技术手段获得权利要求 1 所要保护的技术方案的基础上，采用驱动滑轮通过固定件固定在球式机架上并与扫描支架相接触，从而使驱动滑轮在驱动电机的带动下旋转，是本领域技术人员的常规选择。因此，在其引用的权利要求 1 不具有创造性的基础上，权利要求 4 也不具有创造性，不符合《专利法》第 22 条第 3 款的规定。

权利要求 5 是权利要求 1 的从属权利要求，其进一步限定了权利要求 1。其附加技术特征是本领域技术人员的常用技术手段。因此，在其引用的权利要求 1 不具有创造性的基础上，权利要求 5 也不具有创造性，不符合《专利法》第 22 条第 3 款的规定。

权利要求 6 是权利要求 5 的从属权利要求，其进一步限定了权利要求

5。其附加技术特征是本领域技术人员的常用技术手段。因此，在其引用的权利要求5不具有创造性的基础上，权利要求6也不具有创造性，不符合《专利法》第22条第3款的规定。

权利要求7是权利要求1的从属权利要求，其进一步限定了权利要求1。对比文件2（CN101701806A，公开日2010年5月5日）公开了一种车轮圆周表面粗糙度及非圆化磨损便携式激光测量装置，具体公开了以下技术特征：小轮机构2的小轮21（即编码器接触轮）轴连接有增量光电编码器（即编码器，编码器上装有编码器接触轮），增量光电编码器信号输出端与激光位移传感器1的控制信号输入端相连；小轮机构2的具体构成为：小轮21通过轴承23固定在U形支撑块24上，U形支撑块24下部通过连杆25与支撑座26铰接（支撑块24、连杆、支撑座合起来相当于编码器支架，编码器设置在编码器支架），连杆25中部连有张紧弹簧27（即编码器弹簧，设健在编码器支架上）附图1可以看出小轮21与持测车轮10接触、工作时，被测车轮10转动，带动小轮随同转动，由增量光电编码器22检测出传动小轮的转动角度，控制激光位移传感器按相同的角度间隙测出被测车轮10距离与初始距离测试值的偏差值。上述技术特征在对比文件2与本申请所起作用相同，都是给出了一种通过编码器、弹簧、接触轮等配合测量出转动部件的角度，从而实现角度的测量在对比文件1结合本领域常用技术手段获得权利要求1所要保护的技术方案的基础上，本领域技术人员为了测量扫描支架的转动角度，容易想到利用对比文件2公开的技术特征应用到对比文件1实现其角度测量；在此基础上，容易想到小轮与扫描支架接触，弹簧另一端与球式机架相连，因此，在其引用的权利要求1不具有创造性的基础上，权利要求7也不具有创造性，不符合《专利法》第22条第3款的规定。

权利要求8是权利要求1的从属权利要求，其进一步限定了权利要求1。其附加技术特征为两个并列技术方案，并列技术方案一为"测距探头上设置充电电池，充电电池由与其配套的无线充电器充电，无线充电器包括无线充电接收模块和无线充电发送模块，所述无线充电接收模块设置在转环（12）上并与充电电池相连，为其充电，无线充电发送模块设置在外部机架（1）上"；

并列技术方案2为"转环（12）的外周设置一组以上的导电环，在外部机架（1）上设置对应的导电刷，所述导电刷与导电环相接触，形成外部机架和内部转环的电连接，从而对转环上的测距探头供电"。并列技术方案一的附加技术特征是本领域技术人员的常用技术手段。针对并列技术方案二：对比文件3（CN203479287U，公开日2014年3月12日）公开了一种超宽幅薄膜在线旋转测厚装置，具体公开了以下技术特征，环形导轨、测厚探头、活动支架，活动支架可周向移动地安装在环形导轨上，环形导轨上固定设有2道环形的导电环（即导电环），活动支架安装有2块导电刷（即导电刷），2道导电环连接外接电源；每块导电刷分别与一道导电环保持滑动接触形成电连接（即导电刷与导电环相接触）（参见说明书第17段）。上述技术特征在对比文件3与本申请所起作用相同，都是利用导电环、导电刷配合为传感器送电；在对比文件1结合本领域常用技术手段获得权利要求1所要保护的技术方案的基础上，本领域技术人员容易根据需要在球式机架和扫描支架上分别设置导电刷和导电环，为测量传感器供电。因此，在其引用的权利要求1不具有创造性的基础上，权利要求8也不具有创造性，不符合《专利法》第22条第3款的规定。

基于上述理由，本发明专利申请按照目前的文本不能被授权，申请人应当修改申请文件以克服所存在的缺陷。申请人对申请文件的修改应符合《专利法》第33条的规定，不得超出原说明书和权利要求书记载的范围。申请人应在本通知指定的答复期限内提交修改后的申请文件，并在意见陈述书中充分论述所做修改在原始申请文件中的具体依据及修改后的权利要求书相对于本通知中引用的对比文件具有创造性的理由。

3. 审查意见的答复

代理人仔细阅读审查员发出的审查意见，发现审查意见中的理由、结论并不正确。审查员找到的对比文件1是一种球式全方位激光扫描仪，如果用该扫描仪对被测物体进行扫描，就必须要把待测物体放置在其测量范围内，否则不容易实现全方位的扫描，因此，其测量的全都是一些尺寸比较小的物体。这是本发明与对比文件1最大的一个区别点，可以根据这个区别点进行争辩。并且，当独立权利要求具备创造性的时候，其从属权利要求也具备创造性。这样，只需要对独立权利要求进行争辩即可，其余的从属权利要求就不用一一进行争辩了。

因此，代理人根据上述思路撰写了意见陈述书：

尊敬的审查员同志：您好！

您发出的审查意见我们已经收到，首先非常感谢审查员同志对我们的申请文件进行了细致的审查并明确指出了申请文件中存在的问题，现我们已经按审查员的意见进行了答复，具体陈述如下：

1. 审查员利用对比文件1作为最接近的对比文件，并且用它来评判本发明的创造性，申请人对此有不同意见。

对比文件1公开了一种球式全方位激光扫描仪，主要是针对小型物件的测量（详见对比文件1说明书第1页第9段），而本发明是针对人体、钢管、型材或塑料拉伸件等大型物体或者装置进行测量。二者的应用领域完全不一样。

对比文件1使用时是将待测物体放置在球式机架中心的放置台上。球式机架的尺寸就限制了待测物体的尺寸，待测物体的长度必须小于球式机架的直径，不然放不进去。所以，对比文件1只能测量一些尺寸小的物体。不然的话，设备制造成本非常大。用对比文件1公开的设备对钢管进行全方位测量的时候，如果钢管的长度为9米，对比文件1的球式机架的直径必须大于9米，这样一个三层楼高的大球体在制造、运输、使用时都非常困难，成本非常高。如果钢管的长度为90米呢？对比文件1根本就无法对其进行测量。

而本发明是针对柱状物体进行测量，由于"外部机架（1）的中部开有圆形通孔"，在测量时柱状物体可以穿过圆形通孔，在测量时对待测物体的尺寸没有要求，可以测量"人体、钢管、型材或塑料拉伸件"。

其次，对比文件1是对物体进行球式全方位扫描的，而本发明是对物体进行周向扫描的，其用途也完全不一样。

因此，对比文件1与本发明不属于同一个技术领域，用对比文件1作为对比文件来评判本发明的创造性并不合适。本发明与对比文件1相比，具有突出的实质性特点和显著的进步，具备创造性。

而专利审查员并未同意代理人的观点，审查员又发出了第二次审意见通知书，还是坚持之前的观点，第二次审意见通知书的核心内容为：

审查员认为：首先，对比文件1与本申请相同，都是用于测量某待测无外周形状检测的，属于相同的技术领域；此外，从本申请权利要求1公开的技术方案，并不能明确其确定可以检测较大待测物，当待测物较大时，同样需要考虑外部机架的大小以及其上设置圆孔的大小，并对其进行改进，因此，这是与对比文件1相同的。同时，当利用对比文件1公开的方法测量较大尺寸的待测物时，尽管其制作比较困难，但并非不能实现当待测物尺寸足够大时，本领域技术人员容易想到在现有技术中寻找改进方法，而在球式机架对对比文件1中的球式机架进行改进，而在现有技术中，通过在机架上设置圆孔以便待测物能穿过圆孔从而进行测试，这是本领域的公知常识，例如在医学领域中的CT检测医疗设备，都是通过设置圆孔，是人在检查时能够深入圆孔内逐行扫描测量，因此，当本领域技术人员需要对对比文件1进行改进时，能够在现有技术中找到启示从而将对比文件1中的球式机架设置圆孔。因此，上述区别并不能使权利要求1具有创造性。

综上所述，申请人的意见不能被接受，权利要求1不具备突出的实质性特点和显著的进步，因而不具有创造性，不符合《专利法》第22条第3款的规定。

代理人仔细阅读审查员的二审意见，发现审查员指出"在机架上设置圆孔以便待测物能穿过圆孔从而进行测试，这是本领域的公知常识"，并且认为本发明的技术创新点跟"CT检测医疗设备"类似。代理人认为审查员认定的现有技术对本发明产生的技术启示有误。因此，代理人在二次审查意见答复过程中就针对技术启示进行争辩：

发明人对审查员的观点不认同，对比文件1公开了一种球式全方位激光扫描仪，主要是针对小型物件的测量（详见对比文件1说明书第1页第9段），是对其进行全方位扫描的，因此，该球式全方位激光扫描仪在使用时必须要把待测物体放置在其测量范围内，否则不容易实现全方位的扫描。在此基础上，当测量较大尺寸的物体时，例如9米长的钢管，本领域人员会想到利用一个大于9米的圆筒状的设备将钢管放置在里面，并且圆筒的两端也均设置扫描仪器，只有这样才能实现全方位360°无死角的扫描。也就是说，对比文件要实现全方位的扫描，必须要把待测物体的所有面均进行扫描，包括两端。

而不是像审查员所说的，想到"通过在机架上设置圆孔以便待测物能穿过圆孔从而进行测量"。一方面，这样根本就无法实现全方位扫描，因为在通孔的位置就无法设置扫描设备来扫描待测物的端部；另一方面，CT检测医疗设备是对人体进行切片拍照的，而不是进行外部测量的，因此对人体的头顶和脚底根本没有任何的要求。本领域技术人员不会将切片拍照的CT设备中找到灵感来进行外部尺寸的测量。

因此，本发明的权利要求1与对比文件相比，具有突出的实质性特点和显著的进步，具备创造性。

通过上述的争辩，审查员最终接受代理人的观点，对本申请授予专利权。

三、涉及权利要求未以说明书为依据的答复

（一）答复思路

审查员在这类审查意见中，认为专利的权利要求书中记载的内容与说明书中公开的内容不一致，认为权利要求书没有以说明书为依据，得不到说明书的支持。在答复这类审查意见时，往往要对权利要求书进行修改，使其与说明书记载的内容一致；或者将说明书改成与权利要求书记载的内容一致。下面以案例7来说明对这类审查意见答复的方法。

(二) 答复案例

1. 发明创造简介

【案例7】

发明人想要保护一种固壁面上毫米级空泡半径和周期的同步探测装置,发明人的独立权利要求书为:

1. 一种固壁面上毫米级空泡半径和周期的同步探测装置,其特征在于,包括探测光束激光器(1)、可将激光光束扩束n倍的凹凸透镜组(2)、第一可调光学狭缝(3)、第二可调光学狭缝(4)、聚焦透镜(5)、干涉滤波片(6)、多维光纤定位器(7)、光偏转探测系统用多维平移台(8)、光纤(9)、光电倍增管(10)、示波器(11)、具备能透射探测光窗口的容器(12)、含固壁面的物体(13);

其中探测光束激光器(1)、凹凸透镜组(2)、第一可调光学狭缝(3)、第二可调光学狭缝(4)、聚焦透镜(5)、干涉滤波片(6)、多维光纤定位器(7)在探测光束发射方向上依次同轴设置在光偏转探测系统用多维平移台(8)上,具备能透射探测光窗口的容器(12)位于第一可调光学狭缝(3)和第二可调光学狭缝(4)之间;含固壁面的物体(13)固定在容器(12)中,光纤(9)的一端固定在多位光纤定位器(7)上,另一端作为光电倍增管(10)的输入端,光电倍增管(10)的输出端与示波器(11)相连;第一可调光学狭缝(3)的缝隙中线垂直于物体(13)的固壁面,且与第二可调光学狭缝(4)的缝隙中线以及探测光束激光器(1)的发射方向两两垂直。

权利要求书中技术方案对应的附图为:

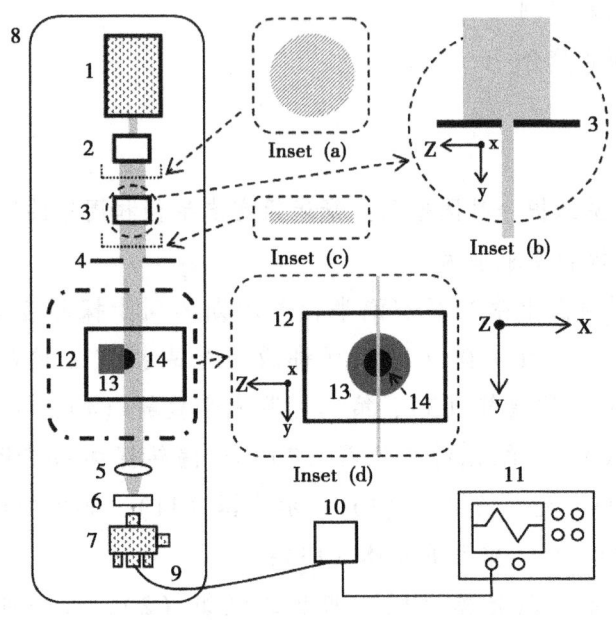

图 2-22

2. 审查意见

审查员经审查发现,权利要求书中的内容与说明书附图中的内容不一致,发出以下审查意见:

权利要求 1 请求保护一种固壁面上毫米级空泡半径和周期的同步探测装置,根据说明书的理解,本领域技术人员明白本发明要解决的一个技术问题及达到的技术效果是:产生光强分布均匀的"一字线"探测光。解决上述技术问题所采用的技术手段是探测光入射到固壁面之前通过第一可调光学狭缝和第二可调光学狭缝对探测光束进行整形,第一可调光学狭缝的缝隙中线与第二可调光学狭缝的缝隙中线以及探测光束激光器的发射方向两两垂直,即经凹凸透镜组扩束后的探测光束经过第一可调光学狭缝,在确保没有发生光学衍射的前提下,缩小第一可调光学狭缝的缝隙宽度,使通过该可调光学狭缝的光束最细,在第二可调光学狭缝的缝隙宽度不小于固壁面上产生的最大空泡半径的前提下缩小该光学狭缝的缝隙宽度,直至产生光强分布均匀的"一字线"探测光束。然而，权利要求1中限定了"具备能透过探测光窗口的容器（12）位于第一可调光学狭缝（3）和第二可调光学狭缝（4）之间，含固壁面的物体（13）固定在容器（12）中"。显然，上述第一可调光学狭缝（3）和第二可调光学狭缝（4）的安装方式不能解决"产生光强分布均匀的'一字线'探测光"的技术问题并达到相应的技术效果。因此，该权利要求没有以说明书为依据，得不到说明书的支持，不符合《专利法》第26条第4款的规定。

3. 审查意见的答复

代理人通过研究审查员的审查意见，发现权利要求书中确实存在撰写错误的地方，因此，代理人作出以下修改：

对权利要求1进行修改，将"具备能透射探测光窗口的容器（12）位于第一可调光学狭缝（3）和第二可调光学狭缝（4）之间"修改为"具备能透射探测光窗口的容器（12）位于第二可调光学狭缝（4）和聚焦透镜（5）之间"。该处修改是以说明书附图为依据，符合《专利法》第26条第4款的规定。

修改后的权利要求书符合专利法的规定，审查员同意上述修改，对本申请授予专利权。

【思考与练习】

1. 电路类专利的说明书如何实现充分公开？
2. 方法类专利的权利要求书在撰写时需要注意哪些问题？
3. 对新颖性审查意见进行答复时，首先要确定的答复要点是什么？

第三章 机械技术领域的专利文件撰写

【导读】

本章主要涉及机械技术领域的专利文件撰写，包括说明书、权利要求书撰写和审查意见的答复。首先概括机械技术领域专利申请的特点和技术主题，然后通过两个典型案例，介绍采用传统的写作模式和功能性限定的写作方式来撰写说明书、权利要求书的过程，最后介绍机械技术领域的专利申请过程中常见的创造性和不符合申请客体两种意见的答复思路。

第一节 概 述

一、申请专利的特点

机械技术领域的专利作为对传统技术的创新，在申请专利时考虑下列因素对申请文件撰写的影响。

（1）可保护客体范围广。对于机械技术领域的专利申请，可以从技术的整体和局部多个层次来考虑专利申请的主题，无论哪种层次的创新和改进，都可以申请专利。因此，机械技术领域专利申请的可保护客体范围广泛。例如，一种系统或生产线，往往由多台设备组成，可以考虑将组成该系统的各个设备本身，或者多台设备的组合来申请专利。而且如果每台设备，以及设备中的每个部件和功能模块有创新，也可以将其本身或者它们的组合申请专利。此外，除产品之外，机械技术领域的各种加工、制造、装配等工艺及其改进也可以申请发明专利。

（2）影响可专利性的现有技术多。机械技术领域的现有技术多，因为机械技术领域专利申请量大、申请种类多，有效专利与公开技术数量大，而且技术更新快，技术生命周期短，不断有新的专利申请产生。这些公开的技术或申请的专利对后申请专利的创造性和新颖性评判有很大的影响。

（3）技术特征可概括。对技术特征的概括是为了获得尽可能大的保护范围。如果发明人提供了多个具体的实施方式，则应将各具体实施方式中相同或相应的发明点采用上位方式概括，如果各个具体的实施方式之间是等同的实施方案，无法通过上位方式进行概括，则将各实施方式用"或者"并列选择的方式进行描述。除此之外，功能限定也是一种很重要的概括方式，利用部件所实现的功能或效果形成的技术方案来替代机械零部件连接方式或结构的描述内容。功能性限定是一种可以涵盖所有能够实现该功能的实施手段的概括方式，这样使得权利要求有比较宽的保护范围。例如，"液压可调缓冲装置利用离合器踏板的运动控制该装置的动作，实现离合器从快速、慢速到完全结合的过程"。该液压可调缓冲装置就是采用功能性限定方式替代了传统机械结构的连接方式。如果采用功能性限定的方式描述权利要求中的技术方案，说明书中应当列举实现这种功能的多个实施例，即说明书中应当有详细的部件结构、部件间的连接方式等具体的实施例对功能性特征进行详细描述。

（4）说明书附图不可或缺。对于一个机械技术领域的专利申请来说，说明书附图不仅是申请文件的重要组成部分，能够与说明书一起支持权利要求，便于本领域技术人员理解权利要求的每个技术特征和整个技术方案，而且在实审、复审、无效、专利侵权诉讼程序中，说明书附图还可以用于解释权利要求，能够作为修改权利要求的依据。因此，说明书附图对于机械技术领域专利申请是不可或缺的。

二、专利保护的技术主题

机械技术领域申请专利的技术主题分为产品和方法，主要包括下列类型：(1) 一种系统或生产线，往往由多台设备连接组成，如一种石膏板生产线。(2) 一种设备，由一些部件或功能模块构成，如一种车床、机床等。(3) 一种设备的部件、功能模块或机构，可以实现某种特定功能，如一种传送机。(4) 一种机械零件，对其结构或形状进行改进，如一种汽车传动轴、齿轮。(5) 为生产产品而设计或改进的工具、工装、模具或夹具等，如一种改锥。(6) 机械技术领域的各种工艺方法及其改进，如加工方法、装配方法、检测方法、控制方法、施工方法、焊接工艺、热处理工艺、铸造工艺、冲压工艺等。

三、专利申请文件的撰写方式

机械技术领域的专利申请文件可以采用传统描述/撰写方式，也可以采用功能性限定撰写方式。传统描述方式是指按照机械组件、部件、零件或构件间的位置关系、连接方式、形状结构等对技术方案进行撰写。功能性限定的撰写方式是指利用组件、部件、零件或构件所实现的功能来描述技术方案。

功能限定的撰写方式与传统描述方式相比，具有以下特点：(1) 保护范围宽。传统描述方式侧重具体实施方式，而采用零部件的功能来描述权利要求书中的技术方案，其范围覆盖实现该功能的所有技术手段，正好弥补了采用零部件具体连接方式或结构所形成一种较为具体技术方案导致范围窄的缺陷。(2) 撰写难度高。由于功能性限定的概括应当体现各具体实施方案中技术特征的共有特征，这对专利代理人的概括能力和对技术的理解、提炼有较高要求。(3) 实施例多。功能性概括要得到说明书的支持，说明书中应当具备多个技术实施手段来体现所概括的功能，而这些技术实施手段就是实施例，通常采用传统机械技术领域申请文件的撰写方式来描述。

第二节 说明书的撰写

一、概　述

机械技术领域的说明书包括技术领域、背景技术、发明内容、附图说明、具体实施方式5部分。专利申请人或其代理人在撰写说明书时，应当注意以下几点：(1) 仔细阅读发明人提供的技术交底书，与发明人交流沟通充分理解技术方案后再撰写说明书。(2) 说明书应当将整个技术方案清晰、完整地呈现出来。(3) 根据技术方案的概括程度列举相应数量的实施例。

说明书的发明内容中应当对体现本申请所解决技术问题的主要技术方案进行描述。同时，发明内容中还包括对本申请存在的优点和技术效果进行说明。在描述技术优点时，不能笼统以"结构简单""集成度高"等词汇描述，应结合技术方案对该优点进行说明，使取得的技术效果具有针对性。例如，在描述结构简单时，需要结合本申请中的技术方案来说明本申请完成相同甚至更难的技术问题时，与现有技术对比结构简单、操作方便。

具体实施方式应当对所要保护的技术方案作出清楚、完整的说明，下面几种情况属于不能满足清楚、完整的要求的情况：(1) 只给出了一个设想，但是没有实现该设想的具体结构或构造等技术手段。(2) 给出了技术手段，但是该技术手段中的形状、结构含混不清不能实现技术目的。(3) 给出了技术手段，但是本领域技术人员按照该技术手段不能解决该申请所要解决的技术问题，缺少必要技术特征。(4) 申请的主题由多个技术手段组成，但是其中一个或若干技术手段存在上述（2）（3）的情形等。

下面将以两个案例来说明按照传统描述方式和采用功能性限定方式撰写说明书的过程。

二、采用传统描述方式撰写说明书

本部分将以"钢绞线夹片锚附加锚固装置、张拉工具和安装方法"为例进行说明。该案例涉及锚固装置、张拉工具和安装方法三个技术方案,涉及机械技术领域常见的机械连接方式和安装方法两种不同类型的保护客体。

(一) 申请人的技术交底书

申请人提供给代理人的技术交底书及其附图如下。

发明名称

一种刚性吊杆钢绞线夹片锚附加锚固技术

背景技术

20世纪90年代中期,随着以OVM系列为代表的预应力群锚技术的逐步成熟,由于采用预应力钢绞线和配套的夹片锚,其无须精确下料、端部无须扩大孔以及张拉效率高和锚固方便等,解决了桥梁吊杆中主要采用的精轧螺纹钢筋和平行钢丝束镦头锚两种主要预应力筋锚固形式所存在的一些缺陷和不便,故而20世纪90年代起在全国兴建了一大批采用夹片锚(无防松装置)锚固钢绞线并进行竖向孔道压浆的刚性吊杆系杆拱桥。

系杆拱桥采用刚性吊杆虽然避免了柔性杆分项分批张拉、配套合适锚具选择的复杂性,但是,采用普通夹片锚锚固低应力钢绞线的一系列问题也在工程施工和系杆拱桥服役中逐渐暴露,其主要危机有以下几种:(1) 吊杆内预应力钢绞线长度较短和张拉后夹片的内缩直接影响了锚具夹片的有效跟进锚固,使锚固能力不足;(2) 刚性吊杆内预应力钢绞线张拉后的孔道压浆及水泥砂浆封锚使锚头夹片缝隙被填充,影响桥面荷载增大时吊杆荷载随之增大时夹片的有效跟进;(3) 20世纪90年代中期夹片的质量不稳定,夹片硬度规定也略低,夹片与钢绞线匹配质量不稳定。以上危机已影响到此类桥梁的营运安全,并造成严重的安全事故,如1999年重庆綦江大桥垮塌、2001年宜宾南门大桥垮塌、2007年常州运村大桥垮塌。

刚性吊杆钢绞线夹片锚附加锚固装置存在以下主要技术问题：

(1) 在役系杆拱桥刚性吊杆钢绞线夹片锚锚头端部有灌浆。系杆拱桥刚性吊杆在施工时进行了灌浆防腐处理，夹片缝隙及锚头端部存在砂浆，阻碍夹片在荷载增大情况下的有效跟进。原锚头端部钢绞线施工完后长度不一、较为凌乱。为了便于安装刚性吊杆钢绞线夹片锚附加锚固装置以及安装后仍利用原夹片锚的锚固性能，对此需对端部锚头进行剔凿、夹片缝隙清理、钢绞线整切等施工工艺。

(2) 已张拉封锚端外露钢绞线长度较短。已张拉封锚的系杆拱桥刚性吊杆外露钢绞线较短，一般为 30~50mm，为了使附加锚固装置能有效锚固钢绞线，需研发专用特制高强二次专用薄锚板、二次专用短夹片。

(3) 钢绞线无应力状态下附加锚固装置安装与锚固方法不成熟。附加锚固装置拟安装在已张拉外露钢绞线上，不同于普通夹片锚通过钢绞线张拉带动夹片跟进而锚固，需研究采用何种方法使附加锚固装置在钢绞线无应力状态下有效锚固钢绞线。

发明内容

为了克服现有技术中存在的技术问题，本发明提供的在役系杆拱桥刚性吊杆钢绞线夹片锚附加锚固装置，安装在已张拉端部外露钢绞线上，通过张拉套筒带动锚环后退实现夹片的锚固，张拉中不仅实现普通夹片锚补力，能有效防止系杆拱桥刚性吊杆在汽车等动荷载作用下的脱锚隐患，而且增加的二次锚锚环作为刚性吊杆钢绞线夹片锚的二道防线。该装置可对现场在役的系杆拱桥刚性吊杆进行加固，加固过程中基本不影响桥上交通，带来极大的经济效益和广泛的社会效益。

安装刚性吊杆钢绞线夹片锚附加锚固装置，该装置包括张拉承压环板 3、复位环板 4、斜销 5、二次锚锚环 6、二次锚夹片 7、张拉套筒 9、反力架 8 及张拉钢棒 11。二次锚锚环 6 安装在一次锚夹片 2 的锚板后端，两者之间放置复位环板 4，二次锚锚环 6 外带螺纹与张拉套筒 9 连接，张拉套筒 9 内带螺纹另一端与张拉钢棒 11 连接，通过张拉钢棒 11 带动套筒 9 及二次锚锚环 6 向后运动，张拉过程中敲击斜销 5 顶进复位环板 4，张拉就位后油缸回油利用钢绞线自缩带动二次锚夹片 7 及一次锚夹片 2 进行锚固。从而实现二次锚锚环 6 的被动张拉，张拉完毕后卸除张拉装置，留下二次锚锚环 6 及复位环板 4 形成刚性吊杆钢绞线夹片锚附加锚固装置。

利用本发明实现锚固的方法如下：

步骤 1　已张拉封锚端锚头清理；剔凿锚头端部封锚用水泥浆，高压水枪冲洗夹片缝隙、烘干，外露钢绞线整切，为后续附加锚固装置的安装提供工作空间。

步骤 2　附加锚固装置的安装；穿过外露钢绞线紧贴一次锚锚环 1 安放复位环板 4 及张拉承压环板 3，二次锚锚环 6 安装及二次锚夹片 7 预顶进。

步骤 3　钢绞线无应力状态下夹片锚固；张拉套筒 9 拧进至二次锚锚环 6 底部，于张拉承压环板 3 后安装反力架 8 和千斤顶承压板 10，张拉钢棒 11 旋转拧进至张拉套筒 9 中部螺纹处，穿心式张拉千斤顶 12 安装于张拉钢棒 11 上，并旋转拧紧端部螺母，穿心式张拉千斤顶 12 油缸进油带动钢棒 11、张拉套筒 9 及二次锚锚环 6 向后运动，从而二次锚夹片 7 被动与二次锚锚环 6 锚固连接；张拉过程中边张拉边敲击斜销 5 顶紧复位环板 4，张拉就位后穿心式张拉千斤顶 12 油缸回油，利用钢绞线自动回缩带动二次锚夹片 7 实现锚固。

步骤 4　张拉装置卸除。张拉装置卸除顺序：张拉钢棒 11 端部螺母旋出，穿心式千斤顶 12、千斤顶承压板 10、反力架 8 卸除，张拉套筒 9 从二次锚锚环 6 中旋出，斜销 5 与张拉承压环板 3 卸除。

上述技术内容的附图如下：

图 3-1 是本发明整体构造示意图。

图 3-2 是张拉承压剖面图与俯视图。

图 3-3 是二次专用锚环剖面图与俯视图。

图 3-4 是复位环板剖面图。

图 3-5 是张拉套筒剖面图。

图 3-6 是张拉钢棒剖面图。

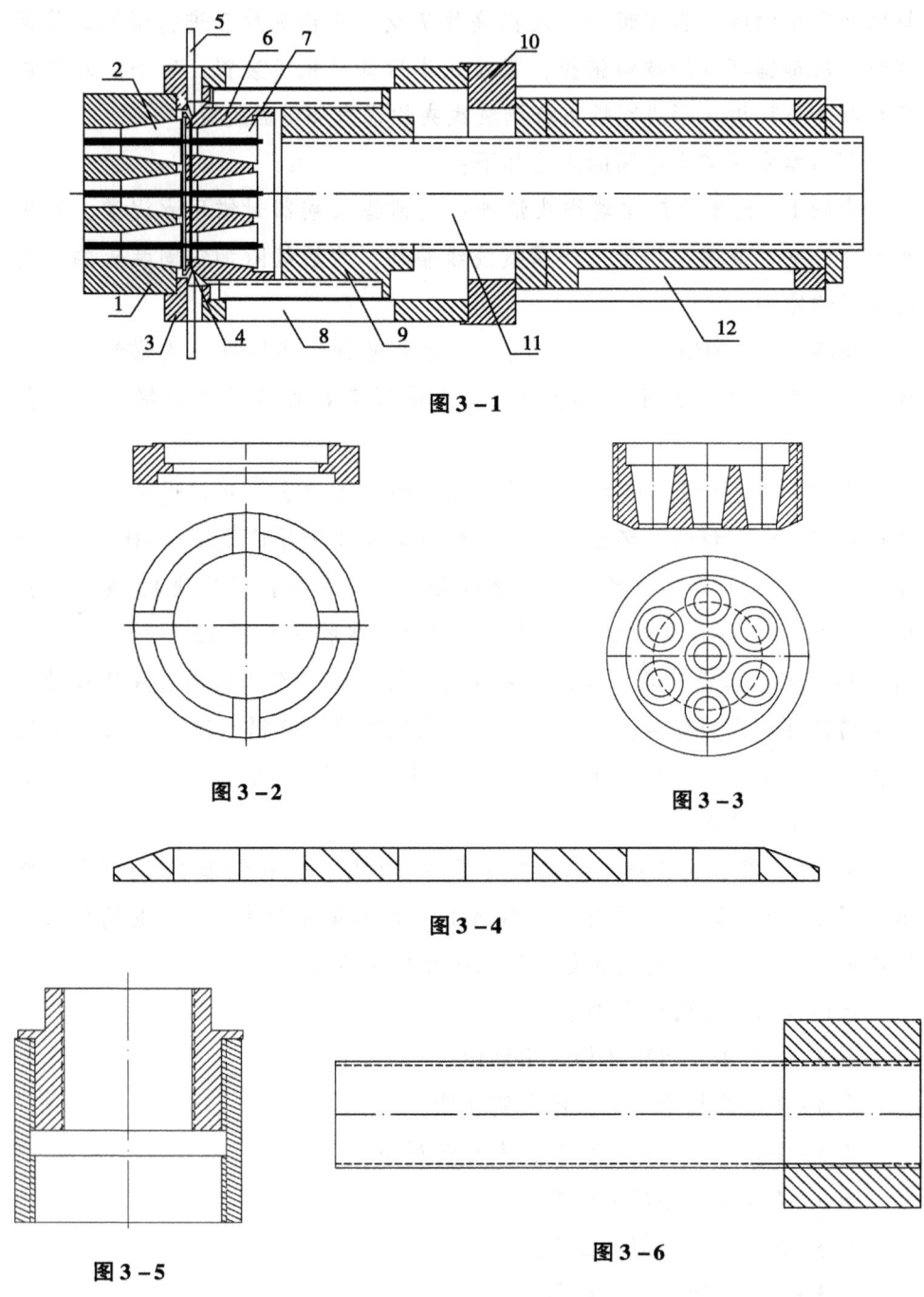

图 3-1

图 3-2

图 3-3

图 3-4

图 3-5

图 3-6

其中，普通一次锚锚环1，普通夹片2，张拉承压环板3，复位环板4，斜销5，二次锚专用锚环6，二次锚专用夹片7，反力架8，张拉套筒9，千斤顶承压板10，张拉钢棒11，张拉千斤顶12。

（二）理解技术交底书中的发明创造

专利代理人在收到技术交底书之后，应当仔细阅读背景技术和发明内容，并结合附图理解本申请所涉及技术方案的结构和工艺，并针对技术交底书存在的问题及时与发明人进行沟通。

1. 阅读技术交底书时应当考虑的问题

专利代理人在阅读技术交底书时，应当考虑如下问题：

（1）本申请所要解决的技术问题是什么？

（2）本申请与现有技术相比的区别体现在哪里？创造性如何？准备申请实用新型还是发明专利？

（3）本申请涉及几项主题？以合案形式申报还是按多件专利申请？

（4）技术内容是否描述清楚、充分，能否根据目前的技术交底书撰写申请文件？哪些内容需要与发明人作进一步沟通获得更多的技术信息？哪些地方需要提示申请人提供更多的实施例？

2. 理解技术交底书

（1）明确解决的技术问题。代理人在撰写申请文件时，首先要理解本技术方案所要解决的技术问题是什么。在本申请中，技术交底书中指出现有技术存在的问题为"普通夹片锚锚固系杆拱桥时锚固能力不足"。而"锚固能力不足"的表现形式有两种：第一，封锚端外露钢绞线较短，影响普通锚具夹片的有效跟进锚固。第二，钢绞线张拉后锚头端部孔道内有灌浆，影响普通锚具夹片的有效跟进锚固。代理人阅读技术交底书后明确，本发明所要解决的技术问题是如何提升普通夹片锚锚固系杆拱桥时锚固能力。

（2）查找现有技术。本申请中，发明人并未提供现有技术作为对比文件，发明人的意思是本发明创造的设计思路并未有现有的技术和现有的施工方法与之对应，是发明人根据现有工程中存在的技术问题经过反复试验论证作出的发明创造。代理人针对技术交底书进行了初步检索，通过以下关键字来查找对比文件。

关键字：（一次 OR 两次）AND（锚）AND（固定 OR 加固 OR 紧固 OR 固）

关键字：（锚）AND（复位 OR 回复）AND（固定 OR 加固 OR 紧固 OR 固）

关键字：（锚）AND（固定）AND（复位 OR 回复）AND（桥梁 OR 桥）

通过对上述关键字的检索，并未发现与本申请所涉及的发明技术特征有相似的现有技术。因此，可以初步判断本发明所提供的一种刚性吊杆钢绞线夹片锚附加锚固技术中的组合以及如何安装锚的方法在现有技术中检索不到。

（3）确定申请专利的主题及是否合案申请。代理人阅读技术交底书时发现本申请的技术交底书中实际包含3项技术，即锚固装置、张拉工具和锚固装置的安装方法。这三种技术之间是否具有关联，即三种技术能否在一件专利申请中申请？经过分析，专利代理人发现本申请所要解决的技术问题为"防止系杆拱桥刚性吊杆在汽车等动荷载作用下的脱锚隐患"，而解决该技术问题的主要手段为锚固装置。但是本申请的锚固装置不同于现有技术的锚固装置，其包括一次锚和二次锚，一次锚、二次锚还分别包括锚环、夹片。锚固装置的安装方法针对本技术方案中特定的锚固装置，因此，安装方法符合总体发明的构思，具有单一性，可以放在同一件文件中进行申请。而张拉工具能否放在同一件专利中申请呢？代理人从技术交底书中发现，所谓的张拉工具其实是安装锚固装置的工具，本发明介绍的锚固装置如何安装在桥梁上，所使用的工具正是张拉工具。因此，代理人已经基本确定，申请文件所涉及的3项技术是可以合案申请的，三者之间具有单一性。

由于涉及 3 项技术，是否考虑将三者分开申报，专利代理人思考如下：第一，三者之间是以锚固装置为核心的相关联的技术，如果拆分，拆分后的每一件申请的说明书均要详细介绍每一技术，工作重复；如果以一件专利进行申请，每一项技术都拥有一个独立权利要求，也可以做到对技术的全面保护。第二，张拉工具存在两个工作状态，一是安装时附加在锚固工具上，二是当锚固工具安装完成后还要拆解，如若单独申请张拉工具，权利要求中还要对锚固工具进行描述。第三，分开撰写的话，申请人花费成本高。因此，代理人决定将三项技术合案在一件专利申请中申报，但是权利要求应按照"锚固装置、张拉工具和锚固装置的安装方法"的撰写顺序进行布局。

（4）确定申请类型。在查找现有技术的过程中，代理人通过与发明人的沟通和自行检索发现该技术为一种新的技术且创造性较高，本领域的技术人员通过有限次的试验是不能设计出这一复杂结构的装置。因此，在征得发明人的同意后，代理人准备申请发明专利。

此外，建议申请人就锚固装置和张拉工具的组合技术同时申请实用新型专利。因为在沟通的过程中代理人获知申请人将这种锚固装置准备投入市场，为了防止在实施的过程中被别人模仿，同时申请实用新型可以更早地授权，为该技术更早地提供专利保护。

（三）与发明人沟通确定技术方案

代理人阅读技术交底书后，认为技术方案存在公开不充分的问题，原因在于：（1）发明人对专利审查要求不了解，不知晓公开不充分是专利不授权的实质理由。（2）发明人往往是该领域的技术专家，由于长时间从事技术研发工作，有些技术发明人总以为是公知常识，所以忽略不写，但或许对本领域技术人员来讲忽略的内容也未必是公知常识，这会造成公开不充分。

本申请从图中可以看出该锚固装置和张拉工具至少是一个包含 12 个零部件的组合结构，而细数发明人提供的技术交底书，总共记载了不到 10 行文字，未将产品中的部件与部件间的位置关系、连接方式，以及部件的特殊结构描述清楚。因此，专利代理人应当通过当面交流、电话沟通、利用即时信息工具或邮件等方式与发明人就不清楚的技术方案进行沟通。

1. 关于锚固装置

在本申请中，对于锚固装置，由于技术交底书呈现的内容较少，代理人在与发明人沟通之前，存有如下疑问：

（1）锚固装置包括哪些部件？

（2）锚固装置中各部件间的连接方式和位置关系？

带着上述疑问，代理人与发明人进行沟通，了解本申请的机械结构、连接方式、工作原理和技术效果。

首先，确定锚固装置的部件以及部件之间的连接方式和位置关系。通过沟通，锚固装置包括一次锚、二次锚。其中一次锚包括一次锚锚环1和一次锚夹片2，二次锚包括二次锚锚环6和二次锚夹片7（为方便理解，将每一部件的附图标记进行标注）。经过与发明人的沟通，代理人初步确定以下关于锚固装置的内容：

一次锚锚环1和二次锚锚环6均沿轴向方向设置若干个锚孔，锚孔分为靠近后端面的进线腔和靠近前端面的夹片腔，进线腔为圆柱形，夹片腔呈圆台形；

一次锚夹片2和二次锚夹片7均分为左右两半且组合形成一圆台形，一次锚夹片2和二次锚夹片7斜度分别与一次锚锚环1和二次锚锚环6夹片腔的斜度相同，锚夹片沿中轴线设置一个夹片孔，夹片孔的内壁上设有牙形锯齿；

二次锚与一次锚间的位置关系可以采用桥梁钢绞线在锚固时穿过的顺序进行描述，具体为桥梁的钢绞线依次穿过一次锚锚环1的进线腔、夹片腔、一次锚夹片2的夹片孔和二次锚锚环6的进线腔、夹片腔、二次锚夹片7的夹片孔，一次锚夹片2夹牢钢绞线后插入一次锚锚环1的夹片腔中，二次锚夹片7夹牢钢绞线后插入二次锚锚环2的夹片腔中。

其次，代理人询问发明人锚固装置中的部件是否存在不同于现有技术的特殊结构。专利代理人通过与发明人的沟通，获得了二次锚的一些特殊结构：

第一，二次锚锚孔6-2轴向高度取决于露在普通一次锚外的钢绞线长度，由于已张拉封锚的系杆拱桥刚性吊杆露在普通一次锚外的钢绞线较短，一般为40~50mm，因此，为了防止在张拉过程中出现脱锚的风险，二次锚锚孔6-2的轴向高度一般设置在30~35mm，第二进线腔6-3的轴向高度一般设置为2~3mm。

第二，二次锚锚环6前端面设置凹槽，其目的有二：一是在安装附加锚固装置时保护钢绞线；二是增加二次锚锚环6侧面的面积，以此增加侧面螺纹数量。由于二次锚锚孔6-2轴向高度小，如果没有凹槽增加二次锚锚环6的侧面面积，当张拉套筒9与二次锚锚环螺纹连接后进行张拉操作，存在张拉套筒9与二次锚分离的可能，因此凹槽6-1的设计使得二次锚锚环6与张拉套筒9连接得更紧密，工作效果更好。

第三，二次锚锚环6后端面边缘设置倾角β，其目的是当附加锚固装置开始安装后，需要用斜销5顶紧复位环板4，防止一次锚夹片2从一次锚锚环1中过大的退出，而倾角β的设置可以方便斜销5滑至复位环板4的后端面边缘，从而顶紧复位环板4。

第四，二次锚夹片7轴向高度应当与二次锚锚孔6-2中的第二夹片腔6-4的轴向高度保持一致。

第五，第二夹片孔7-1的内壁上设置牙距为1mm的细牙锯齿的目的是，由于二次锚夹片7的轴向高度短，如果采用普通的牙形锯齿，当二次锚夹片加紧钢绞线后，在张拉的过程中可能出现钢绞线脱锚的现象，而牙距为1mm的细牙锯齿可以增加二次锚夹片7与钢绞线之间的摩擦力。

通过上述沟通，专利代理人已经基本了解锚固装置的结构。代理人在与发明人沟通时，发明人强调，本发明所涉及的一次锚、二次锚在施工上较为常见，但是组合使用情况尚属首次。因此，不能拆分地评判单个锚的创造性，应当从整体上去考量。

2. 关于张拉工具

对于张拉工具，由于技术交底书呈现的内容很少，专利代理人在与发明人沟通之前，不清楚张拉工具到底包括哪些部件，以及部件间的连接方式和工作原理是什么。

带着上述疑问，专利代理人与发明人沟通了连接张拉工具的结构、连接方式、工作原理和技术效果。

首先，应当确定张拉工具的所有组成部件，包括张拉承压环板3、复位环板4、斜销5、反力架8、张拉套筒9、千斤顶承压板10、张拉钢棒11、张拉千斤顶12。在与发明人沟通时，代理人了解到，复位环板4在张拉后留在了一次锚和二次锚之间，其作用在于张拉过程中防止一次锚夹片2从一次锚锚环1中过大退出。复位环板在锚固时起到作用，但是并未在锚固装置所解决的技术问题"二次锚提升锚固能力"上产生效果。因此，虽然复位环板4在张拉结束后设置在一次锚和二次锚之间，但其应该属于张拉工具上的部件。

其次，对于每一部件，确定其属于现有技术（或标准件）还是自行研究（或非标准件）。若为后者，则特殊的结构是否具有特定的作用。通过沟通，代理人了解到以下内容：

(1) 张拉承压环板3设有前端面和后端面，后端面设有凸台3-4，张拉承压环板3内设有圆柱形的第一通孔3-1，第一通孔3-1内壁上设有凸起将第一通孔3-1分为靠近前端面的一次锚腔3-2和靠近上表面的二次锚腔3-3，凸起处的内径小于复位环板4的外径，一次锚腔3-2的内径与一次锚锚环1外径相同，二次锚腔3-3内径与二次锚锚环6外径相同；在张拉承压环板3的后端面沿第一通孔3-1的径向方向设置至少一对斜销槽3-5，每对斜销槽3-5关于第一通孔3-1中轴线对称，斜销槽3-5的深度不能超过第一通孔3-1内壁凸起的位置；其中凸台3-4的作用在于固定设置于张拉承压环板3前端面的反力架8。

(2) 复位环板4呈圆柱形，复位环板4直径小于一次锚锚环1直径；复位环板4设置于一次锚的前端面和二次锚的后端面之间，复位环板4后端面边缘设置倾角α;复位环板4上设置复位孔4-1,复位孔4-1的数量与一次锚锚环1的锚孔数量相同,复位孔4-1的位置与锚孔的位置相对应,复位孔4-1呈圆柱形,其内径大于钢绞线的外径。倾角α的作用在于,在安装锚固装置时,需要用斜销5顶紧复位环板4以防止一次锚夹片2从一次锚锚环1中过大退出,因此,复位环板4后端面边缘和斜销5前端设有角度相同且互相匹配的倾角,方便斜销5顶紧复位环板4。

(3) 斜销5呈棒状,前端设有倾角γ,且γ=α,斜销5厚度小于斜销槽3-5的深度,斜销的数量等于斜销槽的数量,斜销5穿过斜销槽3-5将复位环板顶紧。

(4) 反力架8内设圆柱形第二通孔8-1,第二通孔8-1内径等于张拉承压环板3凸台的外径,反力架8一端设置于张拉承压环板3的后端面且卡在张拉承压环板3的凸台外侧。

(5) 张拉套筒9呈圆柱体,在远离二次锚一端底面设有第二凸台,便于安装张拉过程中千斤顶承压板10受力所用;张拉套筒9内设第三通道9-1,第三通道9-1内壁上设有退刀槽9-2,退刀槽9-2将第三通道9-1分为张拉腔9-3和第二二次锚腔9-4,第二二次锚腔9-4内径与二次锚锚环6外径相同,第二二次锚腔9-4内壁设有螺纹,张拉腔9-3的内径小于第二二次锚腔9-4内径,张拉腔9-3内壁上设有螺纹,张拉套筒9插入反力架8的第二通孔8-1并于二次锚锚环6螺纹连接。

(6) 张拉钢棒11包括钢棒11-1和螺母11-2,钢棒11-1的直径小于尾部螺母11-2的直径,头部钢棒11-1侧面设有螺纹,张拉钢棒头部通过张拉腔9-3内壁螺纹与张拉套筒9螺纹连接;螺母11-2可以旋入及推入,适应张拉千斤顶12的安装和张拉过程中作为千斤顶的反力点带动张拉钢棒11张拉。

(7) 千斤顶承压板10盖在反力架8另一端,其设有第三通孔10-1,第三通孔10-1的内径大于钢棒11-1的外径。

(8) 张拉千斤顶12为普通千斤顶,安装于张拉钢棒11露在第二通孔

8-1 和第三通孔 10-1 以外的钢棒 11-1 上。

通过上述的沟通，代理人已经基本了解张拉工具的部件结构和部件间的连接方式。

3. 关于安装方法

发明人对安装方法的内容在技术交底书中描述较为详细，但是代理人在阅读技术交底书时存在以下疑问需要通过与发明人沟通解决：

（1）如何剔凿锚头端部封锚用水泥浆，剔凿手段是否为现有？

（2）复位环板的具体安装过程？

（3）何为二次锚夹片的预顶进？

（4）张拉工具的拆除顺序。

代理人通过与发明人的沟通，解决了上述四个问题。（1）关于剔凿，技术交底书中描述"剔凿锚头端部封锚用水泥浆，高压水枪冲洗夹片缝隙、烘干"，实际高压水枪冲洗夹片缝隙、烘干即"剔凿"的过程。（2）复位环板 4 的安装过程为"若干根钢绞线穿过一次锚的锚孔后穿过复位环板 4 的复位孔 4-1，复位环板 4-1 抵压在一次锚夹片后侧并用斜销 5 顶紧防止松动"。（3）所谓的二次锚夹片 7 的"预顶进"是指二次锚夹片 7 将钢绞线夹紧后放置在第二夹片腔 6-4 中；"预顶进"相对于后续的张拉而言，由于将二次锚夹片 7 放置在第二夹片腔 6-4 中时是人工放置，"预顶进"的锚固效果不好；张拉时，在千斤顶等张拉工具的作用下，二次锚夹片 7 可以与第二夹片腔 6-4 牢固配合。代理人认为，张拉的过程完全可以描述清楚"预顶进"和"张拉"之间的关系，为避免解释不清，说明书中可以用"顶进"来替代。（4）卸除张拉工具的顺序为：张拉钢棒 11 螺母 11-2 旋出，张拉千斤顶 12、千斤顶承压板 10、反力架 8 卸除，张拉套筒 9 从二次专用锚环 6 中旋出，斜销 5 从斜销槽 3-5 中拔出，张拉承压环板 3 从二次锚锚环 6 上卸下。

代理人通过与发明人经过沟通，对本方法的内容梳理如下：

一种刚性吊杆钢绞线夹片锚附加锚固装置的安装方法，包括以下步骤：

步骤1　清理已张拉封锚的一次锚，包括以下工序：用高压水枪冲洗一次锚夹片2的缝隙，剔凿缝隙中封锚用的水泥浆后烘干，外露钢绞线整切。

步骤2　利用张拉工具安装附加锚固装置，安装顺序为：

步骤2.1　将一次锚锚环1的后端面一端插入张拉承压环板3的一次锚腔3-2中；

步骤2.2　钢绞线穿过复位环板4上的复位孔4-1后，将复位环板4置于一次锚锚环1后端面一侧；

步骤2.3　钢绞线依次穿过二次锚锚环6的二次锚锚孔6-2和二次锚夹片7的第二夹片孔7-1，二次锚夹片7将钢绞线夹紧后顶进第二夹片腔6-4内；

步骤2.4　将反力架8安装于张拉承压环板3的后端面，卡在凸台3-4外侧；

步骤2.5　将张拉套筒9插入第二通孔8-1中，第二二次锚腔9-4内壁设有的螺纹与二次锚锚环6侧面的螺纹相匹配螺纹连接；

步骤2.6　将千斤顶承压板10盖在反力架8远离张拉承压环板3的底面上；

步骤2.7　将张拉钢棒穿过千斤顶承压板10的第三通孔10-1，并旋入张拉套筒9的张拉腔9-3中；

步骤2.8　将张拉千斤顶12安装于张拉钢棒11露在第二通孔8-1和第三通孔10-1以外的尾部上，并旋紧螺母11-2。

步骤3　钢绞线无应力状态下夹片锚固，具体过程为：张拉千斤顶12的油缸进油带动张拉钢棒11、张拉套筒9及二次锚锚环6向张拉千斤顶12方向运动，从而二次锚夹片7被动锚固；张拉过程中边张拉边敲击斜销5顶紧复环位板4，防止一次锚夹片2从一次锚锚环1中过大退出，张拉就位后张拉千斤顶12油缸回油，利用钢绞线自动回缩带动二次锚夹片7向一次锚方向运动实现锚固。

步骤4　卸除张拉工具；张拉钢棒11的螺母11-2旋出，张拉千斤顶

12、千斤顶承压板10、反力架8卸除，张拉套筒9从二次专用锚环6中旋出，斜销5从斜销槽3-5中拔出，张拉承压环板3从二次锚锚环6上卸下。

（四）代理人提出的其他修改意见

技术交底书除上述问题外，说明书附图也存在不完善的地方，其附图标记并未在每张附图上体现，导致对技术方案理解困难。因此，向发明人提出修改说明书附图的建议。发明人对此进行修改提交了新的说明书附图。

（五）撰写说明书

与发明人沟通后，发明人针对技术交底书存在的问题作出修改，代理人便可以进行说明书的撰写。下面重点介绍说明书各个组成部分撰写时应当注意的问题。

1. 发明名称

由于涉及锚固装置、张拉工具和安装方法三项技术，因此，发明名称应当涵盖这三项技术。本发明的发明名称为"钢绞线夹片锚附加锚固装置、张拉工具和安装方法"。

2. 技术领域

技术领域部分应当反映其主题名称，建议写成：本发明属于役系杆拱桥加固处理和施工技术，特别是一种钢绞线夹片锚附加锚固装置、张拉工具和安装方法。

3. 背景技术

在这一部分中，应当对本发明所涉及的最接近的现有技术进行说明，包括列举公开的文献或者专利并进行简要描述，也可以对现有技术直接进行描述。同时，还要指出现有技术存在的技术缺点。

4. 发明内容

这一部分包括3方面的内容：（1）本发明要解决的技术问题；（2）本发明的技术方案（技术方案部分至少应当包含独立权利要求对应的技术方案）；（3）有益技术效果。

5. 附图说明

本发明共包括6幅附图：图3-7是本发明整体构造示意图；图3-8

是复位环板结构示意图，其中（a）为剖视图，（b）为俯视图；图3-9是二次锚锚环结构示意图，其中（a）为剖视图，（b）为俯视图；图3-10是张拉承压环板结构示意图，其中（a）为剖视图，（b）为俯视图；图3-11是张拉套筒结构示意图，其中（a）为剖视图，（b）为俯视图；图3-12是张拉钢棒结构示意图。

6. 具体实施方式

在具体实施方式中，代理人建议发明人提供2个应用场景的实施例，以便对技术方案具体说明。最后完成的说明书及其附图文本如下。

钢绞线夹片锚附加锚固装置、张拉工具和安装方法

技术领域

本发明属于役系杆拱桥加固处理和施工的技术领域，特别是一种钢绞线夹片锚附加锚固装置、张拉工具和安装方法。

背景技术

20世纪90年代中期，随着以OVM系列为代表的预应力群锚技术的逐步成熟，由于采用预应力钢绞线和配套的夹片锚，其无须精确下料、端部无须扩大孔以及张拉效率高和锚固方便等，解决了桥梁吊杆中主要采用的精轧螺纹钢筋和平行钢丝束镦头锚两种主要预应力筋锚固形式在当时所存在的一些缺陷和不便，故而20世纪90年代起在全国建造了一大批采用无防松装置的夹片锚锚固钢绞线并进行竖向孔道压浆的刚性吊杆系杆拱桥。

系杆拱桥采用刚性吊杆虽然避免了柔性杆分项分批张拉、配套合适锚具选择的复杂性，但是，采用普通夹片锚锚固低应力钢绞线的一系列问题也在工程施工和系杆拱桥服役中逐渐暴露，其主要问题有：（1）吊杆内预应力钢绞线长度较短和张拉后夹片的内缩直接影响锚具夹片的有效跟进锚固，使锚固能力不足。（2）刚性吊杆内预应力钢绞线张拉后的孔道压浆及水泥砂浆封锚使锚头夹片缝隙被填充，影响桥面荷载增大时吊杆荷载随之增大时夹片的有效跟进。以上问题已影响到此类桥梁的营运安全，并造成严重的安全事故，如1999年重庆綦江大桥垮塌、2001年宜宾南门大桥垮塌、2007年常州运村大桥垮塌。

发明内容

本发明的目的在于提供一种钢绞线夹片锚附加锚固装置，本发明还提供了安装该附加装置的张拉工具和安装方法。

实现本发明目的的技术解决方案为：

一种刚性吊杆钢绞线夹片锚附加锚固装置，包含一次锚和二次锚，普通一次锚为已设置完成的用于固定钢绞线的锚固装置；

二次锚包含二次锚锚环和二次锚夹片，二次锚锚环呈圆柱形，其径向直径小于一次锚锚环径向直径；二次锚锚环侧面设有螺纹，二次锚锚环的前端面设置于复位环板一侧，后端面设置有凹槽；凹槽内沿轴向方向设有二次锚锚孔，二次锚锚孔的数量与一次锚锚环的锚孔数量相同，二次锚锚孔的位置与一次锚锚环锚孔的位置相对应，二次锚锚孔分为靠近二次锚锚环前端面的第二进线腔和靠近二次锚锚环前端面的第二夹片腔，第二进线腔为圆柱形，第二夹片腔呈圆台形，二次锚锚孔轴向高度与露在普通一次锚外的钢绞线长度相匹配；二次锚夹片为圆台形，斜度与二次锚锚环的第二夹片腔的斜度相同，其轴向高度与二次锚锚孔的轴向高度相匹配，二次锚夹片沿中轴线设置一个第二夹片孔，第二夹片孔的内壁上设有牙形锯齿，二次锚夹片沿轴向切分为对称的两部分，二次锚夹片位于第二夹片腔内。

一种刚性吊杆钢绞线夹片锚附加锚固装置的张拉工具，包括张拉承压环板、复位环板、斜销、反力架、张拉套筒、千斤顶承压板、张拉钢棒、张拉千斤顶；

张拉承压环板设有后端面和前端面，后端面设有凸台，张拉承压环板内设有圆柱形的第一通孔，第一通孔内壁上设有凸起将第一通孔分为靠近前端面的一次锚腔和靠近上表面的二次锚腔，凸起处的内径小于复位环板的外径，一次锚腔的内径与一次锚锚环外径相同，二次锚腔内径与二次锚锚环外径相同；在张拉承压环板的后端面沿第一通孔的径向方向设置至少一对斜销槽，每对斜销槽关于第一通孔中轴线对称，斜销槽的深度不能超过第一通孔内壁凸起的位置；

复位环板呈圆柱形，设置在一次锚锚环后端面一侧，其直径小于一次锚锚环直径，复位环板上设置复位孔且数量与每一锚环的锚孔数量相同且位置相对应；

斜销呈棒状，前端设有倾角，斜销厚度小于斜销槽的深度，斜销的数量等于斜销槽的数量，斜销穿过斜销槽将复位环板顶紧；

反力架内设圆柱形第二通孔，第二通孔内径等于张拉承压环板凸台的外径，反力架一端设置于张拉承压环板的后端面且卡在张拉承压环板的凸台外侧；

张拉套筒呈圆柱体，内设第三通道，第三通道内壁上设有退刀槽，退刀槽将第三通道分为张拉腔和第二二次锚腔，第二二次锚腔内径与二次锚锚环外径相同，第二二次锚腔内壁设有螺纹，张拉腔的内径小于第二二次锚腔内径，张拉腔内壁上设有螺纹，张拉套筒插入反力架的第二通孔并与二次锚锚环螺纹连接；

张拉钢棒包括钢棒和螺母，钢棒的直径小于尾部螺母的直径，头部钢棒侧面设有螺纹，张拉钢棒头部通过张拉腔内壁螺纹与张拉套筒螺纹连接；

千斤顶承压板盖在反力架另一端，其设有第三通孔，第三通孔的内径大于张拉钢棒头部的外径；

张拉千斤顶安装于张拉钢棒露在第二通孔和第三通孔以外的尾部上。

一种刚性吊杆钢绞线夹片锚附加锚固装置的安装方法，包括以下步骤：

步骤1 清理已张拉封锚的一次锚，包括用高压水枪冲洗一次锚夹片的缝隙，剔凿缝隙中封锚用的水泥浆后烘干，外露钢绞线整切；

步骤2 利用张拉工具安装附加锚固装置；

步骤3 钢绞线无应力状态下夹片锚固；

步骤4 卸除张拉工具。

本发明与现有技术相比，其显著优点在于：（1）附加锚固装置安装在已张拉封锚的一次锚外露的钢绞线上，通过张拉套筒带动锚环后退实现夹片的锚固，张拉中不仅实现普通夹片锚补力，能有效防止系杆拱桥刚性吊杆在汽车等动荷载作用下的脱锚隐患，同时增加的二次锚锚环作为刚性吊杆钢绞线夹片锚的二道防线；（2）清理夹片缝隙孔道中因封锚时所用的压浆及水泥砂浆，使得桥面荷载增大时吊杆荷载也随之增大，夹片可以有效跟进。

下面结合附图详细描述本发明提供的钢绞线夹片锚附加锚固装置、张拉工具和安装方法。

附图说明

图3-7是本发明整体构造示意图。

图3-8是复位环板结构示意图，其中（a）为剖视图，（b）为俯视图。

图3-9是二次锚锚环结构示意图，其中（a）为剖视图，（b）为俯视图。

图3-10是张拉承压环板结构示意图，其中（a）为剖视图，（b）为俯视图。

图3-11是张拉套筒结构示意图，其中（a）为剖视图，（b）为俯视图。

图3-12是张拉钢棒结构示意图。

具体实施方式

结合图3-7，一种钢绞线夹片锚附加锚固装置，包括一次锚和二次锚。一次锚为已设置完成的用于固定钢绞线的锚固装置，包括一次锚锚环1和一次锚夹片2，一次锚锚环1设有后端面和前端面，一次锚锚环1内沿轴向方向设置一个以上的锚孔，锚孔分为靠近前端面的进线腔和靠近后端面的夹片腔，进线腔为圆柱形，夹片腔呈圆台形；一次锚夹片2为圆台形，斜度与一次锚锚环1夹片腔的斜度相同，一次锚夹片2沿中轴线设置一个夹片孔，夹片孔的内壁上设有牙形锯齿，一次锚夹片2沿轴向切分为对称的两部分；钢绞线依次穿过一次锚锚环1的进线腔、夹片腔和一次锚夹片2的夹片孔，一次锚夹片2夹牢钢绞线后插入一次锚锚环1的夹片腔中。

结合图3-9，二次锚包含二次锚锚环6和二次锚夹片7，二次锚锚环6呈圆柱形，其直径小于一次锚锚环1径向直径，其轴向高度大于露在普通一次锚外面的钢绞线的长度；二次锚锚环6侧面设有螺纹，二次锚锚环6

的前端面设置于复位环板 4 一侧,且二次锚锚环 6 前端面边缘设置倾角 β,后端面设置有凹槽 6-1;凹槽 6-1 内沿轴向方向设有二次锚锚孔 6-2,二次锚锚孔 6-2 的数量与一次锚锚环 1 的锚孔数量相同,二次锚锚孔 6-2 的位置与一次锚锚环 1 锚孔的位置相对应,二次锚锚孔 6-2 分为靠近二次锚锚环前端面的第二进线腔 6-3 和靠近二次锚锚环后端面的第二夹片腔 6-4,第二进线腔 6-3 为圆柱形,第二夹片腔 6-4 呈圆台形,二次锚锚孔 6-2 轴向高度与露在普通一次锚外的钢绞线长度向匹配;二次锚夹片 7 为圆台形,斜度与二次锚锚环 6 的第二夹片腔的斜度相同,其轴向高度与二次锚锚孔 6-2 的轴向高度相同,二次锚夹片 7 沿中轴线设置一个第二夹片孔 7-1,第二夹片孔 7-1 的内径小于钢绞线的外径,第二夹片孔 7-1 的内壁上设有牙形锯齿,该牙形锯齿为牙距为 1mm 的细牙锯齿,二次锚夹片 7 沿轴向切分为对称的两部分,使用时,二次锚夹片 7 位于第二夹片腔 6-4 内。其中二次锚锚孔 6-2 轴向高度取决于露在普通一次锚外的钢绞线长度,由于已张拉封锚的系杆拱桥刚性吊杆露在普通一次锚外的钢绞线较短,一般为 40~50mm,因此,为了防止在张拉过程中出现脱锚的风险,二次锚锚孔 6-2 的轴向高度一般设置在 30~35mm,第二进线腔 6-3 的轴向高度一般设置为 2~3mm。二次锚锚环 6 后端面设置凹槽的目的有二:一是在安装附加锚固装置时保护钢绞线;二是增加二次锚锚环 6 侧面的面积,以此增加侧面螺纹数量,由于二次锚锚孔 6-2 轴向高度小,如果没有凹槽增加二次锚锚环 6 的侧面面积,当张拉工具中的张拉套筒 9 与二次锚锚环螺纹连接后进行张拉操作,存在张拉套筒 9 与二次锚分离的可能,因此,凹槽 6-1 的设计使得二次锚锚环 6 与张拉套筒 9 连接得更紧密,工作效果更好。二次锚锚环 6 前端面边缘设置倾角 β 的目的在于当附加锚固装置开始安装后,需要用斜销 5 顶紧复位环板 4,防止一次锚夹片 2 从一次锚锚环 1 中过大退出,而倾角 β 的设置可以方便斜销 5 滑至复位环板 4 的后端面边缘,从而顶紧复位环板 4。二次锚夹片 7 轴向高度应当与二次锚锚孔 6-2 中的第二夹片腔 6-4 的轴向高度保持一致;第二夹片孔 7-1 的内壁上设置牙距为 1mm 的细牙锯齿的目的在于,由于二次锚夹片 7 的轴向高度短,如果采用普通的牙形锯齿，当二次锚夹片加紧钢绞线后，在张拉的过程中可能出现钢绞线脱锚的现象，而牙距为1mm的细牙锯齿可以增加二次锚夹片7与钢绞线之间的摩擦力。

一种刚性吊杆钢绞线夹片锚附加锚固装置的张拉工具，包括张拉承压环板3、复位环板4、斜销5、反力架8、张拉套筒9、千斤顶承压板10、张拉钢棒11、张拉千斤顶12。

结合图3-8，复位环板4呈圆柱形，复位环板4直径小于一次锚锚环1直径；复位环板4设置于一次锚的前端面和二次锚的后端面之间，复位环板4后端面边缘设置倾角α；复位环板4上设置复位孔4-1，复位孔4-1的数量与一次锚锚环1的锚孔数量相同，复位孔4-1的位置与锚孔的位置相对应，复位孔4-1呈圆柱形，其内径大于钢绞线的外径。其中倾角α的作用在于，在安装附加锚固装置时，需要用斜销顶紧复位环板4以防止一次锚夹片2从一次锚锚环1中过大退出，因此，复位环板4后端面边缘和斜销5前端设有角度相同且互相匹配的倾角，方便斜销5顶紧复位环板4。

结合图3-10，张拉承压环板3设有后端面和前端面，后端面设有凸台3-4，张拉承压环板3内设有圆柱形的第一通孔3-1，第一通孔3-1内壁上设有凸起将第一通孔3-1分为靠近前端面的一次锚腔3-2和靠近上表面的二次锚腔3-3，凸起处的内径小于复位环板4的外径，一次锚腔3-2的内径与一次锚锚环1外径相同，二次锚腔3-3内径与二次锚锚环6外径相同；在张拉承压环板3的后端面沿第一通孔3-1的径向方向设置至少一对斜销槽3-5，每对斜销槽3-5关于第一通孔3-1中轴线对称，斜销槽3-5的深度不能超过第一通孔3-1内壁凸起的位置。凸台3-4的作用在于固定设置于张拉承压环板3后端面的反力架8。

斜销5呈棒状，前端设有倾角γ，且γ=α，斜销5厚度小于斜销槽3-5的深度，斜销的数量等于斜销槽的数量，斜销5穿过斜销槽3-5将复位环板4顶紧。

反力架8内设圆柱形第二通孔8-1，第二通孔8-1内径等于张拉承压环板3凸台的外径,反力架8一端设置于张拉承压环板3的后端面且卡在张拉承压环板3的凸台外侧。

结合图3-11,张拉套筒9呈圆柱体,在远离二次锚一端底面设有第二凸台,用于安装张拉过程中千斤顶承压板10受力所用;张拉套筒9内设第三通道9-1,第三通道9-1内壁上设有退刀槽9-2,退刀槽9-2将第三通道9-1分为张拉腔9-3和第二二次锚腔9-4,第二二次锚腔9-4内径与二次锚锚环6外径相同,第二二次锚腔9-4内壁设有螺纹,张拉腔9-3的内径小于第二二次锚腔9-4内径,张拉腔9-3内壁上设有螺纹,张拉套筒9插入反力架8的第二通孔8-1并与二次锚锚环6螺纹连接。

结合图3-12,张拉钢棒11包括钢棒11-1和螺母11-2,钢棒11-1的直径小于尾部螺母11-2的直径,头部钢棒11-1侧面设有螺纹,张拉钢棒头部通过张拉腔9-3内壁螺纹与张拉套筒9螺纹连接;螺母11-2可以旋入,适应张拉千斤顶12的安装和张拉过程中作为千斤顶的反力点带动张拉钢棒11张拉。

结合图3-7,千斤顶承压板10盖在反力架8另一端,其设有第三通孔10-1,第三通孔10-1的内径大于钢棒11-1的外径。

结合图3-7,张拉千斤顶12为普通千斤顶,安装于张拉钢棒11露在第二通孔8-1和第三通孔10-1以外的钢棒11-1上。

一种刚性吊杆钢绞线夹片锚附加锚固装置的安装方法,包括以下步骤。

步骤1 清理已张拉封锚的锚固装置,包括以下工序:用高压水枪冲洗一次锚夹片2的缝隙,剔凿缝隙中封锚用的水泥浆后烘干,外露钢绞线整切。

步骤2 利用张拉工具安装附加锚固装置,安装顺序如下:

步骤2.1 将一次锚锚环1的后端面一端插入张拉承压环板3的一次锚腔3-2中;

步骤2.2 钢绞线穿过复位环板4上的复位孔4-1后,将复位环板4置于一次锚锚环1后端面一侧;

步骤2.3 钢绞线依次穿过二次锚锚环6的二次锚锚孔6-2和二次锚

夹片 7 的第二夹片孔 7-1，二次锚夹片 7 将钢绞线夹紧后顶进第二夹片腔 6-4 内；

步骤 2.4　将反力架 8 安装于张拉承压环板 3 的后端面，卡在凸台 3-4 外侧；

步骤 2.5　将张拉套筒 9 插入第二通孔 8-1 中，第二二次锚腔 9-4 内壁设有的螺纹与二次锚锚环 6 侧面的螺纹螺纹连接；

步骤 2.6　将千斤顶承压板 10 盖在反力架 8 远离张拉承压环板 3 的底面上；

步骤 2.7　将张拉钢棒穿过千斤顶承压板 10 的第三通孔 10-1，并旋入张拉套筒 9 张拉腔 9-3 中；

步骤 2.8　将张拉千斤顶 12 安装于张拉钢棒 11 露在第二通孔 8-1 和第三通孔 10-1 以外的尾部上，并旋紧螺母 11-2。

步骤 3　钢绞线无应力状态下夹片锚固，具体过程为：张拉千斤顶 12 的油缸进油带动张拉钢棒 11、张拉套筒 9 及二次锚锚环 6 向张拉千斤顶 12 方向运动，从而二次锚夹片 7 被动锚固；张拉过程中边张拉边敲击斜销 5 顶紧复环位板 4，防止一次锚夹片 2 从一次锚锚环 1 中过大退出，张拉就位后张拉千斤顶 12 油缸回油，利用钢绞线自动回缩带动二次锚夹片 7 向一次锚方向运动实现锚固。

步骤 4　卸除张拉工具，具体过程为：张拉钢棒 11 的螺母 11-2 旋出，张拉千斤顶 12、千斤顶承压板 10、反力架 8 卸除，张拉套筒 9 从二次专用锚环 6 中旋出，斜销 5 从斜销槽 3-5 中拔出，张拉承压环板 3 从二次锚锚环 6 上卸下。

实施例 1

系杆拱桥采用的钢绞线直径为 15mm，露在一次锚外面的长度为 50～60mm；附加锚固装置中的复位环板 4 的厚度为 5mm，复位孔 4-1 的内径为 18mm，复位环板 4 后端面边缘设置倾角 $\alpha = 15°$；二次锚锚环 6 轴向高度为 55mm，二次锚锚孔 6-2 的轴向高度为 35mm，第二夹片腔 6-4 的轴向高度为 32mm，第二夹片腔的斜度 $\theta = 6°$，二次锚锚环 6 前端面边缘设置

倾角 $\beta=20°$；二次锚夹片 7 轴向高度为 32mm，第二夹片孔 7-1 中的牙形锯齿为牙距为 1mm 的细牙锯齿。

张拉工具中张拉承压环板 3 设置 2 对斜销槽，且第一对斜销槽的中心连线垂直于第二对斜销槽的中心连线，且每个斜销槽 3-5 的深度为 2cm；斜销 5 前端倾角 $\gamma=15°$。

安装方法中，外露钢绞线露在一次锚外面的长度统一整切至 50mm。

实施例 2

系杆拱桥采用的钢绞线直径为 18mm，露在一次锚外面的长度为 45~50mm；附加锚固装置中的复位环板 4 的厚度为 6mm，复位孔 4-1 的内径为 20mm，复位环板 4 后端面边缘设置倾角 $\alpha=18°$；二次锚锚环 6 轴向高度为 50mm，二次锚锚孔 6-2 的轴向高度为 30mm，第二夹片腔 6-4 的轴向高度为 28mm，第二夹片腔的斜度 $\theta=7°$，二次锚锚环 6 前端面边缘设置倾角 $\beta=25°$；二次锚夹片 7 轴向高度为 28mm，第二夹片孔 7-1 中的牙形锯齿为牙距为 1mm 的细牙锯齿。

张拉工具中张拉承压环板 3 设置 2 对斜销槽，且第一对斜销槽的中心连线垂直于第二对斜销槽的中心连线，且每个斜销槽 3-5 的深度为 3cm；斜销 5 前端倾角 $\gamma=18°$。

安装方法中，外露钢绞线露在一次锚外面的长度统一整切至 45mm。

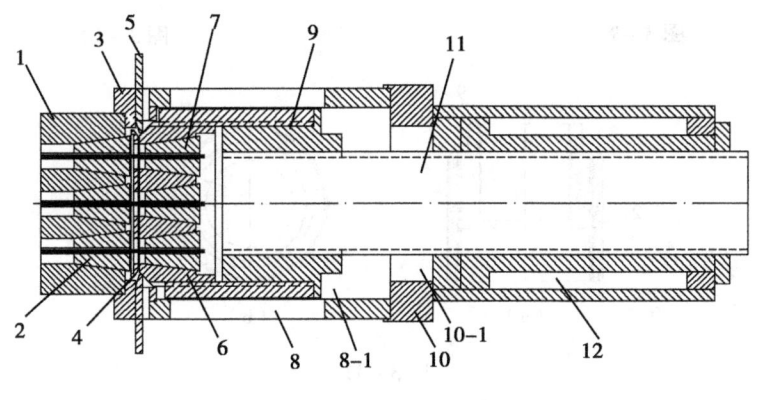

图 3-7

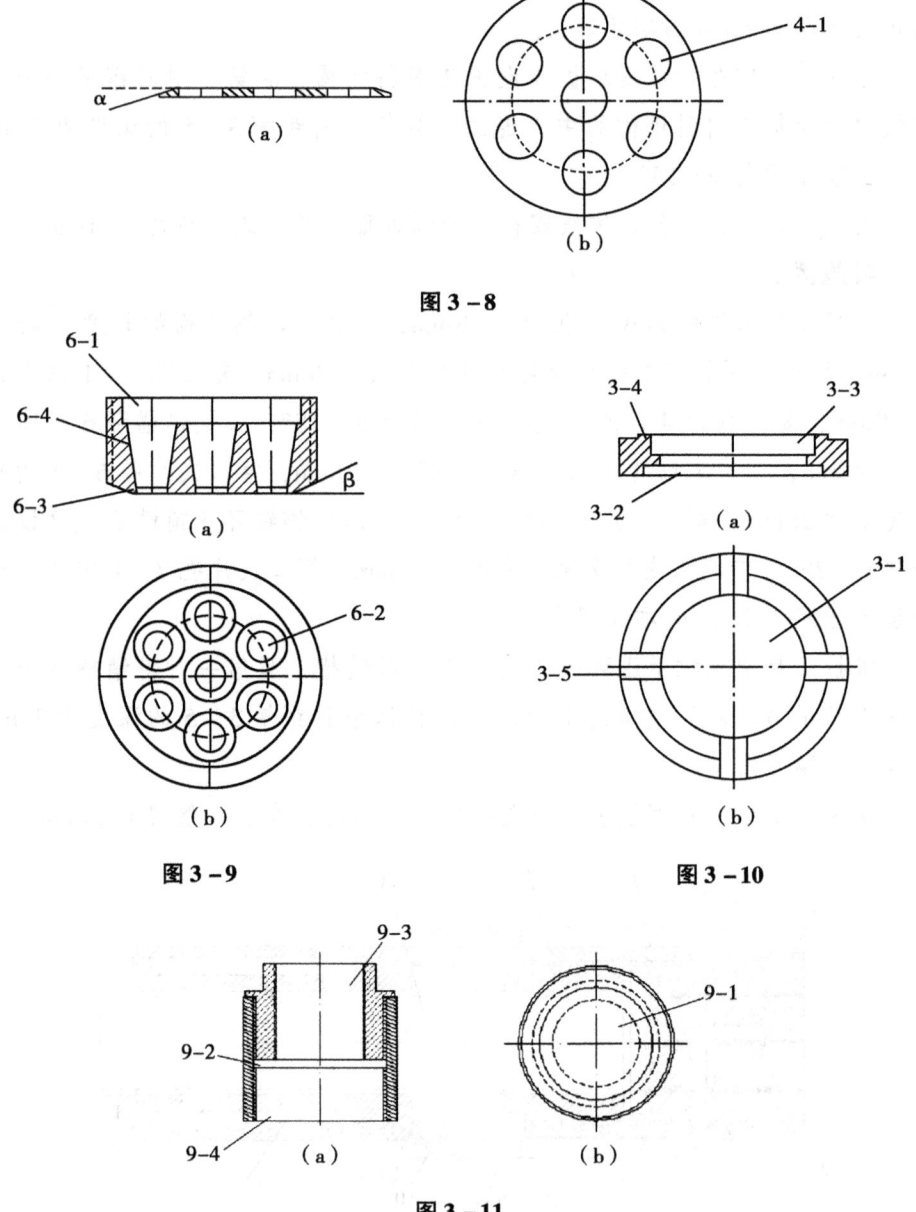

图 3-8

图 3-9

图 3-10

图 3-11

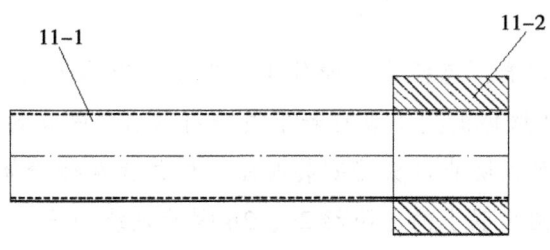

图 3-12

三、采用功能性限定方式撰写说明书

下面以"抗爆保护器"为例进行说明。在该申请中,虽然机械连接方式并不复杂,但是包含"上位概括""功能性概括"等对技术方案进行概括的撰写方式,因此具有一定的代表性。

(一)申请人的技术交底书

申请人提供给代理人的技术交底书如下:

发明名称

抗爆保护器

背景技术

保护器作用在于当电路发生故障或异常时,随着电流不断升高,保护器在电流异常升高到一定高度和热度时,自身熔断切断电流,从而起到保护电路安全运行的作用。

而现有的保护器装置如图 3-13 所示,包括壳体、电极盖、支撑体、熔体,其支撑体沿壳体轴向设置,熔体螺旋盘绕于支撑体的表面并通过两个电极盖与外部电路连接。由于支撑体在通常情形下由玻璃纤维制作,在两端电极盖安装于壳体上时,存在电极盖产生的轴向压力将支撑体压弯的现象,进而带动熔体在壳体径向上产生一定偏移从而碰触壳体内壁。而熔体碰触壳体内壁后增强了散热能力,不能短时间内积聚大量热量,熔断时间大幅增加,导致保险装置不能在规定的时间内产生熔断动作,造成危险。

发明内容

一种抗爆保护器，包括绝缘壳体1、设置于壳体1两端的电极和连接电极的熔体2。在熔体的周围设置若干玻璃纤维3，该玻璃纤维3对熔体2起到支撑作用，可以防止电极盖安装时压弯熔体而触碰壳体内壁。

所述熔体由两根以上的电阻丝2a、2b螺旋盘绕而成，所述支撑体3穿过螺旋盘绕的电阻丝之间的缝隙。

本发明与现有技术相比，具有以下优点：沿壳体径向设置若干支撑体，支撑体对熔体的支撑力可以分散于熔体的各个位置，不易造成熔体被外力压弯的现象。

附图说明

图3-13为现有技术的结构示意图。

图3-14为申请人欲申请的结构示意图。

说明书附图

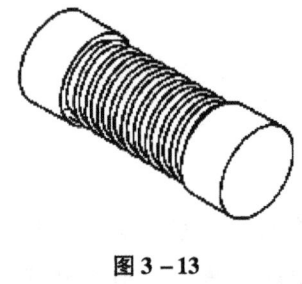

图3-13

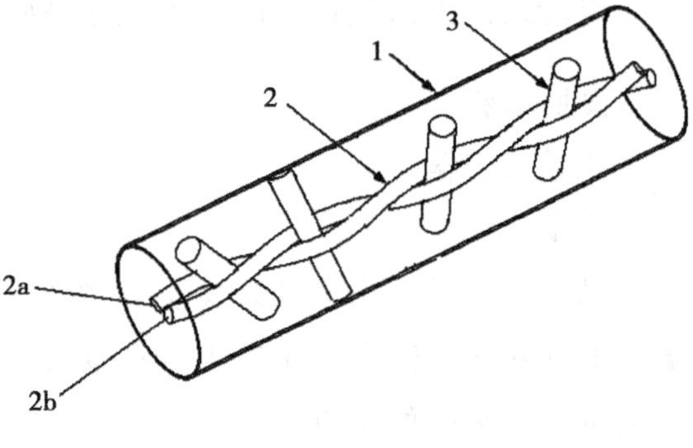

图3-14

（二）对申请人提供的技术交底书中的发明创造进行理解

1. **分析现有技术**

申请人提供了以下几份现有技术的公开文件。

（1）专利号为"US4445106"、名称为"Spiral Wound Fuse Bodies"的专利，专利中公开了如图3-15所示的保险丝。

该对比文件与申请人要保护的技术有类似的地方，熔体均是由2根以上的电阻丝螺旋盘绕而成。

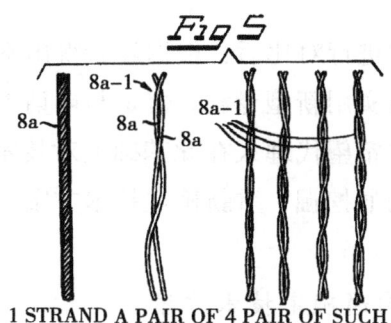

图 3-15

（2）专利号为"201320556184.0"、名称为"一种表面贴装式交流高压熔断器"的专利，该专利中公开的熔断器除熔体设置方式与本申请文件不同外，其余的结构基本类似，结构如图 3-16 所示。

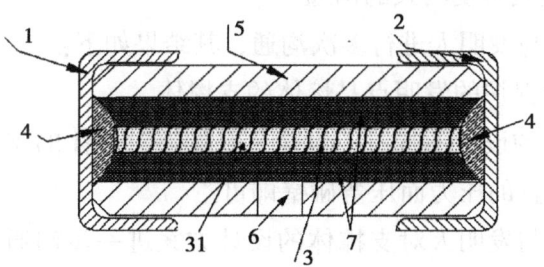

图 3-16

（3）专利号为"201530299343.8"、名称为"奶瓶刷"的外观设计。该外观设计是发明人创造的灵感来源，奶瓶刷的结构让发明人联想到熔体上设置多个支撑结构可以防止由于外力压弯熔体。

2. 确定专利申请要解决的技术问题

根据申请人提供的技术交底书以及对比文件，专利代理人初步了解到申请人要保护的技术方案是在熔体上设置支撑体，该支撑体要解决的技术问题是对熔体的支撑力可以分散于熔体的各个位置，不易造成熔体被外力压弯的现象。

3. 确定申请类型

代理人与现有技术进行对比后,根据经验得出本申请申报发明专利存在一定风险,最好申请实用新型专利。但是与申请人沟通时,申请人强烈希望申请发明专利,并希望代理人在此基础上对技术进行挖掘。因此,代理人与发明人进一步沟通挖掘,重新确定技术方案,并同时申请发明和实用新型。

(三) 与发明人沟通确定技术方案

代理人与发明人进行了第一次当面交流,了解技术方案,并指出申请发明专利存在创造性不足的风险。本技术方案中,由于技术并不复杂,代理人针对技术层面的疑问并不是很多,重点是挖掘技术方案,增加创造性以满足发明专利授权的条件。

1. 专利代理人与发明人的沟通

专利代理人与发明人进行多次沟通,其结果如下:

(1) 本申请保护的发明点是熔体的支撑体。

(2) 支撑体的设计不唯一,但是只要能够对熔体的支撑力分散使得熔体不因两端电极盖的压力而压弯碰壁即可。

专利代理人与发明人对支撑体的设计方案进一步沟通,确定支撑体与熔体的连接方式是否只有技术交底书中记载的一种。通过沟通获知,支撑体与熔体的连接方式并不唯一,讨论结果如下:

(1) 熔体 2 由两根以上的电阻丝螺旋盘绕而成,所述支撑体 3 穿过螺旋盘绕的电阻丝之间的缝隙。

(2) 支撑体 3 沿绝缘壳体 1 径向设置,熔体 2 沿支撑体 3 的周向进行缠绕。

(3) 支撑体 3 采用点胶的技术固定于熔体 2 的外壁上。

发明人对于支撑体的设置方式进行详细说明,支撑体应当能够提供分散的支撑力,该分散的支撑力应当理解为沿熔体的轴向和周向分散,即支撑体应该设置若干个且分布于熔体的不同位置,支撑体可以采用如下方式进行设置:

（1）支撑体沿垂直于两电极的中心连线的方向设置。

（2）支撑体与两电极的中心连线间存在夹角。

（3）支撑体弯折，每一部分或每一部分的延伸与两电极的中心连线间存在夹角。

对于支撑体的材质，发明人认为可以为玻璃纤维束但不限于玻璃纤维束。当支撑体为玻璃纤维束时其设置方式如下：

（1）至少有一根玻璃纤维沿垂直于两电极的中心连线的方向设置。

（2）每一玻璃纤维方向与两端电极中心连线呈 30°～150°角且不等于 90°。

（3）玻璃纤维弯折，每一部分或每一部分的延伸与两电极的中心连线间存在夹角。

对于绝缘壳体 1 的形状发明人认为不限于普通的圆柱形。

在沟通的过程中，发明人完善了说明书附图，并增加背景技术所存在的问题"在分断测试中熔体产生巨大爆炸冲击力，没有空气的缓冲，熔体容易直接把贴近的壳体壁炸碎，影响保护器的抗爆能力"。同时在技术优点中增加"支撑体的设置使熔体在壳体空腔内处于两个电极中心线附近，熔体各个部分与壳体内壁之间的距离均匀，不碰触或靠近内壁，这样熔断时间非常均匀，也不会影响保护器的分断能力，抗爆性能高"。

2. 专利代理人根据交流的意见形成撰写思路

专利代理人此时根据交流的意见，形成初步的撰写思路：

（1）所保护的客体不局限于熔体，而是将熔体放置在整个保护器中进行保护。

（2）支撑体作为核心技术采用功能性限定的方式进行撰写，说明书中附上若干实施例对功能限定的权利要求进行支撑。

（四）撰写说明书

与发明人沟通后，发明人针对技术交底书存在的问题作出修改，代理人便可以进行说明书的撰写。下面重点介绍说明书各组成部分撰写时应当注意的问题。

1. 发明名称

按照申请人的建议，本发明的名称为"抗爆保护器"。

2. 技术领域

技术领域部分应当反映其主题名称。建议写成：本发明属于一种保护器，特别是一种在任何状态下熔体均可以沿壳体轴线放置且不碰触管壁的抗爆性能良好的抗爆保护器。

3. 背景技术

在这一部分中，应当对本发明所涉及的最接近的现有技术进行说明，包括列举公开的文献或者专利并进行简要描述，也可以对现有技术直接进行描述。同时，还要说明现有技术存在的技术缺点。

4. 发明内容

这一部分包括3方面的内容：（1）本发明要解决的技术问题；（2）本发明的技术方案（技术方案部分至少应包含独立权利要求的所有内容）；（3）有益技术效果。

5. 附图说明

本发明共包括11幅附图：图3-17是现有技术过流保护器装置的剖面图；图3-18是现有技术过流保护器装置熔体和电极连接的示意图；图3-19是本发明第一种实施例剖视图；图3-20是本发明第一种实施例结构示意图；图3-21是本发明第一种实施例结构横截面示意图；图3-22是本发明第二种实施例剖视图；图3-23是本发明第三种实施例的结构示意图；图3-24是本发明第四种实施例的第一种结构示意图；图3-25是本发明第四种实施例的第二种结构示意图；图3-26是本发明第五种实施例的第一种结构剖视图；图3-27是本发明第五种实施例的第二种结构剖视图。

6. 具体实施方式

代理人结合发明人提交的说明书附图，详细说明本申请产品的结构、原理，并举例说明，最后完成的说明书及其附图文本如下：

抗爆保护器

技术领域

本发明属于一种保护器，特别是一种在任何状态下熔体均可以沿壳体轴线放置且不碰触管壁的抗爆性能良好的抗爆保护器。

背景技术

保护器作用在于当电路发生故障或异常时，随着电流不断升高，保护器就会在电流异常升高到一定的高度和热度时，自身熔断切断电流，从而起到保护电路安全运行的作用。

但是现有的保护器装置的设计方式如图3-17、图3-18所示，包括一个内有空腔的壳体1-1，设置于壳体两端的电极5-1、绝缘承载体7-1、熔体2-1，其绝缘承载体7-1沿两电极5-1中心的连线方向8-1设置，熔体2-1螺旋盘绕于绝缘承载体7-1的表面，熔体2和绝缘承载体7悬空设置在壳体1-1的空腔内，熔体2-1利用焊锡6-1与两边电极5-1形成电连接，并通过两个电极5-1与外部电路连接。由于绝缘承载体7-1在通常情形下由玻璃纤维制作，在两端电极5-1安装于壳体1-1上时，存在电极产生沿方向8-1朝着整个保护器中心方向的压力将绝缘承载体压弯的现象，进而带动熔体在垂直于方向8-1的方向上产生一定偏移，从而碰触壳体内壁。而熔体碰触壳体内壁后散热能力增强，不能短时间内积聚大量热量，熔断时间大幅增加，导致过流保护器装置不能在规定的时间内产生熔断动作，造成危险。此外，在分断测试中熔体产生巨大爆炸冲击力，没有空气的缓冲，熔体容易直接把贴近的壳体内壁炸碎，影响保护器的抗爆能力。

发明内容

本发明的目的在于提供一种抗爆保护器装置，该装置使得熔体可以在任何状况下近乎置中地放置于壳体内，不贴近壳体内壁。

实现本发明目的的技术解决方案为：

本发明涉及的抗爆保护器，包括壳体、电极、连接电极的熔体，所述熔体至少有一部分设置在所述壳体内；还包括若干支撑体，所述支撑体承载熔体使熔体与壳体内壁具有一定距离。

采用上述抗爆保护器，所述若干支撑体设置方式为 A、B、C 中的至少一种：

A　支撑体沿垂直于两电极的中心连线的方向设置；

B　支撑体与两电极的中心连线间存在夹角；

C　支撑体弯折，每一部分或每一部分的延伸与两电极的中心连线间存在夹角。

采用上述抗爆保护器，所述支撑体若为玻璃纤维束，玻璃纤维束的设置方式为 D、E、F 中的至少一种：

D　至少有一根玻璃纤维沿垂直于两电极的中心连线的方向设置；

E　每一玻璃纤维方向与两端电极中心连线呈 30°～150° 角且不等于 90°；

F　玻璃纤维弯折，每一部分或每一部分的延伸与两电极的中心连线间存在夹角。

作为本发明的一种实施例，熔体由 2 根以上的电阻丝螺旋盘绕而成，支撑体穿过螺旋盘绕的电阻丝之间的缝隙，其中支撑体沿壳体径向设置，熔体沿支撑体的周向缠绕于支撑体上。

作为本发明的另一种实施例，所述熔体沿支撑体的周向缠绕于支撑体上。

作为本发明的另一种实施例，支撑体点胶于熔体上。

本发明与现有技术相比，具有以下优点：（1）沿壳体径向设置若干支撑体，支撑体对熔体的支撑力可以分散于熔体的各个位置，不易造成熔体被外力压弯的现象；（2）支撑体沿壳体不同径向设置，在不同方向上为熔体提供支撑力，熔体在任何状态下均可以近乎置中地放置于壳体内；（3）支撑体的设置使熔体在壳体空腔内处于两个电极中心线（一般也是空腔的中心轴线）附近，熔体各个部分与壳体内壁之间的距离均匀，不碰触或靠近内壁，这样熔断时间非常均匀，也不会影响保护器的分断能力，抗爆性能高；（4）由于现有技术的支撑体沿壳体轴向设置，若为玻璃纤维束，其长度和经度均会很大，采用本发明涉及的装置，由于将支撑力分散于熔体的不同位置,支撑体经度和长度均会减小,节约成本。

下面结合说明书附图对本发明做进一步描述。

附图说明

图3-17是现有技术过流保护器装置的剖面图。

图3-18是现有技术过流保护器装置熔体和电极连接的示意图。

图3-19是本发明第一种实施例剖视图。

图3-20是本发明第一种实施例结构示意图。

图3-21是本发明第一种实施例结构横截面示意图。

图3-22是本发明第二种实施例剖视图。

图3-23是本发明第三种实施例的结构示意图。

图3-24是本发明第四种实施例的第一种结构示意图。

图3-25是本发明第四种实施例的第二种结构示意图。

图3-26是本发明第五种实施例的第一种结构剖视图。

图3-27是本发明第五种实施例的第二种结构剖视图。

1-壳体,2-熔体,3-支撑体,4-灭弧功能相,2a-第一根电阻丝,2b-第二根电阻丝,5-电极,6-焊锡,8-两边电极中心连线方向,9-点A处垂直于壳体内壁的方向,A-壳体内壁上的某个点。

具体实施方式

抗爆保护器装置,包括壳体1、电极5、熔体2。所述壳体1由陶瓷材料或热塑性树脂、热固性树脂组成,可以避免破裂,具有良好的机械强度、绝缘性、耐热性和阻燃性,在使用中不易产生断裂、变形、燃烧及短路等现象。所述电极5为2个,分别设置于壳体1两端,熔体2置于两端电极5之间,并通过焊锡连接或者机械连接与两端电极5形成电连接,并且将熔体与外部电路连接。所述电极具有良好的导电性,且不产生明显的安装接触电阻。熔体2可为丝状、带状、条状的保险丝元件,包含低熔点金属或具有低于450℃的低熔点的合金,举例来说,至少为锡(Sn)、银(Ag)、锑(Sb)、铟(In)、铋(Bi)、铝(Al)、锌(Zn)、铜(Cu)及镍(Ni)的其中一种,但本发明的实施例并不限于此。

壳体1内具有空腔，熔体2的一部分悬空设置在空腔中。壳体1的外形一般为长方体或圆柱体，壳体内的空腔一般为长方体、圆柱体或者椭球体，壳体1两边电极5的中心的连接线8一般与壳体外形长度方向的轴线以及壳体中空腔长度方向的轴线相平行或者相重合。下面描述中使用的词语"轴向"是指两边电极中心的连接线8所平行的方向，与之垂直的方向称为"径向"。壳体的"内径"是指壳体中空腔某个径向的宽度的最小值，例如，壳体内的空腔为圆柱体，圆柱体的轴与两电极中心的连接线平行，则壳体的内径即为圆柱体空腔的直径；若壳体内的空腔为长方体，且长方体在径向上的截面为正方形，长方体的长轴与两电极中心的连接线平行，则壳体的内径即为正方形的边长；若壳体内的空腔为其他形状，则内径是指壳体中空腔沿轴向的某个部位的径向上的截面的最小宽度。

本发明考虑到现有过流保护器装置的电极在安装时，由于旋转、两端加压等安装方式产生沿轴向向整个保护器中心的压力，容易将两端电极之间的熔体压弯，从而造成熔体与壳体内壁接触的现象，影响熔体熔断性能和分断性能。因此，本发明所提供的抗爆保护器装置除上述部件外，还包括支撑体3，所述支撑体3会在垂直于壳体1内壁的方向给熔体2提供支撑力，目的是承载熔体2使得当熔体2悬空于壳体1内的空腔中时，熔体2与壳体1内壁之间具有均匀的间隙，熔体2在壳体1内始终保持近似置中地放置，可防止因电极安装时沿轴向的压力致使熔体2弯曲与壳体1内壁接触。

因此，所述若干支撑体设置方式为A、B、C中的至少一种：

A 支撑体沿垂直于两电极的中心连线的方向设置；

B 支撑体与两电极的中心连线间存在夹角；

C 支撑体弯折，每一部分或每一部分的延伸与两电极的中心连线间存在夹角。

支撑体若为玻璃纤维束，玻璃纤维束的设置方式为D、E、F中的至少一种：

D 至少有一根玻璃纤维沿垂直于两电极的中心连线的方向设置；

E 每一玻璃纤维方向与两端电极中心连线呈 30°~150°角且不等于 90°；

F 玻璃纤维弯折，每一部分或每一部分的延伸与两电极的中心连线间存在夹角。

为了实现上述功能，本发明列举以下实施例进行说明。

实施例 1

本实施例的熔体 2 由 2 根以上的电阻丝螺旋盘绕而成，所述支撑体 3 穿过螺旋盘绕的电阻丝之间的缝隙。如图 3-19 和图 3-20 所示，以 2 根电阻丝为例，其呈麻花状盘绕而成熔体 2，电阻丝 2a 和 2b 的两端接于电极 5 并与之通过焊锡 6 形成电连接，电阻丝 2a 和 2b 可以为同一种材料，也可为不同材料，根据保护器使用的电路中的熔断时间等要求来选择。由于盘绕过程中两根电阻丝之间必然形成间隙，该间隙为支撑体 3 所穿过。

为了使得支撑体 3 能够牢固地设置于两根电阻丝之间，在制作该抗爆保护器装置时，先放置电阻丝 2a，于电阻丝 2a 上方按照一定间距均匀放置若干支撑体 3，支撑体 3 与 2a 垂直，于支撑体 3 上方放置电阻丝 2b，2b 与 2a 平行，从两根电阻丝一端做圆周运动使得电阻呈成麻花状螺旋盘绕，同时支撑体 3 被两根电阻丝夹紧固定于熔体 2 的间隙内。

使用时，熔体 2 与支撑体 3 的组合置于壳体 1 一端管口处，放置于壳体 1 内的空腔的轴向相同的方向，切刀切断固定长度的熔体 2，松开熔体 2 使熔体滑落入壳体 1 中，由于支撑体 3 的存在，使得熔体 2 不会与壳体 1 内壁接触。之后在壳体 1 的两端安装电极 5，并使两边电极 5 与中间的熔体 2 形成电连接。

基于此实施例所述的抗爆保护器装置，为了方便熔体 2 和支撑体 3 组合滑落于壳体 1 中，支撑体 3 的长度不大于壳体 1 的内径。但是支撑体 3 的长度不可过小（过小存在在压力的作用下熔体 2 接触管壁的现象），通常取值为 0.5~1 倍壳体 1 内径，但是根据熔体 2 的长度，支撑体 3 的长度也在变化，只要是满足存在电极作用的轴向压力时不使熔体 2 与壳体接触的支撑体 3 的长度均应当落入本实施例的公开范围中。

基于此实施例所述的抗爆保护器装置，为了满足熔体 2 更好的置中性，若干支撑体 3 应当沿壳体 1 不同径向设置，如图 3-21 所示，横截面示意图中示出的 5 根支撑体 3 对熔体 2 起到了支撑的作用。且由于支撑体 3 所穿过的熔体位置不同，因此熔体 2 与支撑体 3 的所有接触点所受到的支撑力的方向不同，使得电极安装于壳体 1 上产生的轴向压力更难压迫熔体 2 弯曲。越多的支撑体 3 可以做到对熔体 2 的 360°支撑，但是并非沿熔体长度紧密的设置支撑体 3，只要满足熔体 2 不接触壳体 1 内壁的数量和间距设置即可。

此外，只要在支撑体 3 与壳体 1 内壁接触时可以为熔体 2 提供垂直于所述壳体内壁的支撑力即可，支撑体在设置时并非需要沿垂直于两电极的中心连线的方向设置，其可以与两电极的中心连线之间存在一夹角，该夹角不宜过小，避免沿垂直于内壁的支撑力不足以防止熔体 2 接触壳体 1 内壁，夹角可以为 30°~90°。

基于此实施例所述的抗爆保护器装置，与现有技术相比，由现有技术中绝缘承载体 7 沿壳体 1 轴向设置改为支撑体 3 沿壳体 1 径向设置，除了可以起到对熔体 2 的支撑作用，还降低了成本。以支撑体 3 为玻璃纤维线为例，沿轴向设置的玻璃纤维线的直径大，且熔体缠绕于玻璃纤维线上的长度长，而使用本实施例的保险装置，由于支撑体 3 的数量多，制作支撑体 3 的玻璃纤维线的直径小于现有技术，不仅得到均匀的熔断特性、提高了抗爆性能，还降低了成本。

结合图 3-21，在壳体 1 的内部可以设置气体、液体、固体等材料的灭弧功能相 4，或者在壳体 1 内进行抽真空处理，可以满足更高的电流电压环境要求。所述灭弧功能相 4 为灭弧材料。

本实施例虽然以 2 根电阻丝缠绕为例，但是 3 根及以上的电阻丝拧成麻花状依然可以实现本实施例的功能，在置入支撑体 3 时，可以随机地放置于两根电阻丝之间的间隙中。

实施例 2

如图 3-22 所示，与实施例 1 不同的是本实施例中的支撑体 3 是一束玻璃纤维线，2 根电阻丝成麻花状螺旋盘绕，支撑体 3 被 2 根电阻丝夹紧固定于熔体2的间隙内时，多根玻璃纤维线之间产生一定的角度，它们与轴向之间的角度不同，但至少有一根玻璃纤维是沿垂直于两电极的中心连线的方向设置，其余玻璃纤维与轴向间的夹角可以为30°~150°，在实际使用中这样的支撑体3依然可以为熔体2提供径向的支撑力，达到使熔体2与壳体1内壁具有一定距离的效果。

同实施例1相同，只要在玻璃纤维束与壳体1内壁接触时为熔体2提供垂直于所述壳体内壁的支撑力，玻璃纤维在设置时并非均需要沿垂直于两电极的中心连线的方向设置，其可以与两电极的中心连线之间存在一夹角，该夹角不宜过小，避免沿垂直于内壁的支撑力不足以防止熔体2接触壳体1内壁，夹角可以为30°~150°。

实施例3

不同于实施例1，如图3-23所示，本实施例的支撑体3并未穿过熔体2，而是对于沿径向设置的支撑体3，熔体2沿支撑体3的周向进行缠绕。此实施例不仅适用于熔体2仅为一根电阻丝的情形，也适用于多根电阻丝成束或实施例1中若干电阻丝缠绕形成熔体的情形。

基于此实施例所述的抗爆保护器装置，使用时，为了方便熔体2和支撑体3组合滑落于壳体1中，支撑体3的长度要不大于壳体1的内径。但是支撑体3的长度不可过小（过小存在在压力的作用下熔体2接触管壁的现象），通常取值为0.5~1倍壳体1内径，但是根据熔体2的长度，支撑体3的长度也在变化，只要支撑体3的长度满足当电极作用的轴向压力不使熔体2与壳体接触的技术方案均应当落入本实施例的公开范围中。

基于此实施例所述的抗爆保护器装置，为了使得熔体2不脱离支撑体3，可以将支撑体3设计成中间直径小于两端直径的结构，图3-23所示的是一种设计方法，支撑体3结构类似于腰鼓形状，从两端至中间支撑体3的内径逐渐变小使得支撑体3表面呈现弧形。但是例如阶梯状等可以实现上述内径要求的结构要落入本实施例的公开范围中。

基于此实施例所述的抗爆保护器装置，为了满足熔体2更好的置中性，若干支撑体3应当沿壳体1不同径向设置，如图3-23所示，图中仅示出了2个支撑体3处于不同的径向设置，对熔体2在两个方向上起到了支撑的作用，且由于支撑体3所穿过的熔体位置不同，因此熔体2与支撑体3的所有接触点所受到的支撑力的方向不同，使得电极安装于壳体1上产生的轴向压力更难压迫熔体2弯曲。越多的支撑体3可以做到对熔体2的360°支撑，但是并非沿熔体长度紧密的设置支撑体3，只要满足熔体2不接触壳体1内壁的数量和间距设置即可。

此外，只要在支撑体3与壳体1内壁接触时可以为熔体2提供垂直于所述壳体内壁的支撑力即可，支撑体在设置时并非需要沿垂直于两电极的中心连线的方向设置，其可以与两电极的中心连线之间存在一夹角，该夹角不宜过小，避免沿垂直于内壁的支撑力不足以防止熔体2接触壳体1内壁，夹角可以为30°~90°。

同理，当支撑体3为玻璃纤维束时，多根玻璃纤维线之间产生一定的角度，它们与轴向之间的角度不同，但至少有一根玻璃纤维是沿垂直于两电极的中心连线的方向设置，其余玻璃纤维与轴向间的夹角可以为30°~150°。在实际使用中这样的支撑体3依然可以为熔体2提供径向的支撑力，达到使熔体2与壳体1内壁具有一定距离的效果。

此外，只要在玻璃纤维束与壳体1内壁接触时可以为熔体2提供垂直于所述壳体内壁的支撑力即可，玻璃纤维在设置时并非均需要沿垂直于两电极的中心连线的方向设置，其可以与两电极的中心连线之间存在一夹角，该夹角不宜过小，避免沿垂直于内壁的支撑力不足以防止熔体2接触壳体1内壁，夹角可以为30°~150°。

与实施例1相同，在壳体1的内部可以设置气体、液体、固体等材料的灭弧功能相4，或者在壳体1内进行抽真空处理，以满足更高的电流电压环境要求。

实施例4

本实施例采用点胶的技术将支撑体3固定于熔体2的外壁上，可以适用于任意沿壳体1轴向设置的熔体2。本实施例的工艺技术并不限制于点胶，只要可以将支撑体3固定于熔体2外壁上的技术都受到本发明的保护，例如将支撑体夹紧于熔体2上。

如图3-24和图3-25所示，本实施例的支撑体3在点胶时可以以熔体2为对称轴对称点胶（见图3-24），也可以不对称点胶（见图3-25）。基于图3-24，为了方便熔体2和支撑体3组合滑落于壳体1中，对称的支撑体3的长度加熔体2的直径要不大于壳体1的内径，但是该长度不可过小（过小存在在压力的作用下熔体2接触管壁的现象），通常取值为0.5~1倍壳体1内径，但是根据熔体2的长度，支撑体3的长度也在变化，只要是满足存在电极作用的轴向压力时不使熔体2与壳体接触的支撑体3的长度均应当落入本发明的公开范围。而对于图3-25，支撑体3长度加熔体2半径的取值通常为0.2~0.5倍壳体1内径。

基于此实施例所述的抗爆保护器装置，为了满足熔体2更好的置中性，若干支撑体3应当沿壳体1不同径向设置，如图3-24给出的6个支撑体3设置的方式，以及图3-25给出的3个支撑体3的设计方式，分别对熔体2在不同的方向上起到支撑的作用，且由于支撑体3所穿过的熔体位置不同，因此，熔体2与支撑体3的所有接触点所受到的支撑力的方向不同，使得电极安装于壳体1上产生的轴向压力更难压迫熔体2弯曲。越多的支撑体3可以做到对熔体2的360°支撑。但是并非沿熔体长度紧密的设置支撑体3，只要满足熔体2不接触壳体1内壁的数量和间距设置即可。但是图3-25的设计在实际使用过程中相邻支撑体3之间沿熔体2方向的距离应当短于图3-24所示的设计。

此外，只要在支撑体3与壳体1内壁接触时可以为熔体2提供垂直于所述壳体内壁的支撑力即可，支撑体在设置时并非需要沿垂直于两电极的中心连线的方向设置，其可以与两电极的中心连线之间存在一夹角，该夹角不宜过小，避免沿垂直于内壁的支撑力不足以防止熔体2接触壳体1内壁，夹角可以为30°~90°。

同理，当支撑体3为玻璃纤维束时，多根玻璃纤维线之间产生一定的角度，它们与轴向之间的角度不同，但至少有一根玻璃纤维是沿垂直于两电极的中心连线的方向设置，其余玻璃纤维与轴向间的夹角可以为30°~

150°，在实际使用中这样的支撑体3依然可以为熔体2提供径向的支撑力，达到使熔体2与壳体1内壁具有一定距离的效果。

此外，只要在玻璃纤维束与壳体1内壁接触时可以为熔体2提供垂直于所述壳体内壁的支撑力，玻璃纤维在设置时并非均需要沿垂直于两电极的中心连线的方向设置，其可以与两电极的中心连线之间存在一夹角，该夹角不宜过小，避免沿垂直于内壁的支撑力不足以防止熔体2接触壳体1内壁，夹角可以为30°~150°。

与上述两个实施例相同，在壳体1的内部可以设置气体、液体、固体等材料的灭弧功能相4，或者在壳体1内进行抽真空处理，以满足更高的电流电压环境要求。

实施例5

本实施例中壳体1为上下两个碗状基板黏合在一起形成，电极设置在壳体两端（未示出），壳体1内的空腔为椭球体，熔体2和支撑体3的组合方式与上述4个实施例中一样，熔体2的一部分悬空设置在壳体1的空腔内，熔体2在空腔内的部分设置支撑体3。本实施例中由于壳体1内的空腔轴向的各个不同方位内径不同，支撑体3的设置可以如图3-26所示，根据各方位的内径去设置支撑体3的长度，使支撑体3处于径向的方向，且长度为0.5~1倍壳体1在此处的内径，也就是沿轴向从电极往保护器中心方向，支撑体3长度越来越长。也可以如图3-27所示，支撑体3长度设置为空腔中最大的一个内径的0.5~1倍，所有支撑体3为同一个长度，如此设置的支撑体3在壳体1上下两块基板贴合后被压弯，但依然可以为熔体提供垂直于壳体内壁的支撑力，例如图3-27中壳体1内壁上的点A，弯曲的支撑体3为熔体2提供了垂直于点A处内壁的方向9的支撑力，使熔体2不会贴近内壁上的点A，达到本发明的技术效果。

图3-26、图3-27中所示为支撑体3为同一个方向平行的情况，实际上在本实施例中支撑体3应沿着径向360°设置，且每个支撑体3在熔体两边对称设置的效果达到最佳。

同理，当支撑体3为玻璃纤维束时，多根玻璃纤维线之间产生一定的角度,它们与轴向之间的角度不同,但至少有一根玻璃纤维是沿垂直于两电极的中心连线的方向设置,其余玻璃纤维与轴向间的夹角可以为30°~150°,在实际使用中这样的支撑体3依然可以为熔体2提供径向的支撑力,达到使熔体2与壳体1内壁具有一定距离的效果。

此外,只要在玻璃纤维束与壳体1内壁接触时可以为熔体2提供垂直于所述壳体内壁的支撑力即可,玻璃纤维在设置时并非均需要沿垂直于两电极的中心连线的方向设置,其可以与两电极的中心连线之间存在一夹角,该夹角不宜过小,避免沿垂直于内壁的支撑力不足以防止熔体2接触壳体1内壁,夹角可以为30°~150°。

此外,若玻璃纤维被压弯,每一部分或每一部分的延伸与两电极的中心连线间存在夹角也能实现本发明的技术效果。

与上述实施例相同,在壳体1的内部可以设置气体、液体、固体等材料的灭弧功能相4,或者在壳体1内进行抽真空处理,以满足更高的电流电压环境要求。

虽然本发明较佳实施例已为说明目的而被揭露,在不违背本发明在权利要求书中所揭露的范围及精神的前提下,本领域技术人员将可知悉各种修改、增加及减少都是有可能的。

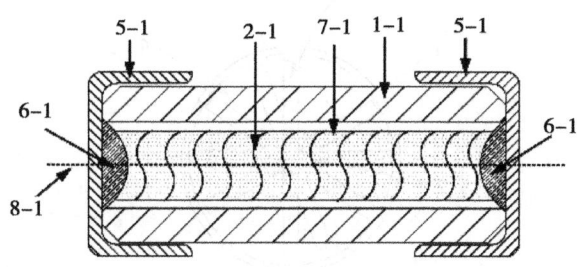

图 3-17

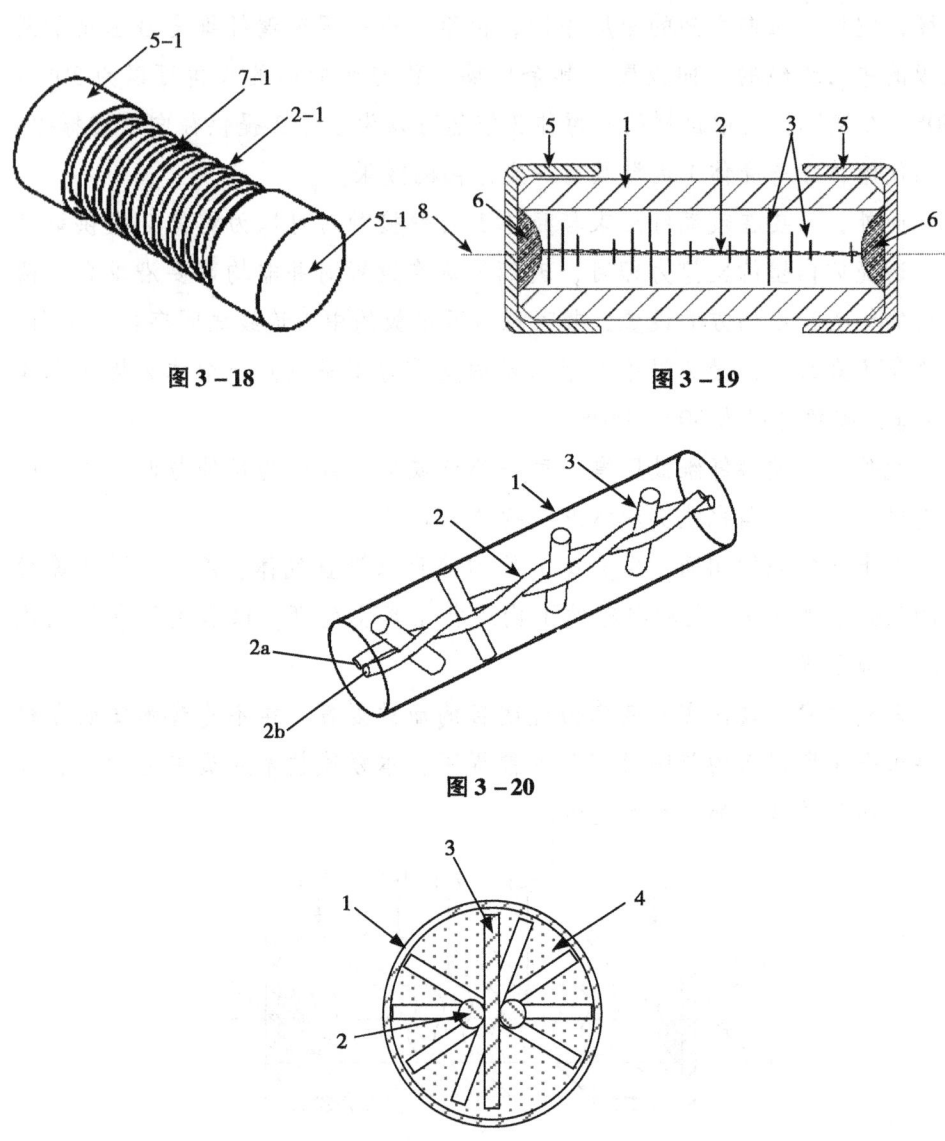

图 3-18

图 3-19

图 3-20

图 3-21

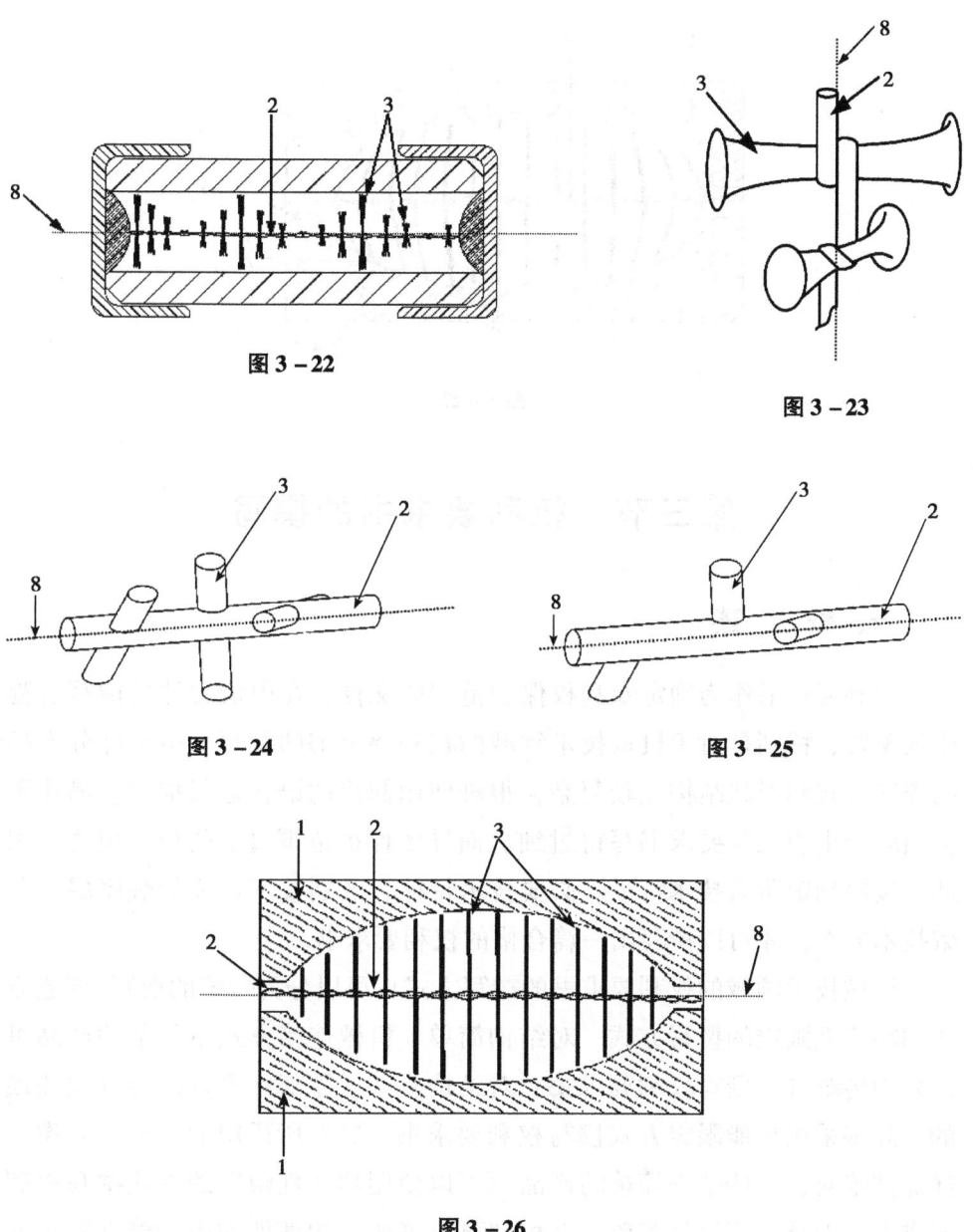

图 3-22

图 3-23

图 3-24

图 3-25

图 3-26

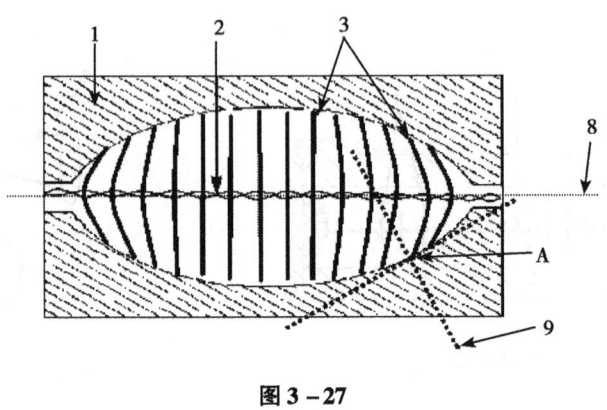

图 3-27

第三节 权利要求书的撰写

一、概　述

权利要求书作为确定专利权保护范围的文件，在申请文件的撰写过程中最重要，特别是对于机械技术领域的权利要求书的撰写，由于部分产品的连接方式和形状结构比较复杂，很难使用简短的语言进行描述，描述不恰当就会出现权利要求书写得过细从而导致保护范围过窄的情形出现。因此，按照确定所有技术特征、必要技术特征、区别技术特征的顺序层层分解技术方案，才可以撰写出一篇合格的权利要求书。

机械技术领域的权利要求书的撰写方式也可以分为传统的撰写/描述方式和功能性限定的撰写方式。对结构简单、机械连接方式不复杂的产品可以采用传统方式撰写权利要求书；对结构复杂、零部件多且连接方式烦琐的产品多采用功能限定方式撰写权利要求书。二者所适用的对象并非像上述那样绝对，有些结构简单的产品也可以使用功能性限定的方式撰写权利要求书。但是，要尽量避免一个权利要求书所有的部件均用功能性限定的方式撰写，这样很可能造成创造性不足的后果。

二、采用传统方式撰写权利要求书

采用传统方式撰写权利要求书时,对形状结构、连接方式等要点描述,应做到清楚、完整的同时不能写得过于具体。例如,旋转轴通过轴承组件与仓壁连接,而轴承组件包括转动轴承、轴承套等小部件,在撰写权利要求书时就无须将所有部件全部列明,只需要写到旋转轴与仓壁转动连接即可。至于采用哪种转动连接的方式在说明书中再进行描述。再如,一个活塞,包括活塞的壳体,该壳体的形状不规则,除了进气端和出气端的形状需要设置成与其他瓶体连接端口相配合的形状外,其他部分的形状并不影响壳体承载内部零件的作用。因此,在权利要求中没有必要对壳体展开详细描述。下面以"钢绞线夹片锚附加锚固装置、张拉工具和安装方法"为例进行说明。

由于前文说明书撰写部分已经介绍了代理人与发明人详细的沟通过程,因此,这里直接开始技术特征的提炼。

(一)对锚固装置所涉及技术特征的分析及权利要求书的撰写

1. 确定锚固装置的所有技术特征

通过分析可知,锚固装置涉及以下技术特征:

(1)锚固装置包括一次锚、二次锚;

(2)一次锚包括一次锚锚环 1 和一次锚夹片 2;

(3)一次锚锚环 1 内沿轴向方向设置若干个锚孔;

(4)一次锚锚环 1 的锚孔分为靠近前端面的进线腔和靠近后端面的夹片腔,且进线腔为圆柱形,夹片腔呈圆台形;

(5)一次锚夹片 2 分为左右两半且组合形成一圆台形,斜度与一次锚锚环 1 夹片腔的斜度相同;

(6)一次锚夹片 2 沿中轴线设置一个夹片孔,夹片孔的内壁上设有牙形锯齿;

(7)二次锚包含二次锚锚环 6 和二次锚夹片 7;

(8)二次锚锚环 6 呈圆柱形,其直径小于一次锚锚环 1 径向直径,其轴向高度大于露在普通一次锚外面的钢绞线的长度；

（9）二次锚锚环 6 前端面边缘设置倾角 β；

（10）二次锚锚环 6 后端面设置有凹槽 6-1；

（11）凹槽 6-1 内沿轴向方向设有二次锚锚孔 6-2，二次锚锚孔 6-2 的数量与一次锚锚环 1 的锚孔数量相同，二次锚锚孔 6-2 的位置与一次锚锚环 1 的锚孔的位置相对应；

（12）二次锚锚孔 6-2 分为靠近二次锚锚环前端面的第二进线腔 6-3 和靠近二次锚锚环后端面的第二夹片腔 6-4 且第二进线腔 6-3 为圆柱形且第二夹片腔 6-4 呈圆台形；

（13）二次锚锚孔 6-2 轴向高度略大于露在普通一次锚外的钢绞线长度；

（14）二次次锚夹片 7 分为左右两半且组合形成一圆台形，斜度与二次锚锚环 6 的第二夹片腔的斜度相同，其轴向高度与二次锚锚孔 6-2 的轴向高度相同；

（15）二次锚夹片 7 沿中轴线设置一个第二夹片孔 7-1，第二夹片孔 7-1 的内径小于钢绞线的外径，第二夹片孔 7-1 的内壁上设有牙形锯齿；

（16）二次锚的夹片孔中的牙形锯齿采用的牙距为 1mm 的细牙锯齿。

2. 确定锚固装置的必要技术特征

根据所要解决的技术问题，确定锚固装置的一次锚、二次锚均为必要技术特征，但是并非每一部件的所有结构均为必不可少的结构，下面逐一分析上述 16 个技术特征。

对于特征（1），锚固装置的构成为必要技术特征；

对于特征（2）~（6），为一次锚的结构，缺少任意一特征一次锚便不能实现其夹紧钢绞线的作用，因此，全部为必要技术特征；

对于特征（7）、（8）、(10)、(11)、(12)、(14)、(15)，为二次锚的结构，缺少任意一特征二次锚便不能实现其夹紧钢绞线的作用。特别是本申请解决技术问题的一个必要技术手段是在露出较短钢绞线的情形下安装附加锚固装置，因此，关于技术特征（10）、（11）更是必不可少；全部为必要技术特征；

对于特征（9），倾角的设置，其目的和复位环板倾角的作用相似，也是为了安装方便，缺少后并不影响二次锚的作用，因此，不是必要技术特征；

对于特征（13），钢绞线露出二次锚锚孔的长度并不影响二次锚的紧固作用，只是在实际操作中的一种较优选择；

对于特征（16），二次锚的夹片孔中的牙形锯齿形状可以提升紧固钢绞线的能力，不是必要技术特征。

3. 确定锚固装置的区别技术特征

一次锚的结构与现有技术并无不同，本申请的技术方案与现有技术区别在于两点：（1）一次锚和二次锚的共同组合现有技术并无相关介绍。（2）二次锚与一次锚相比增加了后端面凹槽。

4. 完成锚固装置独立权利要求的撰写

在撰写机械技术领域的权利要求书时，一般沿附图中的某一方向来进行撰写，该方向可以为从上至下，也可以为从左至右，还可以为从中间向四周，具体为选择一个零部件作为基准点进行描述，再选择与该基准点零部件相连接的其他零部件进行描述，再选择与上一零部件相连的零部件进行描述，以此类推。另外，在撰写权利要求时，尽量做到技术特征间的分段撰写，这样的撰写方式更为直观和清晰。本申请锚固装置的独立权利要求书的内容如下：

一种钢绞线夹片锚附加锚固装置，其特征在于，该装置由一次锚和二次锚组合形成；

一次锚和二次锚均包括锚环和锚夹片，其中二次锚锚环（6）后端面设置有凹槽（6-1）；

所述锚环均沿轴向设置数量相同且位置对应的锚孔且锚孔靠近锚环前端面的部分设置为圆台形；

锚夹片设置为与锚孔圆台形部分匹配的圆台形且分为对称设置的左右两部分；

锚夹片沿轴向设置夹片孔且夹片孔的内壁上设置牙形锯齿。

5. 完成锚固装置从属权利要求的撰写

代理人可以将非必要技术特征进行分类，从重要程度上或功能结构等方面考虑哪些技术特征需要写入从属权利要求，以及这些从属权利要求的先后排布顺序。就本申请而言，对于一次锚和二次锚的具体结构，由于二者属于较常见的结构，因此没有必要在从属权利要求进一步展开描述，但是二次锚中的倾角由于有特殊的作用，需要写入从属权利要求。发明人还着重提及二次锚的夹片孔中的牙形锯齿采用的牙距为 1mm 的细牙锯齿，这样可以有效地防止钢绞线的脱落，因此，也写进从属权利要求。上述特征（13）无须放进从属权利要求中描述，在说明书中作为实施例撰写即可。从属权利要求如下：

二次锚锚环（6）前端面边缘设置倾角 β。

二次锚夹片（7）的第二夹片孔（7-1）中的牙形锯齿为牙距为 1mm 的细牙锯齿。

（二）对张拉工具所涉及技术特征的分析及权利要求书的撰写

1. 确定张拉工具的所有技术特征

通过分析可知，张拉工具包括以下技术特征：

（1）张拉工具包括张拉承压环板 3、斜销 5、反力架 8、张拉套筒 9、千斤顶承压板 10、张拉钢棒 11、张拉千斤顶 12；

（2）张拉承压环板 3 设有前端面和后端面，后端面设有凸台 3-4，凸台 3-4 的作用在于固定设置于张拉承压环板 3 前端面的反力架 8；

（3）张拉承压环板 3 内设有圆柱形的第一通孔 3-1，第一通孔 3-1 内壁上设有凸起将第一通孔 3-1 分为靠近后端面的一次锚腔 3-2 和靠近前端面的二次锚腔 3-3 且凸起处的内径小于复位环板 4 的外径；

（4）一次锚腔 3-2 的内径与一次锚锚环 1 外径相同，二次锚腔 3-3 内径大于二次锚锚环 6 外径相同；

（5）在张拉承压环板 3 的前端面沿第一通孔 3-1 的径向方向设置至少

一对斜销槽 3-5,每对斜销槽 3-5 关于第一通孔 3-1 中轴线对称,斜销槽 3-5 的深度不能超过第一通孔 3-1 内壁凸起的位置;

(6) 复位环板 4 呈圆柱形,复位环板 4 直径小于一次锚锚环 1 直径;

(7) 复位环板 4 设有靠近一次锚的前端面和靠近二次锚的后端面且复位环板 4 前端面边缘设置一倾角 α;

(8) 复位环板 4 上设置圆柱形复位孔 4-1 且复位孔 4-1 的数量与一次锚锚环 1 的锚孔数量相同且复位孔 4-1 的位置与锚孔的位置相对应;

(9) 复位孔呈圆柱形,其内径大于钢绞线的外径;

(10) 斜销 5 呈棒状,前端设有倾角 γ,且 $\gamma=\alpha$,斜销 5 厚度小于斜销槽 3-5 的深度,斜销的数量等于斜销槽的数量,斜销 5 穿过斜销槽 3-5 将复位板顶紧于一次锚夹片;

(11) 反力架 8 内设圆柱形第二通孔 8-1,第二通孔 8-1 内径等于张拉承压环板 3 凸台的外径,反力架 8 一端设置于张拉承压环板 3 的后端面且卡在张拉承压环板 3 的凸台外侧;

(12) 张拉套筒 9 呈圆柱体,在远离二次锚前端底面设有第二凸台,便于安装张拉过程中千斤顶承压板 10 受力所用;

(13) 张拉套筒 9 内设第三通道 9-1,第三通道 9-1 内壁上设有退刀槽 9-2,退刀槽 9-2 将第三通道 9-1 分为张拉腔 9-3 和第二二次锚腔 9-4,第二二次锚腔 9-4 内径与二次锚锚环 6 外径相同,第二二次锚腔 9-4 内壁设有螺纹;张拉腔 9-3 的内径小于第二二次锚腔 9-4 内径,张拉腔 9-3 内壁上设有螺纹,张拉套筒 9 插入反力架 8 的第二通孔 8-1 并于二次锚锚环 6 螺纹连接;

(14) 张拉钢棒 11 包括钢棒 11-1 和螺母 11-2,钢棒 11-1 的直径小于尾部螺母 11-2 的直径,头部钢棒 11-1 侧面设有螺纹,张拉钢棒头部通过张拉腔 9-3 内壁螺纹与张拉套筒 9 螺纹连接;螺母 11-2 可以旋入及推入,适应张拉千斤顶 12 的安装和张拉过程中作为千斤顶的反力点带动张拉钢棒 11 张拉;

(15) 千斤顶承压板 10 盖在反力架 8 另一端,其设有第三通孔 10-1,

第三通孔 10-1 的内径大于钢棒 11-1 的外径。

（16）张拉千斤顶 12 为普通千斤顶，安装于张拉钢棒 11 露在第二通孔 8-1 和第三通孔 10-1 以外的钢棒 11-1 上。

2. 确定张拉工具的必要技术特征

上述 16 个特征基本上全部为必要技术特征，但是在撰写权利要求书时，不可能将所有的技术特征详细地进行描述，需要做概括处理。

3. 确定张拉工具的区别技术特征

张拉工具并未出现于现有技术中，是一个全新辅助性工具，因此，所有的技术特征均为区别技术特征。经过检索发现确实没有现有技术公开上述张拉工具。

4. 完成张拉工具独立权利要求的撰写

由于现有技术未公开相关的张拉工具，因此，在张拉工具的独立权利要求书的撰写上可以将保护范围适当放大。具体如下：

一种专用于钢绞线夹片锚附加锚固装置的张拉工具，其特征在于，包括张拉承压环板（3）、复位环板（4）、斜销（5）、反力架（8）、张拉套筒（9）、千斤顶承压板（10）、张拉钢棒（11）、张拉千斤顶（12）；其中：张拉承压环板（3）沿轴向设置第一通孔（3-1）；

第一通孔（3-1）的内径与一次锚锚环（1）外径相同且大于二次锚锚环（6）外径；

张拉承压环板（3）的后端面沿第一通孔（3-1）的径向方向设置至少一对沿张拉承压环板（3）轴线对称的斜销槽（3-5）；

复位环板（4）呈圆柱形且其直径小于一次锚锚环（1）直径，在复位环板（4）上设置复位孔（4-1）且数量与每一锚环的锚孔数量相同且位置相对应，复位环板（4）前端面边缘设置一倾角 α；

斜销（5）设置于斜销槽（3-5）中且前端设有倾角 γ，该倾角 γ 斜面紧抵于复位环板（4）前端面倾角 α 斜面；

反力架（8）设置第二通孔（8-1）且后端面固定于张拉承压环板（3）前端面；

张拉套筒（9）设置第三通道（9-1）且第三通道（9-1）内壁上设置退刀槽（9-2），退刀槽将第三通道（9-1）分为前部的张拉腔（9-3）和后部的第二二次锚腔（9-4），第二二次锚腔（9-4）与二次锚锚环（6）外壁固定连接且第二二次锚腔（9-4）外壁与反力架（8）的第二通孔（8-1）内壁零间隙配合；

张拉钢棒（11）包括钢棒（11-1）和螺母（11-2），钢棒（11-1）后端与张拉腔（9-3）内壁固定连接，螺母（11-2）与钢棒（11-1）前端螺纹连接；

千斤顶承压板（10）设置于反力架（8）前端且设置第三通孔（10-1）且该第三通孔（10-1）套在钢棒（11-1）外；

张拉千斤顶（12）安装于钢棒（11-1）上。

5. 完成张拉工具从属权利要求的撰写

上文分析到，本发明的张拉工具是一个比较新的装置，独立权利要求中并未详细说明每一零部件的结构，可以在从属权利要求将零部件的结构展开描述。具体从属权利要求如下：

张拉承压环板（3）上设置两对斜销槽，且第一对斜销槽的中心连线垂直于第二对斜销槽的中心连线。

张拉承压环板（3）还包括：设置在张拉承压环板（3）前端面设有凸台（3-4），设置于第一通孔（3-1）内壁上的凸起将第一通孔（3-1）分为靠近一次锚的一次锚腔（3-2）和靠近二次锚的二次锚腔（3-3），凸起处的内径大于二次锚锚环（6）外径。

斜销槽（3-5）的深度未超过第一通孔（3-1）内壁凸起的位置。

（三）对安装方法所涉及技术特征的分析及权利要求书的撰写

1. 确定安装方法的所有技术特征

从前述说明书可知，完成本方法的技术特征为：

步骤1 清理已张拉封锚的锚固装置；

步骤 2　利用张拉工具安装锚固装置；

步骤 3　钢绞线无应力状态下夹片锚固；

步骤 4　卸除张拉工具。

清理已张拉封锚的锚固装置的具体过程为：用高压水枪冲洗一次锚夹片 2 的缝隙，剔凿缝隙中封锚用的水泥浆后烘干，外露钢绞线整切。

安装锚固装置的顺序如下：

步骤 2.1　将一次锚锚环 1 的后端面一端插入张拉承压环板 3 的一次锚腔 3-2 中；

步骤 2.2　钢绞线穿过复位环板 4 上的复位孔 4-1 后，将复位环板 4 置于一次锚锚环 1 后端面一侧；

步骤 2.3　钢绞线依次穿过二次锚锚环 6 的二次锚锚孔 6-2 和二次锚夹片 7 的第二夹片孔 7-1，二次锚夹片 7 将钢绞线夹紧后顶进第二夹片腔 6-4 内；

步骤 2.4　将反力架 8 安装于张拉承压环板 3 的后面，卡在凸台 3-4 外侧；

步骤 2.5　将张拉套筒 9 插入第二通孔 8-1 中，第二二次锚腔 9-4 内壁设有的螺纹与二次锚锚环 6 侧面的螺纹向匹配连接；

步骤 2.6　将千斤顶承压板 10 盖在反力架 8 远离张拉承压环板 3 的底面上；

步骤 2.7　将张拉钢棒穿过千斤顶承压板 10 的第三通孔 10-1，并旋入张拉套筒 9 张拉腔 9-3 中；

步骤 2.8　将张拉千斤顶 12 安装于张拉钢棒 11 露在第二通孔 8-1 和第三通孔 10-1 以外的尾部上，并旋紧螺母 11-2。

钢绞线无应力状态下夹片锚固，具体过程为：张拉千斤顶 12 的油缸进油带动张拉钢棒 11、张拉套筒 9 及二次锚锚环 6 向张拉千斤顶 12 方向运动，从而二次锚夹片 7 被动锚固；张拉过程中边张拉边敲击斜销 5 顶紧复环位板 4，防止一次锚夹片 2 从一次锚锚环 1 中过大退出，张拉就位后张拉千斤顶 12 油缸回油，利用钢绞线自动回缩带动二次锚夹片 7 向一次锚方向运动实现锚固。

卸除张拉工具的顺序为：张拉钢棒 11 的螺母 11-2 旋出，张拉千斤顶 12、千斤顶承压板 10、反力架 8 卸除，张拉套筒 9 从二次专用锚环 6 中旋出，斜销 5 从斜销槽 3-5 中拔出，张拉承压环板 3 从二次锚锚环 6 上卸下。

2. 确定安装方法的必要技术特征

代理人经过检索得知，本申请的张拉工具没有相关文献公开，可知利用该张拉工具的安装方法也应当没有相似的文献进行记载和公开。而且发明人所描述的实施手段还没有替代方案，因此，所有的技术特征均是本发明的必要技术特征。

3. 确定安装方法的区别技术特征

通过本方法的技术方案与现有技术的对比，可以发现除步骤 1 外的其余技术特征均为区别技术特征。

4. 完成安装方法的独立权利要求的撰写

方法类权利要求书的撰写方式与机械连接类权利要求书的撰写方式不同，在撰写独立权利要求书时，往往将每一步骤提炼出简单的一句话，而并非将整个流程详细地说明，详细步骤可以放在从属权利中撰写。但是这样的做法有可能出现独立权利要求书提炼过于简单，从而得不到说明书的支持。遇到这类审查意见时，可以将从属权利要求的相关内容提到独立权利要求书中，但不是全部从属权利要求补入到独立权利要求书中，而是有选择性地能够将完整的内容补入即可，做到"适可而止"。针对本申请，安装方法独立权利要求书可以描述如下。

一种采用张拉工具安装钢绞线夹片锚附加锚固装置的方法，其特征在于，包括以下步骤：

步骤 1　清理已张拉封锚的锚固装置；

步骤 2　利用张拉工具安装附加锚固装置；

步骤 3　钢绞线无应力状态下夹片锚固；

步骤 4　卸除张拉工具。

5. 完成安装方法从属权利要求的撰写

由于本方法的独立权利要求概括的范围很大，因此，在从属权利要求中应当将每一步详细说明。具体撰写如下：

步骤 1　包括以下工序：用高压水枪冲洗一次锚夹片（2）的缝隙，剔凿缝隙中封锚用的水泥浆后烘干，外露钢绞线整切。

步骤 2　的安装顺序如下：

步骤 2.1　将一次锚锚环（1）的后端面一端插入张拉承压环板（3）的一次锚腔（3-2）中；

步骤 2.2　钢绞线穿过复位环板（4）上的复位孔（4-1）后，将复位环板（4）置于一次锚锚环（1）后端面一侧；

步骤 2.3　钢绞线依次穿过二次锚锚孔（6-2）和第二夹片孔（7-1），二次锚夹片（7）将钢绞线夹紧后预顶进第二夹片腔（6-4）内；

步骤 2.4　将反力架（8）安装于张拉承压环板（3）上；

步骤 2.5　将张拉套筒（9）插入第二通孔（8-1）中并与二次锚锚环（6）侧面的螺纹旋紧；

步骤 2.6　将千斤顶承压板（10）置于反力架（8）上；

步骤 2.7　将张拉钢棒穿过千斤顶承压板（10）的第三通孔（10-1），并旋入张拉腔（9-3）中；

步骤 2.8　将张拉千斤顶（12）安装于张拉钢棒（11）上。

步骤 3　钢绞线无应力状态下夹片锚固的具体过程为：张拉千斤顶（12）油缸进油带动张拉钢棒（11）、张拉套筒（9）及二次锚锚环（6）向张拉千斤顶（12）方向运动，从而二次锚夹片（7）被动锚固；张拉过程中边张拉边敲击斜销（5）顶紧复环位板（4），张拉就位后张拉千斤顶（12）油缸回油，利用钢绞线自动回缩带动二次锚夹片（7）向一次锚方向运动实现锚固。

步骤 4　的具体过程为：张拉钢棒（11）螺母（11-2）旋出，张拉千斤顶（12）、千斤顶承压板（10）、反力架（8）卸除，张拉套筒（9）从二次专用锚环（6）中旋出，斜销（5）从斜销槽（3-5）中拔出，张拉承压环板（3）从二次锚锚环（6）上卸下。

（四）最后完成的权利要求书文本

将上述权利要求放到一起，并注意权利要求之间的引用关系，最后完成的权利要求书文本如下：

1. 一种钢绞线夹片锚附加锚固装置，其特征在于，该装置由一次锚和二次锚组合形成；

一次锚和二次锚均包括锚环和锚夹片，

其中二次锚锚环（6）后端面设置有凹槽（6-1）；

所述锚环均沿轴向设置数量相同且位置对应的锚孔且锚孔靠近锚环前端面的部分设置为圆台形，

锚夹片设置为与锚孔圆台形部分匹配的圆台形且分为对称设置的左右两部分，

锚夹片沿轴向设置夹片孔且夹片孔的内壁上设置牙形锯齿。

2. 根据权利要求1所述的锚固装置，其特征在于，二次锚锚环（6）前端面边缘设置倾角β。

3. 根据权利要求1所述的锚固装置，其特征在于，二次锚夹片（7）的第二夹片孔（7-1）中的牙形锯齿为牙距为1mm的细牙锯齿。

4. 一种专用于权利要求1~3任意一项所述的钢绞线夹片锚附加锚固装置的张拉工具，其特征在于，包括张拉承压环板（3）、复位环板（4）、斜销（5）、反力架（8）、张拉套筒（9）、千斤顶承压板（10）、张拉钢棒（11）、张拉千斤顶（12）；其中

张拉承压环板（3）沿轴向设置第一通孔（3-1），

第一通孔（3-1）的内径与一次锚锚环（1）外径相同且大于二次锚锚环（6）外径，

张拉承压环板（3）的后端面沿第一通孔（3-1）的径向方向设置至

少一对沿张拉承压环板（3）轴线对称的斜销槽（3-5）；

复位环板（4）呈圆柱形且其直径小于一次锚锚环（1）直径，

复位环板（4）上设置复位孔（4-1）且数量与每一锚环的锚孔数量相同且位置相对应，

复位环板（4）前端面边缘设置一倾角 α；

斜销（5）设置于斜销槽（3-5）中且前端设有倾角 γ，该倾角 γ 斜面紧抵于复位环板（4）前端面倾角 α 斜面；

反力架（8）设置第二通孔（8-1）且后端面固定于张拉承压环板（3）前端面；

张拉套筒（9）设置第三通道（9-1）且第三通道（9-1）内壁上设置退刀槽（9-2），

退刀槽将第三通道（9-1）分为前部的张拉腔（9-3）和后部的第二二次锚腔（9-4），

第二二次锚腔（9-4）与二次锚锚环（6）外壁固定连接且第二二次锚腔（9-4）外壁与反力架（8）的第二通孔（8-1）内壁零间隙配合；

张拉钢棒（11）包括钢棒（11-1）和螺母（11-2），

钢棒（11-1）后端与张拉腔（9-3）内壁固定连接，

螺母（11-2）与钢棒（11-1）前端螺纹连接；

千斤顶承压板（10）设置于反力架（8）前端且设置第三通孔（10-1）且该第三通孔（10-1）套在钢棒（11-1）外；

张拉千斤顶（12）安装于钢棒（11-1）上。

5. 根据权利要求 4 所述的张拉工具，其特征在于，张拉承压环板（3）上设置 2 对斜销槽，且第一对斜销槽的中心连线垂直于第二对斜销槽的中心连线。

6. 根据权利要求 4 所述的张拉工具，其特征在于，张拉承压环板（3）还包括：

设置在张拉承压环板（3）前端面设有凸台（3-4），

设置于第一通孔（3-1）内壁上的凸起，

凸起将第一通孔（3-1）分为靠近一次锚的一次锚腔（3-2）和靠近二次锚的二次锚腔（3-3），凸起处的内径大于二次锚锚环（6）外径。

7. 根据权利要求6所述的张拉工具，其特征在于，斜销槽（3-5）的深度未超过第一通孔（3-1）内壁凸起的位置。

8. 一种采用权利要求5所述的张拉工具安装钢绞线夹片锚附加锚固装置的方法，其特征在于，包括以下步骤：

步骤1　清理已张拉封锚的锚固装置；

步骤2　利用张拉工具安装附加锚固装置；

步骤3　钢绞线无应力状态下夹片锚固；

步骤4　卸除张拉工具。

9. 根据权利要求8所述的安装方法，其特征在于，步骤1包括以下工序：用高压水枪冲洗一次锚夹片（2）的缝隙，剔凿缝隙中封锚用的水泥浆后烘干，外露钢绞线整切。

10. 根据权利要求8所述的安装方法，其特征在于，步骤2的安装顺序如下：

步骤2.1　将一次锚锚环（1）的后端面一端插入张拉承压环板（3）的一次锚腔（3-2）中；

步骤2.2　钢绞线穿过复位环板（4）上的复位孔（4-1）后，将复位环板（4）置于一次锚锚环（1）后端面一侧；

步骤2.3　钢绞线依次穿过二次锚锚孔（6-2）和第二夹片孔（7-1），二次锚夹片（7）将钢绞线夹紧后预顶进第二夹片腔（6-4）内；

步骤2.4　将反力架（8）安装于张拉承压环板（3）上；

步骤2.5　将张拉套筒（9）插入第二通孔（8-1）中并与二次锚锚环（6）侧面的螺纹旋紧；

步骤2.6　将千斤顶承压板（10）置于反力架（8）上；

步骤2.7　将张拉钢棒穿过千斤顶承压板（10）的第三通孔（10-1），并旋入张拉腔（9-3）中；

步骤2.8　将张拉千斤顶（12）安装于张拉钢棒（11）上。

11. 根据权利要求 8 所述的安装方法，其特征在于，步骤 3 钢绞线无应力状态下夹片锚固的具体过程为：张拉千斤顶（12）油缸进油带动张拉钢棒（11）、张拉套筒（9）及二次锚锚环（6）向张拉千斤顶（12）方向运动，从而二次锚夹片（7）被动锚固；张拉过程中边张拉边敲击斜销（5）顶紧复环位板（4），张拉就位后张拉千斤顶（12）油缸回油，利用钢绞线自动回缩带动二次锚夹片（7）向一次锚方向运动实现锚固。

12. 根据权利要求 8 所述的安装方法，其特征在于，步骤 4 的具体过程为：张拉钢棒（11）的螺母（11-2）旋出，张拉千斤顶（12）、千斤顶承压板（10）、反力架（8）卸除，张拉套筒（9）从二次专用锚环（6）中旋出，斜销（5）从斜销槽（3-5）中拔出，张拉承压环板（3）从二次锚锚环（6）上卸下。

三、采用功能性限定方式撰写权利要求书

功能限定的撰写方式也需要经过提炼技术特征、确定必要技术特征和找出区别技术特征三个步骤，但是在确定区别技术特征后，就需要对适合使用功能限定的部件进行分析，分析其功能是什么，同时从整体的技术方案考虑采用功能性限定的部件与其他部件之间的联系，使技术方案具有逻辑层次和完整性。

功能性限定的撰写方式使独立权利要求保护范围很宽，但是为了使独立权利要求有退守的余地，通常采取上宽下窄宝塔式的撰写形式来合理布局独立权利要求和从属权利要求之间的关系，从属权利要求在撰写时应当从以下几点入手：

（1）将独立权利要求中的以功能性命名的部件具体化；

（2）将独立权利要求中的以功能性描述体现的连接方式具体化成零部件之间的关系；

（3）将独立权利要求中的某些零部件的形状加以具体描述；

（4）增加对独立权利要求进一步限定的新技术特征。

下面以"抗爆保护器"为例展开说明。

（一）确定所有的技术特征

通过分析，该抗爆保护器的技术特征如下：

（1）抗爆保护器包括绝缘壳体、设置于壳体两端的电极、连接电极的熔体和若干沿垂直于壳体轴向设置支撑体；

（2）支撑体与熔体连接匹配；

（3）熔体2由2根以上的电阻丝螺旋盘绕而成，所述支撑体3穿过螺旋盘绕的电阻丝之间的缝隙；

（4）支撑体3沿绝缘壳体1径向设置，熔体2沿支撑体3的周向进行缠绕；

（5）支撑体3采用点胶的技术固定于熔体2的外壁上；

（6）支撑体沿垂直于两电极的中心连线的方向设置；

（7）支撑体与两电极的中心连线间存在夹角；

（8）支撑体弯折，每一部分或每一部分的延伸与两电极的中心连线间存在夹角；

（9）支撑体位玻璃纤维束，至少有一根玻璃纤维沿垂直于两电极的中心连线的方向设置；

（10）支撑体位玻璃纤维束，每一玻璃纤维方向与两端电极中心连线呈30°~150°角且不等于90°；

（11）支撑体位玻璃纤维束，玻璃纤维弯折，每一部分或每一部分的延伸与两电极的中心连线间存在夹角。

（二）确定必要技术特征

经过分析，该申请的必要技术特征应当是保护器的所有组成部分的结构和连接方式。代理人认为，采用功能性限定方式更有利于保护专利权。

分析上述11个技术特征可以发现，不论是支撑体的结构，还是支撑体的设置方式，其最终目的或其功能均是使得熔体每一处均与壳体内壁存在一定距离（但该距离相对于熔体的不同部位并不相同）。

经过分析，代理人将必要的技术特征归纳如下：

（1）抗爆保护器，包括壳体、设置于壳体两端的电极、设置于壳体内且连接电极的熔体和支撑体；

（2）支撑体设置于熔体上，支撑体使得熔体与壳体内壁间具有间隙。

（三）找出区别技术特征

由于现有技术中已经公开保护器的壳体、电极和熔体，因此，本申请的区别技术特征应当为支撑体及其设置方式，其余部分放入独立权利要求书的前序部分。

（四）完成独立权利要求的撰写

根据上述分析，本发明的独立权利要求可以写成以下形式：

一种抗爆保护器，包括壳体、设置于壳体两端的电极、设置于壳体内且连接电极的熔体，其特征在于，还包括若干支撑体，所述支撑体设置于熔体上，当支撑体与壳体内壁接触时，为熔体提供垂直于所述壳体内壁的支撑力，使熔体与壳体内壁间具有间隙。

（五）完成从属权利要求的撰写

针对剩余的技术特征，代理人根据重要性将技术方案记载到从属权利要求。

所述若干支撑体之间设置方向不同。

所述若干支撑体设置方式为A、B、C中的至少一种：

A 支撑体沿垂直于两电极的中心连线的方向设置；

B 支撑体与两电极的中心连线间存在夹角；

C 支撑体弯折，每一部分或每一部分的延伸与两电极的中心连线间存在夹角。

所述支撑体若为玻璃纤维束，玻璃纤维束的设置方式为D、E、F中的至少一种：

D 至少有一根玻璃纤维沿垂直于两电极的中心连线的方向设置；

E 每一玻璃纤维方向与两端电极中心连线呈30°～150°角且不等于90°；

F 玻璃纤维弯折,每一部分或每一部分的延伸与两电极的中心连线间存在夹角。

所述熔体由 2 根以上的电阻丝螺旋盘绕而成,所述若干支撑体穿过螺旋盘绕的电阻丝之间的缝隙。

所述熔体沿支撑体的周向缠绕于支撑体上。

所述支撑体两端端面面积大于中心界面面积。

所述支撑体点胶于熔体上。

所示每两个支撑体以熔体为对称轴设置。

(六) 最后完成的权利要求的撰写

将上述权利要求放到一起,并注意权利要求之间的引用关系。最后完成的权利要求文本如下:

1. 一种抗爆保护器,包括壳体、设置于壳体两端的电极、设置于壳体内且连接电极的熔体,其特征在于,还包括若干支撑体,所述支撑体设置于熔体上,当支撑体与壳体内壁接触时,为熔体提供垂直于所述壳体内壁的支撑力,使熔体与壳体内壁间具有间隙。

2. 根据权利要求 1 所述的抗爆保护器,其特征在于,所述若干支撑体之间设置方向不同。

3. 根据权利要求 1 所述的抗爆保护器,其特征在于,所述若干支撑体设置方式为 A、B、C 中的至少一种:

A 支撑体沿垂直于两电极的中心连线的方向设置;

B 支撑体与两电极的中心连线间存在夹角;

C 支撑体弯折,每一部分或每一部分的延伸与两电极的中心连线间存在夹角。

4. 根据权利要求 1 所述的抗爆保护器,其特征在于,所述支撑体若为玻璃纤维束,玻璃纤维束的设置方式为 D、E、F 中的至少一种:

D 至少有一根玻璃纤维沿垂直于两电极的中心连线的方向设置;

E 每一玻璃纤维方向与两端电极中心连线呈 30°～150°角且不等

于 90°；

F 玻璃纤维弯折，每一部分或每一部分的延伸与两电极的中心连线间存在夹角。

5. 根据权利要求 3 或 4 任意一项权利要求所述的抗爆保护器，其特征在于，所述熔体由 2 根以上的电阻丝螺旋盘绕而成，所述若干支撑体穿过螺旋盘绕的电阻丝之间的缝隙。

6. 根据权利要求 3 或 4 所述的抗爆保护器，其特征在于，所述熔体沿支撑体的周向缠绕于支撑体上。

7. 根据权利要求 6 所述的抗爆保护器，其特征在于，所述支撑体两端端面面积大于中心界面面积。

8. 根据权利要求 3 或 4 所述的抗爆保护器，其特征在于，所述支撑体点胶于熔体上。

9. 根据权利要求 8 所述的抗爆保护器，其特征在于，所述每两个支撑体以熔体为对称轴设置。

第四节 审查意见通知书的答复

一、涉及创造性/新颖性的答复

机械技术领域的专利申请收到创造性/新颖性审查意见比较常见，审查员常用对比文件、公知常识、惯用手段的结合来评判技术方案的创造性/新颖性。代理人在遇到创造性/新颖性意见时，对于有授权前景或授权前景不确定的意见时，答复时除了要把握全面答复、适度原则外，还要根据不同的审查意见采取不同的策略。例如，审查员检索对比文件来评判创造性时，代理人应当核实以下两点：

（1）核实审查意见通知书中引用的对比文件的形式要件是否满足评判创造性的要求，即对比文件是否为现有技术。

（2）核实审查意见通知书中对本发明和对比文件中有关实质内容的认

定是否正确,特别是利用对比文件评述本发明中技术方案的区别特征是否正确。又如,对于惯用手段、公知常识,代理人应当举例证明常用的技术手段是什么,本发明的技术方案与现有技术手段相比有哪些区别点和有益技术效果。

(一) 案件简介

发明名称:在高速气体射流中生成泡沫的方法及装置

该申请的结构示意图见图3-28,提交的权利要求书如下:

1. 一种在高速气体射流中生成泡沫的方法,其特征在于:将泡沫灭火液喷射为液膜状射流,高速气流与液膜撞击,液膜被撕裂并与气体掺混而生成泡沫珠,成为不含可流动的液态水的泡沫射流。

2. 一种实现权利要求1所述的在高速气体射流中生成泡沫的方法的装置,由水箱(1)经输送管道(3)将水输入水泵(2)中,水泵(2)的进口输送管道(3)还与泵式比例混合器(4)连接;来自泡沫液箱(6)的水成膜泡沫液或A类泡沫液经泵式比例混合器(4)和电磁开关(5)进入水泵(2)的进口输送管道(3)中,其特征在于:经水泵(2)加压后的水或水与泡沫混合液,经环形输送管道(9)进入液膜喷嘴(7)中,以液膜状射流射入气—水能量交换喷筒(8)中,与来自涡喷发动机的高速气流撞击,液膜被撕裂,与气体掺混而生成不含可流动的液态水的泡沫珠射流,高速射出。

3. 根据权利要求2所述的在高速气体射流中生成泡沫的装置,其特征在于:液膜喷嘴(7)的出口端面为扇形,扇面扩展角为60°~90°,上下扇面之间形成的喷射通道的出口处的间隙为2~3mm,液膜喷嘴(7)射出的液膜与气—水能量交换喷筒(8)中的气流的流动方向呈40°~60°的夹角,液膜喷嘴(7)与气—水能量交换喷筒(8)轴线形成的夹角为45°~60°。

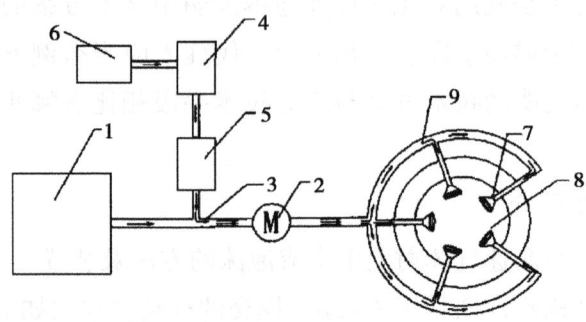

图 3-28

（二）第一次审查意见通知书的主要内容

审查员在第一次审查意见通知书中对权利要求 1 的新颖性，权利要求 2、3 的创造性提出审查意见，并检索出 2 篇对比文献进行对比。审查意见通知书正文内容如下：

1. 权利要求 1 要求保护一种在高速气体射流中生成泡沫的方法，对比文件 1（CN2340456Y）公开了一种可在航空发动机 3 产生的高流速尾气（高速气体射流）中生成泡沫的方法，并具体公开了以下技术特征：在灭火时，由水泵将水箱中的水泵雾化引射筒内，同时将比例混合器中的泡沫泵入输水总管道内（泵入雾化引射筒的流体全为泡沫灭火液），从涡喷发动机喷出的大流量高流速的尾气，撞击、切割（撕裂）射（相当于喷射）入雾化引射筒内的水流（本领域技术人员可以直接地、毫无疑义地确定，该水流为液膜状射流），使其雾化和获能后随尾气高速喷向火场，水流与尾气进行掺混；本领域技术人员可以直接地、毫无疑义地确定，雾化引射筒内的泡沫灭火液在高流速的尾气的作用下形成泡沫珠，成为不含可流动的液态水的泡沫射流。可见，该权利要求 1 所要求保护的技术方案与对比文件 1 所公开的内容相比，仅仅是文字表达方式上略有差别，技术方案实质相同，解决相同的技术问题，并能产生相同的技术效果，因此，该权利要求 1 不符合《专利法》第 22 条第 2 款有关新颖性的规定。

2. 权利要求 2 要求保护一种实现权利要求 1 所述的在高速气体射流中

生成泡沫的方法的装置，对比文件1公开了一种可在航空发动机3产生的高流速尾气（高速气体射流）中生成泡沫的装置，并具体公开了以下技术特征（参见说明书第1页倒数第4行至第2页倒数第3行）：在灭火时，由水泵将水箱中的水泵入雾化引射筒内，同时将比例混合器（泵式比例混合器）中的泡沫泵入输水总管道内（泵入雾化引射筒的流体为泡沫灭火液），本领域技术人员可以直接地、毫无疑义地确定，水箱和水泵之间具有输送管道，比例混合器与水泵的入口管道连接；从涡喷发动机（涡喷发动机）喷口喷射出的大流量高流速的尾气，撞击、切割（撕裂）射（相当于喷射）入雾化引射筒（气水能量交换喷筒）内的水流（本领域技术人员可以直接地、毫无疑义地确定，该水流为液膜状射流），使其雾化和获能后随尾气高速喷向火场，水流与尾气进行掺混，本领域技术人员可以直接地、毫无疑义地确定，雾化引射筒内的泡沫灭火液在高流速的尾气的作用下形成泡沫珠，成为不含可流动的液态水的泡沫射流。权利要求1和对比文件1的区别在于：（1）来自泡沫液箱的水成膜泡沫液或A类泡沫液经泵式比例混合器和电磁开关进入水泵的进口输送管道中；（2）经水泵加压后的水或泡沫混合液通过环形输送管道进入液膜喷嘴中。

对于区别技术特征（1），虽然对比文件1仅指出将比例混合器中的泡沫泵入输送总管道，但在与所属领域中，将水成膜泡沫液或A类泡沫液设置于泡沫液箱中，并将泡沫箱与比例混合器通过管道连接，是所属领域的惯用手段，同时，为便于对管道进行控制，在比例混合器和泵之间通常会设置电磁开关，是所属领域的公知常识。

对于区别技术特征（2），对比文件2（CN101214409A）公开了一种消防车载涡喷灭装置，将消防水泵加压后的水经灭火剂进口9后进入环状水道4，然后沿环状水道4进入灭火剂喷嘴5中（参见说明书第3页倒数第7行、第4页第4行）。对比文件2中所公开的上述技术手段与区别技术特征（2）可起到同样的均匀分布灭火流体的作用。

可见，在对于文件1的基础上，结合对比文件2的技术内容以及所属领域的公知常识，所属领域技术人员能够容易地得出本权利要求所要求保护的技术方案，本权利要求保护的发明是显而易见的，不具有突出的实质性特点和显著的进步，不符合《专利法》第22条第3款有关创造性的规定。

3. 权利要求3对权利要求2做了进一步的限定。对比文件2中灭火剂喷嘴5的轴线与涡喷发射筒3轴线所夹角为35°～65°，即灭火剂喷嘴5射出的流体与涡喷发射筒3中气体的流动方向所成夹角为35°～65°（详见说明书第3页倒数第7行至第4页第4行）。对比文件2中公开的上述技术手段与本发明中有特殊设置方向的喷嘴所起的作用相同。虽然对比文件1、2中都没有指出采用扇形喷嘴，但在所属领域中，采用扇形喷嘴来喷射泡沫灭火液是所属领域的惯用手段，所属领域技术人员根据其所掌握的已知技术手段能够容易地想到将喷嘴设置为扇面扩展角为60°～90°的扇形喷嘴结构、并将上下扇面之间出口处的间隙为2～3mm的结构形式。因此，在其引用的权利要求2不具备创造性的情况下，从属权利要求3也不具有突出的实质性特点和显著的进步，不符合《专利法》第22条第3款有关创造性的规定。

（三）专利代理人对第一次审查意见的答复

代理人收到审查意见后，首先对审查意见进行初步分析和判断，将审查意见转达给申请人，其次与发明人进行沟通，提供答复思路：（1）对于权利要求1新颖性的答复，先列举现有消防设备泡沫灭火液生成泡沫的方法并做说明，并分析对比本申请的技术方案与现有技术的区别和该区别所要实现的目的（解决的技术问题）以及达到的技术效果。（2）对于权利要求2、3没有创造性的答复，先判断出对比文件1与本申请所要解决的技术问题以及区别技术特征到底是什么，进而论证对比文件2未给出区别特征的技术启示。最后，代理人在发明人提供的答复意见初稿的基础上，撰写的意见陈述书内容如下：

1. 关于权利要求1所述内容的新颖性

列举现役消防装备中使泡沫灭火液生成泡沫的方法，如俄罗斯、德国、匈牙利的消防装备,通过分析现有消防设备的泡沫产生方法均不能在高速气流中生成泡沫,而本申请解决了在高速气体射流中生成泡沫的技术,进而得到权利要求1具备新颖性。

2. 关于权利要求2、3所述内容涉及的创造性

(1) 本发明在方法的基础上设计出实现该方法的装置。为了更加清楚地表述本发明的创造性,将权利要求3的内容记载到权利要求2中。

经过长时间反复试验,发现在流速达400~500m/s、温度达300℃的涡喷发动机的高速气流中,将灭火液喷射为泡沫珠,取决于下述条件是否具备:

A. 涡喷发动机的高速气流的温度对泡沫灭火液"成泡"的影响。试验表明,只有当尾气流的温度降低至接近大气温度时,才有利于生成和喷射出稳定的泡沫。

B. 液膜射流与气体射流的夹角对喷射效果的影响。当两者顺气流方向的喷射夹角为零时,几乎不生成泡沫;当两者夹角为90°时,泡沫液被高速气流剪切形成细小液珠,难成泡沫;两者夹角为40°~60°时,高速气流切割泡沫液膜将其撕裂成无数小的片状膜,在液膜张力作用下将气体包裹在液膜珠中,生成大量泡沫珠,泡沫珠在气—水能量交换筒(8)中受高速气体作用进一步加速,可获得远距离喷射。

C. 液膜喷嘴(7)出口端面的扩展角度对喷射效果的影响。经反复调试,当液膜喷嘴(7)出口端面的扩展角度为60°~90°时,在0.8MPa喷射压力下,安装8只液膜喷嘴(7)就可获得泡沫液膜在高速气流中射满气—水能量交换筒(8)的径向截面的效果,获得"气体—泡沫液"的充分接触。

D. 液膜喷嘴(7)上下扇面之间形成的喷射通道的出口处间隙对喷射效果的影响。当间隙太小时,液膜喷嘴(7)射出的泡沫液的流量小,使扇面液膜的扩展面积小,不能遮断气—水能量交换筒(8)的径向截面通道;当液膜喷嘴(7)上下扇面之间的间隙大时,射出的泡沫液形成较厚的液膜层,使其发泡率降低。经反复调试,液膜喷嘴(7)上下扇面之间

形成的喷射通道出口处的最适宜的间隙为 2～3mm，计算可知射出的扇形液膜的厚度在 0.5mm 左右。

E. 液膜喷嘴（7）进口处的液体压力对喷射效果的影响。当进口压力低时，液膜穿入高速气流的能力弱，成泡率降低；压力过高时，射出的液膜薄，易破碎，使泡沫珠过于细小。

因此，上述 5 个变量组成在涡喷发动机高速气体射流中使泡沫灭火液生成泡沫的函数。上述 5 个参数为变量，只有在上述 5 个变量参数匹配最佳状态下才能在高速高温气体中射出大流量泡沫射流。

(2) 对比文件 1（多功能涡喷消防车）实用新型专利的要点是，"在水雾化引射筒上部或水箱的上部装有能射水和泡沫灭火剂的两用消防炮"，通过装用众所周知的泡沫炮来实现喷射泡沫灭火剂，使涡喷消防车成为可喷射泡沫灭火剂的"多功能涡喷消防车"。"说明书"第 2 页从倒数第 9 行起更详细地指出："多功能涡喷消防车在扑灭飞机和油库火时……从涡喷发动机喷口射出的大流量高流速的尾气，撞击、切割射入雾化筒内的水流，使其雾化和获能后随尾气高速喷向火场……扑灭大火。在使用常规消防手段时，不启动涡喷发动机，仅使用射水和泡沫两用消防炮、射水枪，即可扑灭常规火灾"。该专利未涉及在涡喷发动机高速气流中喷射泡沫灭火剂的内容和技术问题。

对比文件 2（消防车载涡喷灭火装置）发明专利，描述了一种以涡喷发动机为喷射动力的喷射"尾气—水雾"灭火剂的消防装置，"说明书"和"权利要求书"中回避了喷射泡沫灭火剂的相关内容和技术问题，只对水的灭火机理、喷射流量等作了详细叙述。在该涡喷消防车的所有构件中，仅设置了 6000L 容量的水罐，未设泡沫灭火剂罐、比例混合器等与泡沫灭火剂有关的构件，在专利文件的所有文字中，未写入"泡沫灭火剂"或"泡沫"的词汇。

因此，将权利要求 3 中记载的内容补入到权利要求 2 中。本发明修改后的权利要求 2 与对比文件 1、2 相比，具有非显而易见性。

综上所述，本发明的权利要求 1、2 具有创造性。上述意见请审查员接受为盼，并请继续审查。

(四) 第二次审查意见通知书的主要内容

审查员针对代理人第一次意见答复，接受了修改后的权利要求2具有创造性的理由，但是重新检索了一篇对比文献来证明权利要求1不具备创造性。因此，审查员发出了第二次审查意见，审查意见内容如下：

1. 权利要求1要求保护一种在高速气体射流中生成泡沫的方法，对比文件3（CN2455279Y）公开了一种可在航空涡喷发动机2产生的高速气流（高速气体射流）中生成水雾泡沫（泡沫）的方法，并具体公开了以下技术特征（参见说明书第1页倒数第2行至第2页倒数第2行，附图1）：启动航空涡喷发动机2后，打开供水和泡沫开关，向供水环供应水或泡沫混合液，使水或泡沫混合液在供水环内再次混合后（形成泡沫灭火液）向引射筒内输送，由航空涡喷发动机的高速气流喷射到火灾现场，实现灭火目的。本领域技术人员可以直接地、毫无疑义地确定，当水或泡沫混合液在供水环内混合形成的泡沫灭火液输送至高速气流中以后，泡沫灭火液会被分散为无数微小泡沫灭火液滴，高速气流与该液滴的液膜进行撞击，液膜会被撕裂并与气体掺混而生成泡沫珠，泡沫珠中不含流动的液态水，最终形成水雾泡沫射流，属于对比文件3中隐含公开的技术内容。综上所述，权利要求1和对比文件3的区别在于：泡沫灭火液被喷射为液膜状射流从而进入高速气流中。在所属领域中，泡沫灭火液通常由泵进行加压输送并被喷射入高速气流中以产生泡沫，喷射至高速气流的泡沫灭火液通常为液膜状射流的形态，是所属领域的公知常识。可见，在对比文件1的基础上结合所属领域的公知常识，所属领域技术人员能够容易地得出本权利要求所要求保护的技术方案，本权利要求保护的发明是显而易见的，不具有突出的实质性特点和显著的进步，不符合《专利法》第22条第3款有关创造性的规定。

(五) 专利代理人对第二次审查意见的答复

针对第二次审查意见通知书，代理人与发明人沟通后认为权利要求1

记载的方法可以通过权利要求 2 记载的装置来解决,即权利要求 2 可以实现权利要求 1 的方法原理。经过沟通,将权利要求 1 删除。针对第二次审查意见的意见陈述书内容如下:

关于权利要求 1 要求保护的在高速气体射流中生成泡沫的方法,与对比文件 3(CN2455279Y)公开了一种可在航空涡喷发动机产生的高速气流中生成水雾泡沫的内容有本质的不同。现为了突出本发明的结构创新,将权利要求 1 删除。

代理人给出俄罗斯研制的涡喷消防车、德国 BASF 研制的涡扇消防车等现有技术。根据分析现有技术,代理人得出"现役消防车中所有的泡沫液的成泡方法都是在低流速(出口处的射速小于 80m/s)下形成的,喷射高倍泡沫时的流速更低(出口处的射速小于 8m/s),这是为了能够形成稳定的空气泡沫"。涡喷消防车面临的核心问题是采用什么方法能使泡沫灭火液在 300~400m/s 的高速气流中形成液膜,高速气流剪切液膜迫使液膜断裂,在表面张力作用下收缩,在收缩中将气体包裹在液膜中成为无数个空气泡沫珠。我们先后试制了 8 种泡沫液喷射方法,经过长时间的探索,终于使涡喷消防车喷射的泡沫灭火剂在高速气流中生成空气泡沫,具有突出的实质性特点和显著的进步。很明显,在高速气流中生成空气泡沫是一个世界性难题,而不是轻而易举就可解决的。至今,俄罗斯、德国等国的涡喷消防车尚未解决这一难题。而对比文件 3 中并未列出解决在高速气流中生成空气泡沫的方法和特征结构。

所以,本发明的权利要求 2 的内容解决了这一技术难题,实现了权利要求 1 的方法原理,与对比文件 3 的内容具有本质的区别。

经过两次意见答复,审查员接受了代理人的意见,并最终授权。

二、涉及不符合实用新型专利保护客体的答复

(一) 审查意见分析

这一类型审查意见的核心内容为:某项权利要求所要求保护的方案中

包括"某技术特征",解决本申请所要解决的技术问题及实现上述方案需依靠于计算机软件程序或协议,即基于软件编程形成的虚拟功能模块、软件单元,其实质是计算机软件程序或协议的应用,而计算机软件程序或协议是一种方法特征,有的甚至直接指出方案实际为一种控制方法,因此该权利要求中涉及对方法本身提出的改进,不属于《专利法》第2条第3款规定的实用新型保护客体。

通过上述表述可以看出,审查员的思路基本为:结合说明书和本领域公知常识判断每个功能模块是否需要利用计算机程序或协议实现其功能,如果是就认为该权利要求所要求保护的方案包含对方法本身提出的改进,即判定不属于《专利法》第2条第3款规定的实用新型保护客体。

(二)确定答复思路

只有在明确审查员的上述思路之后,才可以进行针对性的答复。

代理人认为审查员的上述思路有失公允,其认为只要申请方案所解决的问题是依赖计算机程序实现的,就一概认定为不属于实用新型保护客体。然而,根据《专利审查指南(2010)》的规定,包含对方法本身提出的改进,才是不属于实用新型专利保护客体的根本性判定原则,这一点也在审查意见的表述逻辑中有所体现。因此,代理人认为应当以此为突破点进行针对性答复,即"方案涉及计算机程序或协议"并不等于"对方法本身提出改进",论证申请中涉及软件程序的技术特征,其功能的实现属于现有技术,方案的实质是对硬件部分的组成以及连接关系进行的改进,而并不涉及对软件程序本身进行的改进。

(三)不属于保护客体的答复案例

申请人申请的实用新型专利的权利要求1内容如下:

1. 一种高效率快速充电系统,包括充电管理子系统、线性稳压电源电路、输入电压,其特征在于,所述充电管理子系统用于测量设备电池两端的动态电压;

所述线性稳压电源电路用于当输入电压有波动时维持电池端电压的

稳定；

所述输入电压至少一段时间内使线性稳压电源电路两端电压差值小于一阈值。

在该实用新型专利申请的第一次审查意见中，审查员认为权利要求1所要求保护的方案中包括"充电管理子系统用于测量设备电池两端的动态电压"，上述充电管理子系统要实现其功能，必然要依靠计算机软件程序，该模块实质上是基于软件编程形成的虚拟功能模块、软件单元，而计算机软件属于方法特征，该方案涉及对方法本身提出的改进，不属于《专利法》第2条第3款规定的实用新型保护客体。

针对于此，代理人在意见陈述书中作了详细答复：

已有大量成熟的技术对设备电池两端动态电压进行测量，例如，发表于《科学技术与工程》中的文章《动态电压检测方法》［郝晓弘等，2008.4（8）］中介绍了一种波动电压的测量方法；又如，深圳泰德兰电子有限公司生产的 XC6126 系列的电压检测器；再如，公开号为CN103091526B，发明名称为"电压检测电路"的专利中也公开了获取动态电压的具体方式和电路。

可见，本申请权利要求1中"充电管理子系统"，其功能的实现属于现有技术。

因此，本申请的权利要求1实质上是对硬件部分的组成以及连接关系进行的改进，而不涉及对测量设备电池两端的动态电压本身进行的改进，即并非对软件程序本身进行的改进，属于《专利法》第2条第3款所规定的实用新型保护客体。

通过上述答复，明确申请中涉及软件程序的内容其功能实现为现有技术，而非针对方法本身的改进；并且方案实质上是对硬件部分的组成以及连接关系进行的改进，通过形状和构造及其结合解决技术问题的，因此属于《专利法》第2条第3款所规定的实用新型保护客体。这样的答复思路经过实践证明是可以被审查员接受和认可的，该实用新型专利申请最终获得授权。

【思考与练习】

1. 机械技术领域中可进行专利申请的技术主题有哪些？
2. 采用功能性限定的方式撰写权利要求的步骤是哪些？
3. 答复缺乏创造性审查意见的策略有哪些？

第四章 化工生物材料医药技术领域的专利申请文件撰写

【导读】

本章介绍化工、生物、材料、医药技术领域的专利申请文件撰写基础知识,并通过翔实和丰富的案例对这些技术领域专利的保护客体、说明书和权利要求书的撰写方法及过程、审查意见通知书的答复处理进行详细介绍。

第一节 概 述

一、化学领域申请文件的特殊要求

除一般规定外,专利法及其实施细则以及专利审查指南对化工、生物、材料、医药等技术领域(以下简称化学领域)的专利申请还有一些特殊规定,使得化学领域的专利文件具有其他技术领域所没有的特点,例如用理化参数或制备方法限定物质;结构式可以写入正文,不以附图方式处理;权利要求可以采用表格方式表达;对实施例有一些特殊要求;发明名称题目的字数可以超过25字。

同时,化学领域的发明创造属于实验性学科,这一特殊性决定化学领域的发明专利申请对实验数据和实施例具有更强的依赖性。因此,化学领域的专利申请审查对确认、实验等有许多特殊的规定。例如,在多数情况下,化学发明能否实施往往难以预测,必须借助实验结果加以证实;有的化学产品的结构尚不清楚,要借助性能参数和制备方法来定义;发现已知化学产品新的性能或用途并不意味着其结构或组成的改变,而不能视为新的产品;某些涉及生物材料的发明仅仅按照说明书的文字描述很难实现,应当借助保藏生物材料作为补充手段等。

二、化学领域的专利申请主题

(一) 主题类型

从专利保护的角度出发,化学领域发明专利的主题类型分为产品发明和方法发明两大类。在很多情况下,发明人在技术交底书中提供的发明包括多个技术方案,即有多个可以申请专利保护的主题类型。

产品发明是指可以在化学工业及其相关产业上制备和使用的,其结构和形状得以改进的新的有形物体,或者其组成或性质得以改进的新的物质或新材料。具体来说,产品发明的种类包括化学物质、组合物、药品、饮食品、农药、微生物及生物制品,以及化工设备等发明。方法发明包括化学产品的制备或制造方法、用途,以及一般性处理方法。

确定保护主题类型就是确定撰写产品类型权利要求还是方法类型权利要求。一般情况下,从专利维权的角度考虑,能用产品专利进行保护的,尽可能写成产品类型的权利要求。因为在专利侵权诉讼中,产品专利更容易收集侵权行为的直接证据,有利于专利权人的维权。对于方法类型的权利要求,所涉及的技术特征都是与制造产品或者执行处理有关的方法步骤、工艺条件和原料选取配比等内容,在专利侵权诉讼中,取证相对困难。化学领域的专利大部分需同时保护产品和方法,即使是仅保护产品,由于其更多涉及物质、材料、药品等内容,所以,大多数申请发明专利。化学领域的设备、仪器、系统等也可以申报实用新型专利。

(二) 特殊规定

化学领域的发明创造,内容复杂而广泛,其专利申请文件撰写及审批标准也有特殊规定,应当对有关"特殊规定"有一个整体的认识。

1. 违反公序良俗的发明创造

因违反《专利法》第 5 条的规定而不授予专利权的发明创造主要包括

以下几类：

（1）违反法律，例如食品、药品和化妆品等的专利申请是否违反《食品安全法》；

（2）违反社会公德，例如涉及克隆人或克隆人的方法、人胚胎的工业或商业目的的应用，改变人生殖系遗传同一性的方法等主题的专利申请；

（3）妨害公共利益，例如发明创造的实施使用会严重污染环境、严重浪费能源或资源、破坏生态平衡等；

（4）违反法律法规利用遗传资源。

2. 不属于发明专利的客体

因违反《专利法》第25条第1款的规定而不授予专利权的发明创造主要包括以下几类：

（1）疾病的诊断方法或治疗方法，例如技术方案本质或直接目的是获得疾病的诊断结果或健康状况；

（2）用原子核变化方法获得的物质；

（3）动植物的品种；

（4）科学发现，例如天然物质的发现；

（5）智力活动的规则和方法，例如技术方案本质为一种正交实验方法。

针对不同主题的专利文件的撰写，包括说明书、权利要求书的撰写以及之后的审查意见通知书答复均有不同的要求，下面从说明书的撰写、权利要求书的布局与撰写以及授予专利权的实质条件三方面内容阐述化学领域申请文件撰写和审查意见通知书答复相关问题，并通过案例说明如何撰写高质量的专利申请文件。

第二节　说明书的撰写

一、说明书的组成部分

说明书在专利申请审批以及专利权保护中有重要的作用。首先，充分公开申请的发明内容，使所属领域的技术人员能够实施。其次，公开足够数量的实施例，支持权利要求保护的范围。最后，说明书可以作为审批阶段修改权利要求的依据以及专利侵权诉讼时解释权利要求保护范围的辅助手段。

根据《专利法实施细则》第 18 条的规定，发明专利申请的说明书包括以下 6 个方面的内容。

（一）发明名称

申请人应当用所属技术领域通用的技术术语，简要地表明发明的内容，一般不超过 25 个字，但是化学领域有些发明名称可以超过 25 个字。发明名称要清楚反映发明类型，即产品还是方法，或者产品和方法均保护，而不要笼统地称为"×××技术"。同时，不能使用广告宣传性术语等。例如，"一种绿色环保的吡啶衍生物的合成方法""土壤杆菌 ZX09，用土壤杆菌 ZX09 生产的水溶性 β-葡聚糖及其制备方法及在降低血糖上的应用"。

（二）技术领域

技术领域是指发明所属或直接应用的具体技术领域，它既不是其上位概念，如"有机化学领域"或"材料领域"，也不是技术方案本身，如"本发明涉及一种 HCOOBiO 纳米晶及其制备方法"，而是应该写成"本发明属于纳米金属化合物领域，特别是一种 HCOOBiO 纳米晶及其制备方法"。

（三）背景技术

根据《专利审查指南》第二部分第二章第 2.2.3 节的规定，背景技术部分应当写明对发明或者实用新型的理解、检索、审查有用的背景技术，并且尽可能引证反映这些背景技术的文件。尤其要引证包含发明或者实用新型权利要求书中的独立权利要求前序部分技术特征的现有技术文件。此外，还要客观地指出背景技术中存在的问题和缺点，但是，仅限于涉及由发明或者实用新型的技术方案所解决的问题和缺点。所以，在化学领域里，背景技术包含以下内容。

（1）与申请人的发明创造最接近的技术。从技术实施的角度对现有技术做简要说明。例如，针对某一主题，具体说明现有技术是如何实现的，包括哪些组分，具有何种结构，制备方法的具体步骤等，必要时可配合附图进行说明。对于与本发明相关的概念、内容做详细介绍。

（2）对最相近的同类现有技术状况，要有针对性地比较说明，具体内容包括：组成组合物的各组分、各组分的作用或用量等，具体工艺步骤包括工艺条件、参数范围等，化合物的化学结构、相关的物理化学参数等。必要时进行文献检索，以文献检索为依据。

（3）不同的发明主题，可分别从不同的侧重点进行描述：

①对于组合物类发明，如一项用于造纸技术领域的湿强剂的发明，其改进之处是将湿强剂配方的原料由背景技术中的 A 改为 B，背景技术中可以重点描述现有技术中用于造纸技术领域的湿强剂的常用配方或者含有原料 A 的配方，其具体组分、各组分之间的用量比例等，以及相应湿强剂的应用情况。

②对于方法类发明，如一项造纸用湿强剂的制备方法的发明，其改进之处是将步骤 a 中的温度条件由背景技术中的 80~100℃改为 150~180℃。背景技术中可以重点描述现在技术中造纸用湿强剂的常用制备方法，及各方法的应用情况。

③对新合物类发明，如一项具有××杂环的化合物的发明，其发明点在于它在杂环的某个特定位置上连有基团×。背景技术中可以重点描述现在技术中该杂环化合物包括哪些、具有其基本结构的衍生物情况、其基本的物理化学性能、相关参数及应用情况等。

（4）申请人还应客观指出背景技术中存在的问题和缺陷，这些问题和缺陷仅限于本申请的技术方案所解决的问题和缺点。可能的话，应说明产生这些问题和缺点的原因以及解决这些问题所遇到的困难。

这部分内容应当是针对前述现有技术方案的实现过程而言的，不是断言现有技术如何不好，有何缺陷，而是根据现有技术的实现过程，有针对性地说明由于哪些技术结构特征的存在，不可避免地会导致出现哪些问题。

例如，现有技术方案为一种用于造纸技术领域的湿强剂，其原料配方包括 A、A1、A2、A3 等。而正是由于该配方中采用了原料 A 这种实现方式，因而会导致存在什么样的技术缺陷。

另外，现有技术不能实现某方案，而本发明提供了一种该方案的实现方式，以解决人们的需求。在这种情况下，申请人只需对大的技术背景做简单介绍即可，如一种新的化合物等开创性的发明。

（四）发明内容

发明内容部分是专利说明书的核心，主要内容应包括发明目的、技术方案以及有益的技术效果。发明目的应当针对背景技术中存在的问题，由对背景技术的描述合乎逻辑地导出，而且取决于发明实际上所要解决的技术问题。例如，可以写成"针对现有技术中 5083 母材及焊缝区域晶粒显示困难，且 6061 母材一侧出现过腐蚀现象，本发明的目的是提供一种制备 5083 铝板与 6061 铝板接头金相试样及显示组织的方法"。

发明的技术方案是说明为了解决背景技术中存在的问题或完成的任务而采取的所有新的技术手段和措施，以便使所属领域具有一般专业知识水平的技术人员能够理解和实现本发明，完成发明所提出的任务。一般地说，这部分应当采用与独立权利要求特征部分尽可能一致的语言描述发明的所有必要技术特征，并说明必要技术特征的总和与发明的有益效果之间的关系，然后对附加技术特征做简要说明。如果发明包含几项发明，则应依次说明每项发明的必要技术特征和附加技术特征。对于化学领域的发明的技术特征应逐一展开详细、具体说明。如说明技术特征的取值和选择范围以及某些特殊术语的具体含义，有时也要给出优选范围，必要时，还应给出最佳值。

技术效果部分应当清楚而有依据地说明发明与现有技术相比所具有的优点和积极效果。如产率、质量、精度和效率；产品应用性能的改善；能源、原材料、工序的节省；加工、操作、控制、使用的简化；环境污染的降低或根除等。化学领域的发明应当借助试验数据证明发明的优点和积极效果，同时给出必要的实验条件及方法。

(五) 附图说明

说明书附图,一般是指为了便于说明和理解发明所附的示意性简图。对于有附图的发明,应用文字对附图做简要说明。如"图1是×××的工艺流程示意图",或"图1为本发明实施例1所述产品的透镜电镜图"。

需要指出的是,说明书附图一般是指为了便于说明和理解发明所附的示意性简图。在化学领域里,说明书附图一般包括工艺流程图、产品表征结构图、产品测试结果性能图、产品设备结构示意图等。

(六) 具体实施方式

化学领域的多数发明需要经过实验证明,说明书的具体实施方式中通常包括实施例,例如产品的制备和应用实施例。说明书中实施例的数目,取决于权利要求的技术特征的概括程度。一般的原则是,应当能足以理解发明如何实施,并足以判断在权利要求所限定的范围内都可以实施并取得所述的效果。此外,实施例应当满足以下基本要求。

(1) 支持权利要求。实施例所取值或所选具体方式应落入权利要求的范围,且其数量应足以代表该范围。另外,还应至少给出一个优选或最佳的实施例,以证明发明的有益效果。

(2) 详细而具体。使所属领域普通技术人员按照其中的记载能够重现。因此,应当写出再现发明具体方案所需的一切条件、数据、原料、工具、设备,以及其必要的规格和型号等。如果使用了新的物质或自制的材料及设备,还应说明其来源及制备方法。

需要强调的是,有的申请涉及的保护范围很宽,例如涉及用含有多个不同取代基的化学通式表示的一组化合物,其数量达成千上万个,不能仅给出一两个实施例,而要给出足够多的实施例说明整个发明的可行性,必要时,还需要提供对比例去论证该发明的有益效果。

二、说明书的撰写要求

在撰写说明书过程中,应该遵循下列基本要求。

(一) 说明书应支持权利要求

权利要求书中措辞和对特征的描述应与说明书完全一致。有的发明人撰写说明书时随心所欲，将一技术特征使用多种措辞，势必造成说明书不支持权利要求，此时代理人应统一规范专业术语，使权利要求书与说明书表达一致，避免产生矛盾，甚至冲突。

(二) 充分公开发明创造的内容

充分公开问题是专利申请过程中对说明书的实质性要求，作为获得专利权保护的对价，发明人有义务向社会清楚、完整地公开发明的内容，以使该领域普通技术人员根据说明书的记载无须创造性劳动就能够实施或再现该发明。化学领域发明由于有不可预测性及过分依赖实验数据等其自身的特点，使得说明书对充分公开的实施例具有更强的依赖性。

在化学领域，造成说明书公开不充分主要有以下情况。

(1) 技术方案的描述不完整，过于简单，只公开了必要特征的一部分内容，其余的作为"技术诀窍"或"技术秘密"，不予公开，例如案例1。

【案例1】一种唾液直接检测装置，所述装置包括检测盒、唾液过滤层和免疫层析检测条，所述唾液过滤层采用多孔材料并经过化学处理……

上述发明的创新点在于唾液过滤层经过特殊手段的化学处理，但是在该申请文件中，完全没有公开具体是哪一种手段的化学处理，只是仅仅在实施效果上阐述了经过化学处理达到的技术效果，造成专利申请文件的公开不充分。

(2) 对所用到的原料等采用代号或者商品名称，不公开其专业名词，或者采用一些本领域一般技术人员无法直接知晓的名称，如a物质、b金属以及案例2的情况，将不能满足《专利法》第26条第3款的要求。

【案例2】一种含硫矿山专用乳化炸药，以质量百分比计，包括水相和油相，所述的水相为65%~75%硝酸铵、18%~25%水、2%~5%尿素；所述的油相为1.2%~2%聚异丁烯类高分子乳化剂、2%~4%尼那斯油、

0.1%~2%磷酸三（2-氯乙基）酯。

上述技术方案中，油相配方中采用了"2%~4%尼那斯油"，但是尼那斯油是本领域一般技术人员无法直接知晓的名称，发明人在技术方案中没有给出具体的牌号，导致该申请的公开不充分。

（3）由于疏忽，漏写了某些原料配比的单位，或重要的实验参数，如温度、pH值等，例如案例3。

【案例3】 某申请请求保护的发明是一种四硝基金刚烷的合成方法，在说明书中记载4步反应，其中步骤（1）：以金刚烷和液溴为起始原料，在催化剂的作用下，在-10℃~30℃反应0.5~2小时，在30℃~120℃反应3~24小时，发生溴代反应制备得到1,3,5,7-四溴金刚烷；步骤（2）：在步骤（1）合成的1,3,5,7-四溴金刚烷中加入氰化钠，在自由基引发剂的作用下，于40℃~100℃温度下反应5~24小时，再向反应液中缓慢加入冰水，搅拌8~24小时，合成1,3,5,7-四乙酰氨基金刚烷；步骤（3）：在步骤（2）合成的1,3,5,7-四乙酰氨基金刚烷中加入NaOH溶液，液溴，于30℃~150℃温度下反应2~10小时，再调节pH至12，合成1,3,5,7-四氨基金刚烷盐酸盐；步骤（4）：在步骤（3）合成的1,3,5,7-四氨基金刚烷中加入氧化剂，于10℃~50℃温度下反应12~24小时，合成1,3,5,7-四硝基金刚烷。

该申请中，四硝基金刚烷的合成是以金刚烷和液溴为原料，经过4步反应得到的，对于其中所述的第三步1,3,5,7-四氨基金刚烷盐酸盐的合成是制备四硝基金刚烷的必经过程。但是本领域技术人员可知，四氨基金刚烷盐酸盐是一种强酸弱碱盐，呈酸性，该1,3,5,7-四氨基金刚烷盐酸盐在反应体系为酸性的条件下才可以制备得到，并存在于酸性体系中，但是根据该申请说明书的记载，该盐酸盐是调节pH为12的情况下得到的，这不符合酸碱理论，违背了自然规律。也就是说，说明书中给出4步反应制备得到四硝基金刚烷的技术手段，但根据其中第三步反应的记载，并不能实现中间体四氨基金刚烷盐酸盐的制备，从而不能制备得到四硝基金刚烷。因此，不能解决说明书中所要解决的技术问题，致使所属技术领域的技术人员根据说明书的记载不能实现该发明，导致说明书公开不充分。

（三）背景技术撰写需规范

背景技术是说明书的组成部分，对申请文件撰写产生以下重要影响。

1. 对说明书充分公开的影响

发明通常是在现有技术的基础上创造出来的，其中一部分内容属于公知的技术特征，一部分内容属于相对于公知技术作出贡献的技术特征。对于公知的技术特征，说明书中往往不作详细的描述，很多代理人甚至在背景技术撰写过程中也常常忽略不提。但是，在化学领域申请文件撰写过程中，忽视对这种现有技术特征进行描述会导致说明书公开不充分的问题，例如案例4。

【案例4】合成具有式Ⅰ结构的分散红 CNB 的方法。

所述方法包括以下步骤：

（1）以三氯甲烷为反应溶剂，以 TBAB 为相转移催化剂，以对丙氧基苯甲醛为反应原料，在碱性条件下加成，经酸性条件下水解获得中间体对丙氧基扁桃酸的步骤；

（2）以硝基苯为反应溶剂和氧化剂，以某特定氧化物为催化剂，以缩合物5－羟基－2－氧代－3－苯基－2,3－二氢苯并呋喃和对丙氧基扁桃酸为反应原料，经环合－氧化反应获得目标产物的步骤。

说明书中没有记载该氧化物的具体结构，也没有记载该氧化物的来源。

这就可能会导致本领域技术人员不知道使用何种氧化物作为催化剂，而无法实现发明。即使申请人在申请日之后详细说明了该氧化剂的结构，并提供证据证明该氧化剂是已知的催化剂，也可能无法克服说明书公开不充分的问题。因为现有技术中存在很多作为催化剂的氧化物，本领域技术人员根据说明书记载的内容无法得知申请人在发明中所使用的特定氧化物催化剂。

对于这种情况，如果在背景技术中对该氧化物催化剂进行了说明，或者引证了记载该氧化剂催化剂相关技术内容的文献，并表明发明是在该技术内容的基础上改进而来的，则可以避免该公开不充分的问题。因此，对于上述特定氧化物催化剂，虽然该催化剂本身属于现有技术，但将其用于申请专利的发明，并不是已知的，最好在发明的背景技术部分对其结构进行说明，或者至少给出其所在文献出处。

2. 对创造性评价的影响

某些发明与现有技术非常接近，仅仅是对某一细微技术内容进行改进，若审查员检索到该最接近的现有技术文献作为对比文件，往往会得出该发明不具备创造性的结论。此时，即使有数据表明，该发明相对于现有技术在技术效果上有一定的改善，也有可能被认为是不属于预料不到的技术效果而不认可其创造性。

然而，如果在申请文件的背景技术中对该现有技术进行了说明，并指出其存在的技术缺陷（包括某方面的技术效果不够显著），并在发明内容部分，特别是实施例部分，对发明与现有技术的技术效果进行对比，从而明确发明的贡献所在。这样，可能会对审查员起到先入为主的效果。在审查员没有检索到涉及该改进内容的现有技术的情况下，有可能就不会指出发明不具备创造性的问题。

3. 对权利要求保护范围解释的影响

在无效或侵权诉讼过程中，往往会根据权利要求书记载的范围，结合本领域普通技术人员阅读说明书及附图后对权利要求的理解，确定专利权的保护范围。因此，在确定权利要求的保护范围时，要防止出现说明书中记载的内容对权利要求的保护范围产生不恰当的限制作用。例如，在说明书的背景技术部分，指出了由于现有技术中使用了技术特征a，使得现有技术在某方面的效果上欠佳，而申请专利的发明采用了技术特征a'，结果在该技术效果上有了改进。这样，如权利要求中限定了技术特征a'，则申请人就很难主张技术特征a属于技术特征a'的等同特征，而将包括技术特征a的发明也纳入权利要求的保护范围。

因此，从上述三点来看，背景技术应当如何撰写，因个案而定，不能千篇一律。对于创造性相对较高的发明，可以考虑不对现有技术进行过多的阐述，以免因此导致某些技术内容无法纳入专利的保护范围。如果审查员对背景技术的内容给出了审查意见，则根据需要进行争辩或直接进行修改。在实质审查过程中，一般不会因为背景技术中没有记载相关现有技术的内容而导致无法授权的后果。对于发明与现有技术非常接近，创造性相对较低的发明，可以考虑在背景技术中对该最接近的现有技术进行说明，并在发明内容或具体实施方式中对该发明与现有技术的技术效果进行对比，以充分体现该发明的创造性。❶

另外，根据《专利审查指南（2010）》第二部分第二章第2.2.3节的规定，只有当所引证的非专利文件和外国专利文件的公开日在本申请的申请日之前，所引证的中国专利文件的公开日不晚于本申请的公开日时，才可以认为本申请说明书中记载了所引证文件中的内容。若引证文献的公开日晚于上述日期，则引证文件的内容将不被视为说明书内容的一部分。此外，为了方便专利审查，也为了帮助公众更直接地理解发明或者实用新型，对于那些就满足《专利法》第26条第3款的要求而言必不可少的内容，不能采用引证其他文件的方式撰写，而应当将其具体内容写入说明书。

（四）高度重视具体实施方式的撰写

在化学领域，实施例是具体实施方式的重要组成部分，除对发明创造

---

❶ 北京林达刘知识产权代理事务所："浅论专利申请的说明书背景技术部分的撰写"，载 http://bbs.mysipo.com/article-3316-1.html，2017年9月10日访问。

的充分公开具有直接影响外,还具有以下作用。

1. 实施例对专利授权的影响

实施例在化学领域专利申请审查中具有至关重要的作用。在专利审查中,首先要对说明书的形式和内容进行审查,进而依据《专利法》第22条对发明进行新颖性、创造性和实用性的评价。如果实施例记载的内容能较好地起到充分公开、理解和再现发明的重要作用,那么就能非常顺利地进入专利性的审查阶段。说明书记载的内容是否真正支持和解释权利要求,主要取决于说明书描述部分的内容,尤其是实施例记载的技术方案是否满足支持权利要求表述的范围。

就一个化工过程而言,所涉及的工艺参数和影响因素不仅很多,而且相互交叉。由于化学领域属于试验性较强的科学领域,影响发明结果的因素是多方面的,有的甚至至今未知。在申请文件撰写过程中,实施例的数量不但会影响权利要求保护的范围,有时甚至会影响专利的授权结果,并对后期的侵权和判定造成重大影响。化学领域专利申请的说明书如果记载了足够多的实施例,不仅充分公开了发明的技术方案,而且为发明提供了更多的可实施的证据,以符合《专利法》第26条第3~4款的规定。同时,实施例的详细描述也可以使公众和审查员进一步理解发明的实质内容,充分满足对权利要求书解释和澄清的需要,从而更容易获得专利授权。

2. 实施例对权利要求保护范围的影响

当权利要求提出保护以一通式为代表的一组新化合物时,其主要技术特征结构单元上所涉及的取代基(或称母核上的取代基),例如烷基、烷氧基、芳基、胺基和卤素等,根据具体情况,在说明书中要具体地分别列出每一类取代基中的若干个化合物的实施例,就烷基来说要包括饱和、不饱和脂肪烃基和环烷基。对于那些取代基变化会引起化合物性能突出改变的,应当逐个地列出实施例。非母核上的或者远离母核的取代基或者是非结构敏感的取代基的情况,只列出其典型代表的化合物即可。就上述取代基而言,给出甲基、乙基、丙烯基、环已基、甲氧基、丙氧基、苯基、甲胺基、氯和溴的实施例就非常合理了。但是,如果代理人在撰写过程中,遗漏了个别或数个取代基的实施例,在审查过程中,不可避免地要牺牲权利要求保护范围以获得专利授权。

当权利要求涉及较宽的数据范围时,应给出两个端值或附近的实施例以及至少一个中间值的实施例。例如,权利要求保护的通式化合物为 HO－[Si（CH3）2－O] n－H,n＝3～51,在此给出 n＝6、9、27、48 的实施例即可。化学发明所涉及的具体领域繁多,对实施例数目的要求也不完全相同,但基本的原则是提供足够充分数量的有代表性的实施例。

实践证明,较多反映发明优良效果且详细描述的实施例,可以充分体现出发明的特点和进步,有助于迅速通过专利"三性"的审查而获得专利权的保护,有助于获得合理的专利保护范围。

三、化工、材料技术领域的说明书撰写

（一）说明书的充分公开

【案例 5】发明人提供的交底书如下。

背景技术:白灵菇即白阿魏蘑,又名白灵侧耳、白阿魏侧耳、刺芹侧耳白变色种。白灵菇、白灵蘑、翅鲍菇为商品名。在新疆,因为生于伞形科大型中药材——阿魏的植株上,民间习称天山神菇。白灵菇有几种不同形态。市场上畅销的白灵菇是指菌柄粗短,菌盖特大,形似手掌形的品种。菌柄较长,菌盖偏小的品种,则一般不作为白灵菇经营。

技术方案:一种白灵菇的培养料,由如下步骤制备:(1) 配制培养料:玉米芯 50%,莲壳 12%,花生壳 8%,生物促进剂 12%,玉米粉 15%,酒糟 1%,碳酸钙 2%,将上述培养料中的玉米芯、莲壳、花生壳按碎片大小为 0.3～0.5cm 破碎,葡萄籽、玉米粉过 50～100 目筛,按水与培养料为 2∶3 的重量比加入水,调节培养料的 pH 值至 6;(2) 搅拌均匀装入宽 20～30cm,长 40～50cm 的聚丙烯或聚乙烯塑料袋中,每袋装干料约重 0.5kg,于 0.1～0.2MPa,120℃～130℃下蒸汽灭菌 60～120 分钟;(3) 灭菌后冷却至 8℃～13℃,在接种箱或接种室按常规无菌操作规程进

行接种，每瓶（袋）菌种可接料袋 15~20 袋；（4）接种完毕，应将接好种的袋子移入发菌室或发菌棚育菌丝，料袋堆放层数以季节及室温而定，一般堆放 3~6 层，气温高时，堆放料袋的行距应在 0.5 米以上，并保持通风避光，并保持环境湿度在 75%~95%，于 25℃~28℃下生长 25~35 天；（5）疏菇后转入出菇室，于 13℃~18℃下子实体生长 10~12 天即可采菇。

代理人经过初步检索，检索到 2 篇对比文件，对比文件 1 "专利 201110154463.X" 公开了一种白灵菇的栽培方法，菌棒的构成原料及其重量百分比如下：玉米芯 60%~70%；棉籽壳 10%~20%；麸皮 15%~18%；石训 1%；糖 1%；酒糟 1%，提高了白灵菇菌棒的出菇率，白灵菇的生物转化率达到 80% 左右。对比文件 2 "专利 200910091353.6" 公开了一种白灵菇的栽培方法，其在白灵菇原种、栽培种及接种的各段培养过程中，均采用白酒糟作为栽培料。

将上述两篇对比文件与发明人提供的技术材料比较后，代理人认为，该技术方案与对比文件 1 相比，其培养料中的大部分组分被公开了，而少数没有被公开的组分例如莲壳、花生壳、碳酸钙、玉米粉等都是本领域内的常规组分。在与发明人沟通过程中发现，发明人在培养料中还加入了生物促进剂（区别技术特征 1），该生物促进剂中含有丰富的多种氨基酸、维生素及矿物质，不但可以提高白灵菇的产量与质量，还可以提高白灵菇的生物转化率。

同时，该技术方案与对比文件 2 相比，白灵菇的栽培方法中的主要步骤都被公开了，一些步骤上的区别也是本领域的公知常识。但实际上，除了使用本发明特定的培养料，在栽培过程中还采用 pH 值为 6~7 的 1wt% 的水溶性碳纳米管溶液保持白灵菇生长环境的湿度（区别技术特征 2）。该手段具有促进植物生长、保护其不受外界条件的破坏等作用，不但可以提高白灵菇的产量与质量，而且缩短了白灵菇菌丝的生长周期，长出的白灵菇品质优良，菇体大。

发明人在提供的交底书中并没有具体给出区别技术特征 1 和区别技术特征 2，也没有给在实施例中提供实验效果数据，隐瞒了使得本发明与现有技术具有本质区别的关键技术方案。如果该专利仅是依据发明人提供的技术资料撰写，势必会造成严重的后果，如公开不充分，或者没有创造性。因此，代理人再三与发明人沟通协调，发明人补充了技术方案及实验效果数据。代理人收到补充材料后，根据检索到的最相近现有技术，将其补充到背景技术中，同时补充了实施例和对比例，以及实施效果。完善后的产品和方法的技术方案如下：

产品方案：一种白灵菇的培养料，由以下重量比的组分组成构成：玉米芯50%～60%，莲壳7%～12%，花生壳8%～12%，葡萄籽10%～15%，玉米粉5%～15%，酒糟1%～2%，碳酸钙1%～2%。

方法方案：一种白灵菇的培养方法，包括以下步骤：

步骤1　配制培养料，按水与培养料为2∶3的重量比加入水，调节pH值至6～8；

步骤2　搅拌均匀装袋后高温高压灭菌；

步骤3　灭菌后冷却至8℃～13℃，在接种箱或接种室按常规无菌操作规程进行接种；

步骤4　接种后移入培养室培育菌丝，通风避光，于25℃～28℃下菌丝生长25～35天，并用pH值为6～7的1wt%的水溶性碳纳米管溶液保持环境湿度在75%～95%；

步骤5　疏菇后转入出菇室，于13℃～18℃下子实体生长10～12天即可采菇。

由以上分析可知，对于组合物发明，说明书除记载组分外，还应记载组分的化学和/或物理状态；每种物质的来源或制备方法，特别是涉及新化合物时，其确认和制备方法要在说明书中公开；完整地公开用途和/或技术效果，尤其性能和应用是组合物发明的重要组成部分，是衡量发明是否完成以及有无创造性的关键依据（数据、药物组合物、测定方法）。同时，技术方案应能从说明书"得出和概括得出"，每种组分展开说明，各组分的可选择范围、各组分的含量范围及对组合物性能、效果的影响；含量的优选范围最好用实施例去确定。

【案例6】 发明人提供的交底书如下。

产品方案：一种高强高塑 TiAl 合金材料，以原子百分比计，其合金成分为：（44~51）Ti－（43~47）Al－（6~9）Nb。

同时，发明人在说明书中描述了该合金的制备方法，并公开了某些方案的实验效果数据，将实验效果描述为"本发明制备的系列合金其屈服强度最大为729MPa，同时塑性应变最大达到6.9%，具有非常优异的室温力学性能"。

该申请请求保护一种 TiAl 合金材料，其中包括众多的具体合金，说明书中虽然给出了其中某些具体合金的制备方法和确认数据，并且给出了可用来证明该发明合金材料具有所述用途的实验方法。但由于说明书没有清楚地记载所述实验是采用哪种或哪些具体合金材料进行的，所属技术领域的技术人员无法确定请求保护的合金材料能够实现所述发明效果及所述用途，因此，说明书没有对发明作出清楚、完整的说明，以至于本领域的技术人员依据说明书的记载，无法实现该发明，所以该申请的说明书公开不充分。

而如果说明书将实验所采用的产品描述为"某优选化合物/组合物""某实施例的化合物/组合物/药物""某合金""某制剂"等，并且说明书的其他部分已经明确记载它们所代表的具体物质，则认为说明书已清楚地说明实验所用的具体物质。

需要注意的是，发明人在说明书的某一个实施例中给出了具体合金材料的制备过程及其实施效果数据，但是其他实施例仅仅只是给出了具体合金的制备过程，并没有公开其实施效果数据，在后期的审查中，审查员通常会依据说明书公开的内容不足以支持权利要求，即权利要求得不到说明书的支持，让发明人缩小保护范围。

（二）实施例的数量对权利要求保护范围的影响

【案例7】 发明人提供的交底书如下。

一种合成 N-烷基酰胺（式Ⅰ）的方法，

$$R^1-\underset{H}{\underset{|}{N}}-CH_2-R^2 \quad (\text{with } C=O \text{ on } R^1)$$

I

其包含肟（式Ⅱ）

$$R^1-CH=N-OH$$

Ⅱ

经重排成（式Ⅳ），

$$[R_1-C(=O)-NH_2]$$

Ⅳ

与化合物醇（式Ⅲ）反应，

$$R^2-CH_2-OH$$

Ⅲ

反应是在过渡金属催化剂存在下发生，其反应通式为

$$\underset{\text{Ⅱ}}{R^1-CH=N-OH} \xrightarrow[\text{溶剂}, 90℃\sim130℃]{\text{铱、铑和/或钌络合物}} \underset{\text{Ⅳ}}{[R^1-C(=O)-NH_2]} \xrightarrow[\text{Base}, 90℃\sim130℃]{\overset{R^2-CH_2-OH}{\text{Ⅲ}}} \underset{\text{Ⅰ}}{R^1-C(=O)-NH-R^2}$$

其中，R^1 选自烷基、单或多取代芳基或芳基。

R^2 代表一个取代基，选自 C_1-C_7 烷基、芳基、单或多取代芳基。

同时，发明人在技术交底书中还提供了四个实施例，给出了目测产物的谱图数据。

代理人与发明人沟通之后，发现技术方案中具有以下问题：通过"特定的"过渡金属催化串联反应实现从肟直接地合成 N-烷基酰胺的方法，在现有技术中还没有被报道过，即本发明的"发明构思"为采用过渡金属催化剂合成一类 N-烷基酰胺化合物。上述方案的"发明构思"非常清楚，其存在说明书需要支持权利要求的问题。在该方案中，"R^1 选自烷基、单或多取代芳基或芳基，R^2 代表一个取代基，选自 C_1-C_7 烷基、芳基、单或

多取代芳基"囊括了非常大的保护范围，实际上，R^1 选自单或多取代芳基或芳基，R^2 代表一个取代基，选自 C1-C7 烷基、芳基、单或多取代芳基，R^1 中的单或多取代芳基为甲基苯基、甲氧基苯基、三氟甲基苯基、三氟甲氧基苯基或卤代苯基，芳基为萘基、呋喃基或噻酚基；R^2 中的单或多取代芳基为甲基苯基、异丙基苯基、甲氧基苯基、三氟甲氧基苯基或卤代苯基，芳基为萘基。如果发明人想对该方案达到最大范围的保护，要对实施例的数量进行补充，所提供的实施例数目应当依据是否能够足以理解发明的构成和能够以此内容判断所提出的专利保护的范围是否合理可行而定，即目标化合物中涉及的取代基最好都要举例，否则，在后期的审查过程中，审查员将会让发明人缩小保护范围才能获得授权。

因此，化学专利申请应当充分列举较多体现出发明优良效果的实施例，使用具体的数据和事实予以记载、描述，实施例既不能滥竽充数，也不应当是照抄说明书描述部分的内容。

总之，当保护的产品涉及化合物时，应当完整地公开该化合物的用途和/或使用效果。即使是结构首创的化合物，也应当记载至少一种用途。如果所属技术领域的技术人员无法根据现有技术预测发明能够实现所述用途和/或使用效果，则说明书还应记载对于本领域技术人员来说，足以证明发明的技术方案可以实现所述用途和/或使用效果的定性或者定量实验数据。

（三）实施例的效果对专利授权的影响

【案例 8】 发明人提供的交底书如下。

方案：一种 HCOOBiO 纳米晶的制备方法，将 $Bi(NO_3)_3 \cdot 5H_2O$ 加入 DMF 中搅拌均匀；制得的混合溶液置于反应釜中反应；反应结束后清水洗涤多次即得 HCOOBiO 纳米晶。

现有技术中，Fang Duan 等人采用以硝酸铋为原料，DMF 作为反应物，水作为溶剂的方法，在 120℃ 下水热制得花状 HCOOBiO；Jinyan Xiong 等人以甲酸钠及硝酸铋为原料，分别以甘露醇、EG、DEG、TEG 为溶剂在 150℃ 下水热制得 HCOOBiO，所制得 HCOOBiO 均为纳米片组装形成的花状结构。

从发明人提供的交底书可以看出，发明人实际上想保护的是一种独特形貌的HCOOBiO纳米晶。现有技术中，HCOOBiO纳米晶的结构为纳米片组装形成的花状结构。在专利申请中，当涉及要保护的产品为特殊形貌的产品时，代理人需要判断该产品是否解决了现有技术中存在的技术问题。也就是说，该特殊形貌的产品是否对现有技术作出了贡献，是否具有更显著的技术效果。如果该特殊形貌的产品只是外在表观形貌的区别，并没有产生更显著的技术效果，也没有解决现有技术中存在的问题，那么该专利的保护是没有任何意义的，在后期的审查中，也不会被授予专利权。

代理人通过与发明人沟通后发现：上述申请中的HCOOBiO纳米晶，由于其形貌为超长线状，其缠绕可形成网状结构，具有较大的比表面积及孔结构，有利于其性能的提高。因此，该特殊形貌的产品解决了现有技术中存在的问题，该方案是可行的。

代理人在撰写说明书时，还需要注意尽量不要用方法特征去限定该产品，而是尽量采用产品特征即产品的外在形貌特征去限定该产品，避免产品的保护范围过小，同时，需在附图中提供例如电镜图等微观结构表征图，以支持权利要求的保护范围。撰写说明书的实施例时，还要说明特殊形貌的产品与现有技术的产品之间的技术效果存在显著区别，并提供实验数据。

经过完善后的技术方案如下：

产品方案：一种独特形貌的HCOOBiO纳米晶，所述HCOOBiO纳米晶为纳米线状。

方法方案：一种独特形貌的HCOOBiO纳米晶，包括以下步骤：

步骤1　将$Bi(NO_3)_3 \cdot 5H_2O$溶于DMF中；

步骤2　将步骤1溶液置于反应釜中反应；

步骤3　反应结束后洗涤即得纳米线状HCOOBiO纳米晶。

【案例9】发明人提供的交底书如下。

产品方案：一种苯并咪唑类化合物，所述的化合物含有具备吸电子能力的苯基苯并咪唑和苯腈单元，结构如下所示：

第四章 化工生物材料医药技术领域的专利申请文件撰写

iTPBI-CN

发明人还提供了上述化合物的制备过程。

涉及化合物的专利申请时,实施例中应当给出产物的化学名称,并根据需要给出必要的物理化学参数,特别是化学领域中常用的能够确认化合物化学结构的定性分析数据和谱图,例如熔点、元素分析、核磁共振谱数据。如果在目的产物的制备过程中涉及的某种原料和/或中间体是新的或是通过商业途径无法获得的,则在实施例部分还必须包括这些化合物的制备实施例。

四、医药技术领域的说明书撰写

【案例10】 发明人提供的交底书如下。

产品方案:一类含类对乙酰氨基酚结构的苯乙酰胺类衍生物,它具有如下通式:

结构式中 R_1 为:H; $-Br$; $-OCH_3$

R_2 为如下基团之一:

发明人还提供了上述衍生物的制备过程，及其所述衍生物的结构表征数据，即产物的谱图数据，并在说明书中声称针对对氨基酚化合物的两端进行了修饰，在使一端具有乙酰氨基降低苯胺类药物毒性的同时，在另一端引入醚键，增强了进入生物体后此类化合物的脂溶性，从而能够更好地被吸收利用，但没有提供具体的实验数据支撑该论断。

该申请要解决的技术问题是提供一种潜在的抗炎药物。为此，发明人提出一种含类对乙酰氨基酚结构的苯乙酰胺类衍生物作为抗炎药物。说明书提供的是断言性的结论，没有实验数据证明该化合物具有抗炎作用。代理人在撰写该专利申请文件过程中，曾和发明人就实验效果数据的补充进行了讨论，发明人只是做出了产品，并对产品进行了结构表征，但没有进行后续的用途实验，即抗炎效果实验。因此，在申请日提交的文件里，说明书中缺少足以证明该化合物能够产生抗炎效果的实验数据，对后期专利的审查和授权造成严重影响（对此将在后文的审查意见答复中作出具体讨论）。

【案例11】 发明人提供的交底书如下。

一种药物组合物，所述组合物包括培美曲塞和洛铂。

对于新的药物化合物（或组合物）应记载具体医药用途或者药理作用，同时还应记载其有效量及其使用方法。如本领域技术人员无法根据现有技术预测发明能够实现所述的医药用途、药理作用，则应记载对于本领域技术人员足以证明发明技术方案可达到要解决技术问题或达到预期技术效果的实验室试验（包括动物实验）或临床实验的定性或定量数据，且应当记载至所属技术领域的技术人员能实施的程度。

【案例 12】 发明人提供的交底书如下。

扑热息痛是常见的解热镇痛药物,白加黑、帕尔克、泰诺感冒片、感冒灵、去痛片等药物中均含扑热息痛,常用饮用水与药物一并吞服。但是,扑热息痛在水溶液中不稳定,易分解为对氨基酚,药用活性大大下降。漆酶存在于蘑菇、细菌及植物中,属于氧化还原酶,可利用氧气将扑热息痛和儿茶素氧化。发明人提出一种扑热息痛药物的服用方法,该方法是将扑热息痛药物与含有儿茶素衍生物的水溶液一并吞服。

交底书中还记载了扑热息痛的药效成分是对乙酰氨基酚,并记载了实验数据,检测了含儿茶素不含漆酶的反应液、含儿茶素和漆酶的反应液、含对乙酰氨基酚不含漆酶的反应液经过 96 小时后,各物质的残留情况,结果显示在对乙酰氨基酚水溶液中加入儿茶素衍生物,漆酶优先催化氧化儿茶素衍生物,从而保护对乙酰氨基酚不被漆酶氧化。

《专利法》第 25 条规定,疾病的诊断和治疗方法不能被授予专利权。诊断方法,是指为识别、研究和确定有生命的人体或动物体病因或病灶状态的过程。治疗方法,是指为使有生命的人体或者动物体恢复或获得健康或减少痛苦,进行阻断、缓解或者消除病因或病灶的过程。在判断是否属于疾病的诊断和治疗方法时,可按以下步骤进行分析:

(1) 保护的主题是否为方法或者用途;
(2) 是否以有生命的、整体的人体或者动物体为实施对象;
(3) 是否以识别、确定、阻断或消除病因或病灶或者影响人的生理机能为目的。

如果一个方法的直接目的不是获得诊断结果或健康状况,而只是从活的人体或动物体获取作为中间结果的信息的方法,或处理该信息(形体参数、生理参数或其他参数)的方法;或者只是对已经脱离人体或动物体的组织、体液或排泄物进行处理或检测以获取作为中间结果的信息的方法,或处理该信息的方法,则该方法不属于诊断方法。

治疗方法,包括外科手术治疗方法、药物治疗方法、心理疗法以及为实施外科手术治疗方法和/或药物治疗方法采用的辅助方法,❶ 例如返回同一主体的细胞、组织或器官的处理方法、血液透析方法、麻醉深度监控方法、药物内服方法、药物注射方法、药物外敷方法等,均属于治疗方法,不能授予专利权。该交底书中,以"一种扑热息痛药物的服用方法"作为申请主题,显然落入"药物内服方法"的范围,不符合《专利法》第25条的规定。根据交底书中的实验数据结果可知,发明人所认为的扑热息痛药物的服用方法,其实质可总结为"一种提高扑热息痛药物稳定性的方法"。从服用方法所带来的效果的角度,将"药物的服用方法"更改为目的型主题"提高药物稳定性的方法",避开了治疗方法的主题,使其符合专利法的要求。此外,交底书中记载的扑热息痛的药效成分是对乙酰氨基酚,发明人将主题限制在"扑热息痛药物",明显忽视了可以保护的范围。根据实验效果可知,上述方法就应用领域而言,应当是任何"含有对乙酰氨基酚的药物",而不局限于"扑热息痛药物"。只要是含有对乙酰氨基酚的药物,在药物中添加含有儿茶素衍生物的水溶液均能起到提高药物稳定性的作用。综上所述,最终将保护内容修改为"一种提高含对乙酰氨基酚药物稳定性的方法,所述方法为在含对乙酰氨基酚药物中加入含有儿茶素衍生物的水溶液"。

五、生物技术领域的说明书撰写

(一)动植物相关的保护客体

【案例13】 发明人提供的交底书如下。

一种芦蒿脱毒苗的快速繁殖方法,通过选取品种特性鲜明、健康芦蒿植株的中上部带节茎段作为外植体,经过腋芽诱导、脱毒培养、生根培养、移栽定植,最后形成完整的脱毒芦蒿种苗。腋芽诱导过程为将灭菌后的外植体接种在 6-BA 浓度为 $1.0 \sim 1.5 \mathrm{mg} \cdot \mathrm{l}^{-1}$、NAA 浓度为 $0.4 \sim 0.6 \mathrm{mg} \cdot \mathrm{l}^{-1}$

---

❶ 《专利审查指南》第二部分第一章第 4.3.2.1 节。

的 MS 培养基中。脱毒培养过程为诱导培养基上萌发出的不定芽长到高 $6\pm1cm$ 小苗时，将小苗取出，去除叶片，切成 1.0~1.5cm 茎段，接种在 2,4-D 浓度为 $1.0mg\cdot l^{-1}$、KT 浓度为 $0.2~0.4mg\cdot l^{-1}$ 的 MS 培养基中。生根培养过程为将经脱毒培养的小苗长到高 $10\pm1cm$ 时，将小苗切成带 1-2 节的茎段转入 6-BA 浓度为 $0.5~1.0mg\cdot l^{-1}$、NAA 浓度为 $0.5~1.0mg\cdot l^{-1}$、活性炭百分比为 0.02% 的 MS 培养基中。

《专利法》第 25 条第 1 款第（四）项规定，动物和植物品种不能被授予专利权。专利法所称的动物不包括人，所述动物是指不能自己合成，而只能靠摄取自然的碳水化合物及蛋白质来维系其生命的生物。专利法所称的植物，是指可以借助光合作用，以水、二氧化碳和无机盐等无机物合成碳水化合物、蛋白质来维系生存，并通常不发生移动的生物。动物和植物品种可以通过专利法以外的其他法律法规保护。本申请中的芦蒿脱毒苗为植物体本身，属于植物品种，不能作为专利法保护的客体。

根据《专利法》第 25 条第 2 款的规定，对动物和植物品种的生产方法，可以授予专利权。但这里所说的生产方法是指非生物学的方法，不包括生产动物和植物主要是生物学的方法。判断一种方法是否属于"主要是生物学的方法"，取决于在该方法中人的技术介入程度。如果人的技术介入对该方法所要达到的目的或者效果起主要的控制作用或者决定性作用，则这种方法不属于"主要是生物学的方法"。例如，采用辐照饲养法生产高产牛奶的乳牛的方法；改进饲养方法生产瘦肉型猪的方法等属于可被授予发明专利权的客体。本申请请求保护的是一种芦蒿脱毒苗的快速繁殖方法，属于植物品种的生产方法，且该方法中人的技术介入对于实现快速繁殖芦蒿脱毒苗的目的起主要作用，属于非生物学的方法，因此，可作为专利法保护的客体。

（二）生物材料的保藏

【案例14】发明人提供的交底书如下。

一种吡啶降解特效菌株，经分子生物学鉴定为 Pseudofulvimonas gallinarii,

命名为 Pseudofulvimonas gallinarii NJUST27，GenBank 登录号为 KU051385，该菌株已于 2016 年 1 月 6 日在中国典型培养物保藏中心（CCTCC）保藏，保藏编号为 CCTCC NO：M2016012。该菌株可以以吡啶为唯一碳源和氮源进行生长，说明书中给出该菌株在高浓度吡啶废水处理时的吡啶降解率、COD 去除率和氨氮转化率的数据，表明该菌株具有高效的吡啶降解能力、高矿化能力以及对吡啶的毒性具有很好的适应能力及耐受性能。

交底书中还写明，发明人是从实验室用于去除吡啶，并已运行 2 年的 SBR 反应器中取出成熟的、好氧颗粒污泥直接筛选，并以吡啶为唯一碳源、氮源的筛选培养基进行分离，从而得到该菌株。

通常情况下，说明书应当通过文字记载充分公开申请专利保护的发明。在生物技术这一特定的领域中，有时由于文字记载很难描述生物材料的具体特征，即使有这些描述也得不到生物材料本身，所属技术领域的技术人员仍然不能实施发明，因此《专利法实施细则》第 24 条规定：申请专利的发明涉及新的生物材料，该生物材料公众不能得到，并且对该生物材料的说明不足以使所属领域的技术人员实施其发明的，应当将所涉及的生物材料样品进行保藏，并在申请文件中，提供有关该生物材料特征的资料和保藏信息。

需保藏的生物材料应当经过人类的技术处理，例如筛选、分离、遗传工程等技术，如果未经人类的任何技术处理而存在于自然界，则属于科学发现，不能被授予专利权。"公众不能得到的生物材料"包括：个人或单位拥有的、由非专利程序的保藏机构保藏并对公众不公开发放的生物材料；或者虽然在说明书中描述了制备该生物材料的方法，但是本领域技术人员不能重复该方法而获得所述的生物材料，例如通过不能再现的筛选、突变等手段新创制的微生物菌种。这样的生物材料均要求按照规定进行保藏。需要保藏的生物材料，通常包括：（1）从自然界筛选的特定生物材料，包括从自然界如土壤等，和动物或人体中筛选获得的微生物；（2）通过人工诱变方法获得的特定生物材料，通过物理、化学方法如通过紫外线、放射性辐射、化学诱变剂进行人工诱变获得的具有特定功能的生物材料；

(3) 具有特殊性状的杂交瘤；(4) 减毒病毒株。❶

经保藏的微生物应以分类鉴定的、按微生物学分类命名法命名的微生物株名、种名、属名进行表述，有确定的中文名称的，说明书中应当用中文名称表述，并在第一次出现时用括号注明该微生物的拉丁文学名，写明其保藏日期、保藏单位全称及简称和保藏编号，以保藏单位的简称和保藏编号表述该微生物。

该交底书中的菌株，不是自然界中已经存在的纯培养物，而是经过人工筛选分离得到的，属于可授予专利权的客体。但是，该菌株是从特定的环境中，即从发明人所在实验室的、已经运行两年的、用于去除吡啶的SBR反应器中筛选得到的，发明人告知并非所有的用于去除吡啶的SBR反应器都能从中筛选得到该菌株，这种筛选是不可再现的，本领域技术人员不能通过重复这种筛选方式，在其他的用于去除吡啶的SBR反应器中筛选分离得到该菌株，因此，需要对该菌株进行保藏。该菌株经分子生物学鉴定为Pseudofulvimonas gallinarii，没有确定的中文名称，因此可以不写中文名称，但必须记载其拉丁文学名。

(三) 微生物的筛选方法

【案例15】专利"一种以敌敌畏为底物的降解菌株的筛选方法"，说明书中记载了一种以敌敌畏为底物的降解菌株的筛选方法，通过将菌样接种于含敌敌畏的集培养基中进行转接培养而后取培养的菌液驯化液，稀释$10^4 \sim 10^5$倍后，涂布于牛肉膏蛋白胨固体平板上，30℃~35℃恒温倒置培养3~4天，再将生长的菌株在以敌敌畏为唯一碳源的选择性无机盐培养基固体平板上划线分离，30℃~35℃培养4~5天，能够生长的菌株即为能够以敌敌畏为唯一碳源的降解菌株。

由自然界筛选特定微生物的方法由于受到客观条件的限制，且具有很

---

❶ 姜晖主编：《专利申请代理实务（化学分册）》，知识产权出版社2013年版，第41~42页。

大随机性，因此，在大多数情况下都是不能重现的。例如从某省某县某地的土壤中分离筛选出一种特定的微生物，由于其地理位置的不确定和自然、人为环境的不断变化，再加上同一块土壤中特定的微生物存在的偶然性，致使不可能在专利有效期20年内能重现地筛选出同种同属、生化遗传性能完全相同的微生物体。因此，由自然界筛选特定微生物的方法，一般不具有再现性，除非申请人能够给出充足的证据证明这种方法可以重复实施，否则这种方法不能被授予专利权。

上述专利申请虽为一种从自然界筛选微生物的方法，但该方法筛选获得的微生物是指具有某种特定功能的微生物，即能够以敌敌畏为碳源的降解菌，可以是氧化微杆菌、球形节杆菌、巨大芽孢杆菌及嗜中温甲基杆菌等，而不特指某种特定的菌种。该筛选方法是利用长期受敌敌畏污染的田间土壤为处理对象，所得的降解菌是田间土壤中的土著菌，并不要求必须是某个具体地理位置的土壤为处理对象，只要采集的菌样品来自于长期受敌敌畏污染的土壤中，都能筛选得到以敌敌畏为底物的降解菌株，因此，这种筛选方法是能够重复实施的，具有工业实用性。

另外，由于筛选出来的菌株种类可以是多样的，其可能是已经保藏过的，或者未保藏但由于并不特指某种特定的菌种，且本筛选方法并不依赖于筛选获得的菌株实现的，所以，筛选获得的菌株不需要进行保藏。

(四) 遗传工程的产品专利申请

【案例16】发明人提供的交底书如下。

一种零背景克隆载体 pUB857 的构建方法，利用温敏性启动子元件 $cI857 - P_R$ 控制细菌毒素基因 ccdB 的表达，并在 ccdB 开放阅读框上设计 SmaI 酶切位点，以用于克隆任意 DNA 片段，当目的 DNA 片段插入 ccdB 的 SmaI 酶切位点后会破坏原有毒素基因的表达，由此可使转化子在 37℃ 正常生长，而自连产生的空载体，其转化子在 37℃ 培养时会大量表达毒素基因 ccdB，导致细胞凋亡，从而实现"零背景"的克隆效果。该方法包括引物设计，基因克隆和载体构建，具体步骤如下：

引物设计：人工设计合成特异性引物序列

CIFor：5' – gtcgactctagaggatccccaccagaacaccttgccgatc – 3'；
CIRev：5' – gtgtaaaccttaaactgcatgctatacaacctccttagtacatgc – 3'；
ccdBFor：5' – gcatgtactaaggaggttgtatagcatgcagtttaaggtttacac – 3'；
ccdBRev：5' – tgaattcgagctcggtaccccatatattccccagaacatcagg – 3'。

PCR 扩增：PCR 反应体系是 5×Q5 PCR buffer 10 μL，5×enhancer 10 μL，dNTP (10 mmol/L) 1 μL，引物 (10 μmol/μL) 各 2.5 μL，质粒 DNA（约 20 ng/μL）1 μL，Q5 DNA 聚合酶 (5 U/μL) 0.5 μL，加 H_2O 至 50 μL。PCR 程序是 98℃预变性 30s；98℃变性 10s，55℃退火 30s，72℃延伸 30s，30 个循环；最后 72℃延伸 10 min。采用 pCP20 质粒 DNA 为模板和 CIFor/CIRev 引物用以扩增 cI857 – P_R 目的片段，而采用 E. coli Top10F' 菌株的基因组 DNA 为模板和 ccdBFor/ccdBRev 引物用以扩增 ccdB 目的片段。所述 ccdB 目的片段长度为 346bp，cI857 – P_R 目的片段长度为 872bp。

载体构建：将上述扩增的 ccdB 和 cI857 – P_R 目的片段通过琼脂糖凝胶电泳进行分离，并切胶回收。同时将 pUC19 质粒 DNA 用限制性内切酶 PvuII 进行酶切，胶回收线性化片段 pUC19。将 ccdB、cI857 – P_R、pUC19 片段用 Gibson Assembly 的方式进行连接，并将连接产物转化至大肠杆菌 DH5α 中，挑取阳性克隆验证，获得克隆载体命名为 pUB857。

涉及遗传工程的发明是生物技术领域中的一个重要部分。术语"遗传工程"指基因重组、细胞融合等人工操作基因的技术。涉及遗传工程的发明包括基因（或 DNA 片段）、载体、重组载体、转化体、多肽或蛋白质、融合细胞、单克隆抗体本身的发明。对于涉及基因、载体、重组载体、转化体、多肽或蛋白质、融合细胞、单克隆抗体本身的发明，说明书应当包括下列内容：产品的确认、产品的制备、产品的用途和/或效果。

1. 产品的确认

说明书应明确记载其结构，如基因的碱基序列、多肽或蛋白质的氨基酸序列等。在无法清楚描述其结构的情况下，应当描述其相应的物理 – 化学参数，生物学特性和/或制备方法等。

2. 产品的制备

说明书应描述制造该产品的方式，除非本领域的技术人员根据原始说明书、权利要求书和附图的记载和现有技术无须描述就可制备该产品。如果制备方法是无法重复的，则该产品或产品的载体需进行保藏。

3. 产品的用途和/或效果

应在说明书中描述其用途和/或效果，明确记载获得所述效果所需的技术手段、条件等。例如，应在说明书中提供证据证明基因具有特定的功能，对于结构基因，应该证明所述基因编码的多肽或蛋白质具有特定的功能。

对于涉及遗传工程的产品而言，一般来说，在可以获得起始生物材料的前提下，通过遗传工程操作，制备重组产品的过程是可以重复的，此时无须对重组生物或者其他重组产品进行保藏。如果在权利要求请求保护的技术方案中没有使用特定生物材料，并且是否使用这种特定生物材料不影响发明的效果，则也无须对该生物材料进行保藏。

当发明涉及由 10 个或更多核苷酸组成的核苷酸序列，或由 4 个或更多 L – 氨基酸组成的蛋白质或肽的氨基酸序列时，应当递交根据国家知识产权局发布的《核苷酸和/或氨基酸序列表和序列表电子文件标准》撰写的序列表。序列表可以使用国家知识产权局专利局提供的序列表编辑软件来形成；也可以使用其他专利组织提供的软件（例如欧洲专利局提供的 Patent – In）来形成；还可以使用任何纯文本文件编辑软件来形成。

该交底书中的克隆载体 pUB857 的构建方法，属于涉及遗传工程的发明申请，且起始的生物材料均是可以获得的，引物设计、PCR 扩增和载体构建过程这几个步骤都是本领域技术人员熟知的常规技术，所以该方法过程是可以重复的，因此无须对涉及的克隆载体进行保藏。根据交底书的内容以及与发明人的交流，其实际希望保护的是该克隆载体 pUB857 及其构建方法，即保护产品及产品的制备方法两个主题，但是交底书中并未记载产品克隆载体 pUB857 的结构，即基因的碱基序列，因此，需要发明人补充序列表。该克隆载体 pUB857 的描述可通过限定至少一个基因和载体来描述。

另外，发明人给出的交底书通常将具体的实验步骤作为技术方案置于发明内容部分，存在过于烦琐而不简练的弊端，并未用精练的语言对技术方案进行概括。上述申请对构建方法的记述中，引物设计、PCR 扩增和载体构建过程这几个步骤都是本领域技术人员熟知的常规技术，具体的实验条件是本领域技术人员根据目的就可以直接知道的，因此不需如此赘述。代理人最后根据交底书重新确定本申请的主题，并补充欠缺的序列表。根据交底书的内容，将产品主题的发明内容概括成"一种零背景的平末端克隆载体 pUB857，为利用 PvuII 酶切 pUC19 质粒形成线性 DNA 链，同时在酶切位点连接 ccdB 和 cI857 - P_R 形成的全长序列为 SEQ ID NO.9 的克隆载体，所述的 ccdB 开放阅读框上设计有 SmaI 酶切位点"，将重组载体构建方法主题的发明内容概括成"一种零背景的平末端克隆载体 pUB857 的构建方法，通过合成引物 PCR 扩增 cI857 - P_R 目的片段和 ccdB 目的片段，并将 pUC19 质粒 DNA 用限制性内切酶 PvuII 进行酶切，回收线性化片段 pUC19，最后将 ccdB、cI857 - P_R、线性化 pUC19 片段进行连接，得到克隆载体 pUB857"。

【案例 17】专利申请 1 的说明书中给出一种类人胶原蛋白，记载了蛋白的氨基酸序列，并限定其结构为三链、三螺旋结构，还给出该胶原蛋白的生产方法。该生产方法为本领域的常规技术方法，即先进行类人胶原蛋白的工程菌的构建，然后对工程菌发酵培养，之后诱导表达类人胶原蛋白，经提纯后得到该类人胶原蛋白，生产方法的关键点在于氨基酸的序列。说明书中还说明该类人胶原蛋白的三肽链含有带有简单侧链的甘氨酸、丙氨酸、丝氨酸、缬氨酸等独特的序列重复，改进了其结构，能在单细胞内取得高表达，表达量为 20%~50%，为螺旋结构，具有优于动物体胶原蛋白的独特的化学结构和性能，生成的类人胶原蛋白脯氨酸较动物体胶原蛋白少 40%~60%，因此其化学活性氨基酸部位更多，其衍生物种类多样化，不但具有动物体胶原蛋白固有的生物兼容性及生物重吸收性，而且在特定温度下具有热可逆成胶的特性，具有水溶性、低免疫排斥反应等优点。说明书中还介绍了其用途，能够加工成手术缝合线人工皮肤、胶片涂层、人工器官涂层等，也可与卤化银、染料等结合形成具有优良表面黏性的涂料。

专利申请2的说明书中给出一段人工合成的类人胶原蛋白基因及其制备方法，和含有该类人胶原蛋白基因的质粒，并附核苷酸序列表，但是未在说明书中记载该类人胶原蛋白基因的用途或者效果。

专利申请1的产品为蛋白，专利申请2的产品为基因，因此这两件专利的说明书中都应当对其产品进行确认描述，记载其制备方法，以及其用途或者效果。专利申请1的说明书对上述内容均进行了说明，但是专利申请2缺少对该基因的用途的记载，导致该专利说明书未充分公开，不满足专利法的要求，在实审过程中因为用途说明的缺陷而无法保护最重要的产品权利要求。

从上述分析可知，要撰写好专利说明书应遵循以下基本步骤。

（1）全面研究、分析发明。确定发明的技术领域，深入了解发明的实质。在这一过程中，要准确确定发明的技术领域，应结合IPC国际专利分类法来进行。在分析发明的实质内容时，应当认真分析发明人的"发明点"。即如果是产品发明，要深入研究产品的静态结构、动态结构以及使用操作过程；如果是方法发明，应深入研究其各步骤和工序，以及各工序中使用的工艺参数和条件。

（2）认真进行全面检索。做好专利申请前的检索，是申请人撰写好申请文件和顺利获得批准的前提条件。检索工作可发明人自己进行，也可委托代理人代为检索，或委托专业机构进行全面检索。同时，要求发明人对检索的结果进行分析研究，以确定哪些是影响新颖性的材料，哪些是影响创造性的材料，哪些仅仅是背景材料。对关键的材料要深入研究。

（3）确定最接近的对比文件。在检索结果证明发明不丧失新颖性后，要确定最相关的文献。特别是对于改进发明，应对发明原型的文献进行深入细致的分析，明确其优点和不足，根据其不足可以提出本发明实际解决的技术问题，同时要确定它与本发明共有的必要技术特征。

（4）明确保护范围。如何确定一个合适的保护范围很重要。范围太宽，得不到审查员的认可，可能无法被授予专利权；范围太窄，申请人的利益不能得到充分的保护。所以，应选择一个尽可能宽但又能够通过审查的、合适的保护范围。

（5）撰写说明书。严格按照前述介绍的起草说明书 5 个部分的内容和要求进行撰写。

（6）审核。仔细审核说明内容并检查说明书和权利要求书的关系，检查说明书和附图的关系。

总之，要做好撰写工作，使说明书支持权利要求，应当满足前述的撰写要求，再通过具体的撰写实践，就能够撰写出合格的说明书。

第三节　权利要求书的撰写

一、权利要求书的撰写要求

（一）权利要求应当清楚、简要

权利要求书是确定专利权保护范围的法律文件，为了保证其界定的保护范围是确定的，权利要求的内容和表述应当清楚、简要，能使所属技术领域的技术人员确定该权利要求所要求保护的范围与不要求保护的范围之间的界限，并在实践中能够清楚地确定某一项技术方案是否落入该权利要求的保护范围。

（1）权利要求书应当清楚，包含三层含义，即每项权利要求的类型应当清楚；每项权利要求的保护范围应当清楚；所有权利要求作为整体应当清楚。权利要求的类型清楚、明确，并不意味着产品权利要求的技术特征都必须是产品结构类型，方法权利要求的技术特征都必须是方法步骤类型。在特殊情况下，当产品权利要求无法用结构特征并且不能用参数特征描述清楚时，允许用方法特征来表述。方法特征包括原料（包括其配比和/或用量）、制备工艺条件和/或步骤等特征。

（2）权利要求书应当简要，是指每一项权利要求应当简要，并且构成权利要求书的所有权利要求作为一个整体也应当简要。

（二）产品和方法权利要求的双重保护

权利要求的内容包括产品或方法权利要求。为了发明人最大利益，对于发明人提供的产品的技术方案，除了撰写一组该产品权利要求外，还应当考虑其相应的产品的制造方法、该产品的用途等是否也可以进行专利保护。或对于发明人提供的方法的技术方案，除了撰写一组方法权利要求外，还应当考虑由该方法制备的产品是否可以进行专利保护。这一点在化学领域尤为突出，例如案例18和案例19。

【案例18】发明人提供的交底书如下。

产品：通式（1）的化合物。

发明人还提供了该有机化合物的制备过程及其化合物结构的表征数据。以上方案中，发明人提供的化合物为大分子化合物，该低聚物并没有涉及取代基团，因此，代理人只需考虑链长度 n 的取值范围，在低聚物中，链长度 n 的取值范围是必须要确定的，否则会造成权利要求的不清楚，最终影响专利的保护范围。

当保护的产品为化合物时，代理人所确定的技术方案中，除了该化合物为新化合物外，是否有新的中间化合物，一旦涉及新的中间化合物，代理人撰写独立权利要求时，保护产品除了目标产物外，还须包括中间化合物。而在上述方案中，涉及 3 个新的中间体，因此，本发明的产品的独立权利要求有 4 个，相应的方法独立权利要求同样有 4 个。

撰写后的独立权利要求如下。

权利要求 1：通式（1）的化合物，其中，n 为 1~2。

权利要求 2：用于制备如权利要求 1 所述的通式（1）的化合物的中间体 e。

权利要求 3：用于制备如权利要求 1 所述的通式（1）的化合物的中间体 f。

权利要求 4：用于制备如权利要求 1 所述的通式（1）的化合物的中间体 g。

权利要求 5：中间体 e 的制备方法。

权利要求 6：中间体 f 的制备方法。

权利要求 7：中间体 g 的制备方法。

权利要求 8：通式（1）的化合物的制备方法。

权利要求 9：通式（1）的化合物的应用。

【案例 19】 发明人提供的交底书如下。

通式（Ⅰ）的 DNJ－C－6－氘代衍生物：

对于具体结构的化合物来说，产品的独立权利要求很容易撰写，采用分子结构式表征就可以。但是，当该化合物为药物化合物时，除了撰写该化合物的产品权利要求外，还需撰写包含该化合物的药物组合物的权利要求，以及该化合物制备方法的权利要求和用途权利要求。例如，对于某种新药用化合物,可以首先写该化合物本身,其次写含有该化合物的药物组合物,再次写该组合物的各种剂型等。对于方法权利要求也可以采用类似的方法撰写。因为一方面是为了让发明可能获得更加充分的保护,另一方面可以通过此手段为他人设置现有技术,防止竞争对手申请外围专利,限制申请人新药用化合物发明权利的实施。

撰写后的权利要求如下。

权利要求1:通式(Ⅰ)的DNJ-C-6-氘代衍生物或其药学上可接受的盐。

权利要求2:通式(Ⅰ)的DNJ-C-6-氘代衍生物的合成方法。

权利要求3:一种抑制α-糖苷酶的药物组合物,其中含有权利要求1的通式(Ⅰ)的DNJ-C-6-氘代衍生物或其药学上可接受的盐及药学上可接受的载体。

权利要求4:权利要求1的通式(Ⅰ)的DNJ-C-6-氘代衍生物或其药学上可接受的盐用于制备治疗糖尿病的药物的用途。

不同的产品或方法,其权利要求的撰写方式也不同。下面结合案例,介绍化学领域中一些常见、典型的化学产品或化学方法的权利要求的撰写方法。

二、化合物的权利要求

化合物是具有一定结构式和/或物理化学性能的单一物质,专利法意义上的化合物包括低分子无机化合物、有机化合物、高分子化合物,还包括中间产物(中间体)。化合物的来源主要是人工合成,或从自然界提取。

《专利审查指南(2010)》第二部分第十章第3.1节指出:独立权利要

求要清楚、准确地表征化合物，化合物权利要求一般用化合物的名称或化合物的结构式或分子式来表征，其表征化合物有 4 种方式。

(一) 用化学名称或分子式表征

用化合物名称表示应该使用 IUPAC 规定的命名方法，该方式适用于表示包含几个化合物、无机物或要求保护范围很小的专利，例如案例 20。

【案例 20】 一种三元无机化合物晶体，其分子式为 $Ca_8Al_{12}P_2O_{31}$。

(二) 用结构式表征

很多情况下，发明不仅为一个化合物，常常包括具有某一特征的、属同一领域的一组化合物。表征这样的化合物群时，用通式表示最简单易懂。通式法还可准确地表示原子间连接方式及空间构象。

【案例 21】 一种多氨基多硝基苯并氧化呋咱金属配合物，其分子结构式如下：

其中，Y 为 H 或 NH_2，M 为重金属离子，选自铜、锌、铬、铁、钴、镍或铅金属离子中的一种，n 代表 2 或 3。

案例 21 中，该金属配合物如果只是采用分子式 M（PADNBF）n 进行表征，则不能清楚表达该化合物的空间结构。

【案例 22】 一种环金属铱光敏剂，所述铱光敏剂结构如下：

案例22保护了具有某一特征的、属同一领域的两个化合物,由于该两个化学物并不能简单地用通式进行概括,因此,可以采用并列结构式的撰写方式进行保护。

(三)用特征参数表征

特征参数包括化学领域用来确定化学结构的各类参数,如熔沸点、溶解度、元素分析数据、红外光谱等。使用特征参数定义的化合物必须能通过参数的比较,使其与已知化合物相区别,即能体现出发明的区别技术特征。

【案例23】一种多微孔球粒状硝酸铵,所述硝酸铵的微孔孔径多分布于 $10^{-3} \sim 10^{-5}$ cm,它的吸油率达到12%~23%。

【案例24】乙烯和α-烯烃的共聚物,该共聚物具有(a)在0.900~0.940 g/cm³范围的密度D,(b)在0.01~50 g/10min范围的熔体指数MI2 (2.16 kg,190℃),(c)满足以下关系式的熔体指数 MI2 (2.16kg,190℃)和Dow流变指数DRI,[DRI/MI2]>2.65,和(d)由满足以下关系式的共聚物生产的具有25μm厚度的吹膜的落镖冲击强度DDI,以g为单位:$DDI \geqslant 19000x \{1 - Exp [-750 (D - 0.908)^2]\} \times \{Exp [(0.919 - D)/0.0045]\}$。

(四)用生产方法表征

用生产方法表征方式仅限于在下述情况下使用:

(1) 用生产方法以外的方法无法定义该化合物时；
(2) 生产方法赋予该化合物新的特征，使其能用于特定用途。

【案例 25】 一种亲水有机硅高聚物，包含：进行一开环插入反应，让至少一环硅氧烷、至少一环氢硅氧烷进行一开环反应，再插入一直链聚硅氧烷之中，以形成具有硅氢键的一聚硅氧烷，其中该环硅氧烷的化学式为 [$(R_1)_2SiO$]$_3$、[$(R1)_2SiO$]$_4$ 或 [$(R_1)_2SiO$]$_5$，该环氢硅氧烷的化学式为 $(R_1HSiO)_3$、$(R_1HSiO)_4$ 或 $(R_1HSiO)_5$，该直链聚硅氧烷的化学式为 T－R2－[$Si(R_1)_2O$]x－$Si(R_1)_3$，T 为胺基或氢氧基，R_1 为 C1－C12 烷基，R_2 为－(CH_2)b－O－(CH_2)c－或 C3－C6 烷撑基，b 为 2~4，c 为 2~4；进行一硅氢化反应，让该聚硅氧烷的硅氢键与一亲水化合物的 C＝C 双键进行加成反应，以形成具有亲水性侧链的一聚硅氧烷中间体，该硅氢化反应使用一含铑催化剂，其中，该亲水化合物具有酰胺官能基或磷酸胆碱官能基，其中具有酰胺官能基的亲水化合物选自 N－乙烯吡咯烷酮、N－烯丙基吡咯烷酮、N－乙烯 N－甲基乙酰胺中任意一种以及上述的组合，具有磷酸胆碱官能基的亲水化合物为 2－甲基丙烯氧乙基磷酸胆碱；以及进行一封端反应，让该聚硅氧烷中间体的胺基或氢氧基的末端反应性氢与一烯类不饱和化合物的亲电子基反应，以形成该亲水有机硅高聚物。

上述表征方式的选择原则是：首选名称和结构式，无法用名称和结构式定义时才选择特征参数，无法用名称、结构式和特征参数定义才使用生产方法，4 种方式可以单独或结合使用，生产方法表示通常要与其他方式结合使用。

三、组合物的权利要求

（一）组合物发明的特点

组合物发明属于产品发明，组合物发明具有如下特点：以组成为特征，以性能为目的，以应用为效果。根据《专利法实施细则》第 22 条第 2 款的规定，发明的性质不适合将独立权利要求分为前序和特征两部分撰写的，独立权利要求可以用其他方式表达。组合物权利要求一般属于这种情况。

(二) 组合物发明的表达方式

组合物权利要求应当用组合物的组分或者组分和含量等组成特征来表征。组合物权利要求有开放式、封闭式及半开放式三种表达方式。开放式表示组合物中并不排除权利要求中未指出的组分；封闭式则表示组合物中仅包括所指出的组分而排除所有其他的组分；半开放式介于两者之间。这三种表达方式的保护范围不同，常用措辞如下。

(1) 开放式：例如"含有""包括""包含""基本含有""本质上含有"等，这些都表示该组合物中还可以含有权利要求中所未指出的某些组分，即使其在含量上占较大的比例。

(2) 封闭式：例如"由……组成""组成为""余量为"等，这些都表示要求保护的组合物由所指出的组分组成，没有别的组分，但可以带有杂质，该杂质只允许以通常的含量存在。专利申请人或其代理人在采用这种方式撰写时，应考虑日后可能发生的专利侵权诉讼存在的规避问题。根据最高人民法院《关于审理侵犯专利权纠纷案件应用法律若干问题的解释(二)》法释〔2016〕1号第7条的规定，被诉侵权技术方案在包含封闭式组合物权利要求全部技术特征的基础上增加其他技术特征的，人民法院应当认定被诉侵权技术方案未落入专利权的保护范围，但该增加的技术特征属于不可避免的常规数量杂质的除外。这里所称封闭式组合物权利要求，一般不包括中药组合物权利要求。

(3) 半开放式：即"基本"一词与封闭式的词连用，例如"基本上由……组成""基本组成为"，采用这种方式表达的权利要求的保护范围介于开放式与封闭式之间。它使封闭式的权利要求只是向着这样一些未指出的组分开放，这些组分可以是任何含量，但必须是那些对所指出的组分的基本特性或者新的特性没有实质上影响的组分。

(4) "主要"一词与封闭式的词连用时，即"主要由……组成""主要组成为"，其含义为开放式。上述开放式或封闭式在使用时，必须得到说明书的支持。例如，权利要求的组合物 A + B + C，如果说明书中实际上没有描述除此之外的组分，则不能使用开放式权利要求。另外，一项组合物独立权利要求 A + B + C，假如其下面一项权利要求中还有另一组分 D，则对于开放式的 A + B + C 权利要求而言，含 D 的这项为从属权利要求；对于封闭式的 A + B + C 权利要求而言，含 D 的这项为独立权利要求。

需注意的是，一个组合物中各组分含量百分数之和应当等于 100%，几个组分的含量范围应当符合以下条件：

（1）某一组分的上限值 + 其他组分的下限值 ≤ 100；

（2）某一组分的下限值 + 其他组分的上限值 ≥ 100。

（三）组合物权利要求的类型

组合物权利要求一般有 3 种类型，即非限定型、性能限定型以及用途限定型。

【案例26】一种水凝胶组合物，含有分子式（Ⅰ）的聚乙烯醇、皂化剂和水［分子式（Ⅰ）略］。

【案例27】一种磁性合金，含有 10% ~ 60%（重量）的 A 和 90% ~ 40%（重量）的 B。

【案例28】一种丁烯脱氢催化剂，含有 Fe_3O_4 和 K_2O……。

案例 26 为非限定型，案例 27 为性能限定型，案例 28 为用途限定型。

当发明强调组合物本身，或者该组合物具有两种或多种使用性能和应用领域时，可以允许用非限定型权利要求。例如，案例 26 的水凝胶组合物，在说明书中叙述其具有可成型性、吸湿性、成膜性、黏结性以及热容量大等性能，因而可用于食品添加剂、上胶剂、黏合剂、涂料、微生物培养介质以及绝热介质等多个领域。❶

如果发明强调应用，则应写成用途限定型，例如案例 28。只指出性能（如案例 27）并不导致对用途的限制。在某些领域，例如合金，必须写明

---

❶《专利审查指南（2010）》第二部分第十章第 4.2.3 节。

发明合金所固有的性质或（和）用途。大多数药品权利要求须写成用途限定型。

（四）农药组合物权利要求的撰写

【案例 29】 某申请要求保护一种吡虫啉静电油剂，授权文本的权利要求如下。

权利要求 1：一种吡虫啉静电油剂，其特征是，包括：

吡虫啉　　　　　　　　　　　　　　　　　　0.1～20.0 份
导电剂为十二烷基苯磺酸钠或十二烷基苯磺酸钙　1.0～10.0 份
助溶剂　　　　　　　　　　　　　　　　　　1.0～25.0 份
表面活性剂为脂肪醇聚氧乙烯醚、辛基酚聚氧乙烯醚、壬基酚聚氧乙烯醚、单油酸山梨醇酐酯的一种或两种的组合
　　　　　　　　　　　　　　　　　　　　　2.0～3.0 份
溶剂为邻二氯苯与甲基萘或 C10 芳烃的组合　　42.0～96.9 份。

权利要求 2：根据权利要求 1 所述的吡虫啉静电油剂，其特征是：助溶剂选用环己酮、二甲亚砜、N–甲基吡咯烷酮或 N, N–二甲基甲酰胺。

该申请在说明书中指出吡虫啉在溶剂邻二氯苯中溶解度高于其他常规溶剂，这对制剂的配制起到关键作用，而现有技术中并没有公开相关内容，并且在具体实施方式中给出多个制剂实施例，还测定了制剂的质量控制指标：低温相容性好，在 $-5℃$ 下，冷藏 7d 不析出结晶或悬浮物；挥发性低，滤纸悬挂法测定结果，挥发率低于 30%；对植物安全，无药害；采用闭口法测定，闪点大于 70℃；黏度小于 10mPa·s；电导率（$\mu\Omega \cdot cm^{-1}$）$1\sim10^{-3}$。

从权利要求书和说明书的内容来看，本申请独立权利要求 1 包含制剂的必要组分，尤其是限定溶剂为邻二氯苯与其他物质的混合溶剂，充分体现了技术方案对现有技术的贡献。对于制剂中较为重要的导电剂和表面活性剂，申请人也在独立权利要求 1 中根据实施例进行了限定。而对于制剂中次要的助溶剂，则在从属权利要求中进行限定。

(五) 合金材料组合物权利要求的撰写

【案例30】发明人提供的交底书如下。

一种锆基金属玻璃多相复合材料，所述复合材料的合金成分的原子百分比表达式为：$Zr_aTi_bCu_cNi_dBe_e$，其中 $52 \leq a \leq 70$，$17 \leq b \leq 22$，$2 \leq c \leq 9$，$2 \leq d \leq 7$，$4 \leq e \leq 15$，$a+b+c+d+e=100$。

现有技术为在 Zr–Ti–Cu–Ni–Be 合金系中添加 Nb 合金化元素，制备出微米尺寸 β–Zr（Ti）固溶体相增塑的 BMG 复合材料，其拉伸塑性应变达到 3%。再通过对树枝晶 β–Zr（Ti）相固溶体进行球化处理，将 BMG 复合材料的拉伸塑性提高到 6% 以上。虽然该铸态内生固溶体增塑 BMG 复合材料增塑效果显著，但是由于塑性固溶体相的强度远低于金属玻璃基体，从而造成复合材料强度大幅度下降。因此，上述申请实际解决的技术问题是在保持一般铸态内生固溶体增塑 BMG 复合材料增塑效果的同时，大幅度提高复合材料的强度。基于此，上述申请的技术方案是：通过在块体金属玻璃基体上析出铸态内生固溶体第二相，并在固溶体第二相中析出细小、弥散分布的高硬度的第三相，从而产生沉淀强化。

基于该技术方案，撰写后的权利要求如下：

权利要求1：一种锆基金属玻璃多相复合材料，其特征在于，所述复合材料的合金成分的原子百分比表达式为：$Zr_aTi_bCu_cNi_dBe_e$，其中 $52 \leq a \leq 70$，$17 \leq b \leq 22$，$2 \leq c \leq 9$，$2 \leq d \leq 7$，$4 \leq e \leq 15$，$a+b+c+d+e=100$。

权利要求2：根据权利要求1所述的锆基金属玻璃多相复合材料，其特征在于，所述成分的复合材料具有多相复合结构，其金属玻璃基体上均匀分布固溶体第二相 β–Zr，并且固溶体第二相中沉淀出细小、弥散分布的高硬度的第三相 ω–Zr。

权利要求3：根据权利要求1所述的锆基金属玻璃多相复合材料，其特征在于，所述的复合材料的最大直径为 35mm。

权利要求4：根据权利要求1所述的锆基金属玻璃多相复合材料，其特征在于，所述的复合材料的压缩塑性最大达到 10%。

权利要求5：一种制备如权利要求1~4任一所述的锆基金属玻璃多相复合材料的方法，其特征在于，所述方法包括以下步骤：

第一步：选取块体金属玻璃，根据相选择原理，调整合金成分 $Zr_aTi_b Cu_cNi_dBe_e$，其中 $52\leq a\leq 70$，$17\leq b\leq 22$，$2\leq c\leq 9$，$2\leq d\leq 7$，$4\leq e\leq 15$，$a+b+c+d+e=100$，使其在凝固过程中能够先析出锆的固溶体第二相 $\beta-Zr$，并且固溶体第二相在随后冷却过程中析出高硬度的第三相 $\omega-Zr$；

第二步：采用电弧熔炼的方法，将合金原料熔炼成母合金；

第三步：母合金重新熔化，铜模重力铸造得到锆基金属玻璃多相复合材料。

权利要求6：根据权利要求5所述的制备锆基金属玻璃多相复合材料的方法，其特征在于第一步中所述的合金各组元纯度大于99.5%。

权利要求7：根据权利要求5所述的制备锆基金属玻璃多相复合材料的方法，其特征在于第二步中所述熔炼时采用的电流为500~650A，电磁搅拌采用的电压为1~3V。

权利要求1为产品独立权利要求，权利要求2~4为其从属权利要求，从其撰写方式可以看出，权利要求1为性能限定型，权利要求2~4的撰写采用特征参数表征的方式，这种撰写方式不但使权利要求保护的范围最大，而且在后期的审查和修改期间，留有很大的修改空间。

【案例31】权利要求1：一种铁基合金，该合金具有包括一次和一次碳化物的马氏体显微组织，其以重量百分数计含有0.005%~0.5%硼，1.2%~1.8%碳，0.7%~1.5%钒，7%~11%铬，1%~3.5%铌，6%~11%钼，余者包括铁和附带杂质。

权利要求2：根据权利要求1的铁基合金，其中，所述合金不含钨。

权利要求3：根据权利要求1的铁基合金，其还含有最多1.6% Si 和/或最多2% Mn。

权利要求4：根据权利要求1的铁基合金，其中，硼含量0.1%~0.3%。

权利要求5：根据权利要求1的铁基合金，其中，碳含量1.4%~

1.8%。

权利要求 6：根据权利要求 1 的铁基合金，其中，钒含量 0.8%～1.5%。

权利要求 7：根据权利要求 1 的铁基合金，其中，铬含量 9%～11%。

权利要求 8：根据权利要求 1 的铁基合金，其中，铌含量 1%～2.5%。

权利要求 9：根据权利要求 1 的铁基合金，其还含有最多 2% 镍。

权利要求 10：根据权利要求 1 的铁基合金，其还含有 0.7%～1.2% 镍。

权利要求 11：根据权利要求 1 的铁基合金，其中，钼含量 8%～10%。

权利要求 12：根据权利要求 1 的铁基合金，其还含有最多 4% 钴。

权利要求 13：根据权利要求 1 的铁基合金，其还含有 1.5%～2.5% 钴。

权利要求 14：根据权利要求 12 的铁基合金，其中，铜部分或者全部替代钴。

权利要求 15：根据权利要求 1 的铁基合金，其中，硼、钒和铌以质量百分数计的含量分别用 B，V 和 Nb 代表，且满足下述条件 1.9%＜（B + V + Nb）＜4.3%。

权利要求 16：根据权利要求 1 的铁基合金，其中，合金处于淬硬并回火状态。

权利要求 17：根据权利要求 16 的铁基合金，其中，一次碳化物的宽度小于 10 微米，且二次碳化物小于 1 微米。

权利要求 18：根据权利要求 1 的铁基合金，其中，合金为铸件形式。

权利要求 19：根据权利要求 1 的铁基合金，其中，合金处于冷硬并回火状态，其硬度至少 42 Rockwell C。

权利要求 20：根据权利要求 1 的铁基合金，其中，合金处于淬硬开回火状态，其在 800℉下的高温维氏硬度至少 475。

权利要求 21：根据权利要求 1 的铁基合金，其中，合金处于淬硬并回火状态，其在 800℉下的高温压缩屈服强度至少 690MPa。

权利要求22：根据权利要求1的铁基合金，其中，合金的尺寸稳定性为在1200℉下20小时之后低于1.27×10^{-2}mm。

权利要求23：一种包含根据权利要求1的铁基合金的内燃机部件。

权利要求24：一种包含根据权利要求1的铁基合金的阀门座嵌入件。

权利要求25：一种包含根据权利要求1的铁基合金的柴油机阀门座嵌入件。

权利要求26：一种包含根据权利要求1的铁基合金的采用排放气体再流通的柴油机的阀门座嵌入件。

权利要求27：一种包含根据权利要求1的铁基合金的阀门座嵌入件，其中，所述阀门座嵌入件为铸件形式。

权利要求28：一种包含根据权利要求1的铁基合金的阀门座嵌入件，其中，所述阀门座嵌入件为压制并烧结的密实体形式。

权利要求29：一种具有根据权利要求1的铁基合金涂层的阀门座嵌入件。

权利要求30：一种包含根据权利要求1的铁基合金的阀门座嵌入件，其在800℉下的维氏硬度至少475，压缩屈服强度至少690MPa。

权利要求31：一种包含根据权利要求1的合金的滚珠轴承。

权利要求32：一种铁基无钨铸造合金，该合金具有包括一次和二次碳化物的马氏体显微组织，其以质量百分数计含有0.1%～0.3%硼，1.4%～1.8%碳，0.7%～1.3%硅，0.8%～1.5%钒，9%～11%铬，0.2%～0.7%锰，0～4%钴，0～2%镍，1%～2.5%铌，8%～10%钼，余者包括铁和附带杂质。

权利要求33：一种制备根据权利要求1的铁基合金的方法，其中，由在2800～3000℉下的熔体铸造所述合金。

权利要求34：一种制备根据权利要求1的铁基合金的方法，其中，由在2850～2925℉下的熔体铸造所述合金。

权利要求35：一种制备根据权利要求1的铁基合金的方法，其中，将所述合金加热至1550～2100℉下，淬火并且在1200～1400℉下回火。

权利要求 36：一种铁基合金，其以质量百分数计含有 0.005%～0.5% 硼，1.2%～1.8% 碳，0.7%～1.5% 钒，7%～11% 铬，6%～11% 钼，至少一种选自于分别由 Ti，Zr，Nb，Hf 和 Ta 表示的钛、锆、铌、铪和钽的元素，余者包括铁和附带杂质，使得 1%＜（Ti＋Zr＋Nb＋Hf＋Ta）＜3.5%。

该申请（200480003217.2）是在美国申请的 PCT 专利进入中国后的授权文本。该申请的权利要求布局非常好，产品、方法以及产品的应用全部进行了有效保护，而且权利要求的次序和层次也设计得非常合理。在撰写每一个独立权利要求时，都尽量概括了最大的保护范围，在设置其从属权利要求时，又层层递进，一层一层缩小，层次分明。有些代理人不太注意从属权利要求的撰写，往往确定独立权利要求的内容后，对其他的技术特征，随意地写入从属权利要求中，甚至出现独立权利要求 1 的保护范围很宽，而从属权利要求 2 立即跌到一个很窄的保护范围，就在于没有对各附加技术特征进行层次划分和排序，没有对从属权利要求的层次和顺序进行合理安排。

合理安排从属权利要求限定的保护范围，需要从两个方面考虑：一方面是技术特征的概括，应该从上位到具体，逐步进行；另一方面是从属权利要求的引用关系，从上一个层级到下一个层级，逐级引用，并与技术特征概括相对应。

具体来说，为了增加实质审查程序以及可能的后续无效宣告请求程序中修改的余地，各层级的从属权利要求的保护范围应该逐级缩小，技术特征应该由上位到具体、由一般到特殊，逐步、依次展开。同时，将权利要求设置多个层级，下级权利要求引用上级权利要求，同级权利要求还可以设置多个并列的权利要求。最后，在最低层级的从属权利要求中，才涉及最具体的附加技术特征。

对于同一组的从属权利要求，引用同一权利要求的从属权利要求应当放在一起。在此前提下，尽可能将描述相同或者相关技术特征的从属权利要求集中放置在一起，便于阅读，同时也可以使条理更清晰。另外要注意避免因权利要求项数较多造成的逻辑错乱。

除此之外,还需要注意,作为必要技术特征退路的从属权利要求一定要有引用其独立权利要求的技术方案,不能仅仅设为在某个从属权利要求中间接引用独立权利要求,否则在专利无效宣告程序中作删除或合并权利要求修改时会不得不带上不必要的技术特征,影响专利权的有效保护范围。

对于不同组的权利要求的次序,即不同独立权利要求之间的次序,虽然与整体保护范围无关,但也应当作统一的布局和安排。通常,在同时具有产品、制备方法及用途的独立权利要求的情况下,先写产品权利要求,再写制备方法权利要求,最后写用途权利要求。在有多个具备单一性的产品权利要求时,先写仅包括重要发明改进点的核心权利要求(通常包括的发明改进点应当最少),再设置外围权利要求。[1]

(六)树脂组合物权利要求的撰写

【案例32】 授权文本的权利要求如下。

权利要求1:一种增韧型单组分环氧树脂,其特征在于,以质量百分数计,包括含有2个以上环氧官能团的环氧树脂16%~48.7%、巯基封端聚硫橡胶48.7%~80%和潜伏型固化剂2.4%~6.9%。

权利要求2:根据权利要求1所述的增韧型单组分环氧树脂,其特征在于,所述的含有2个以上环氧官能团的环氧树脂选自双酚A环氧树脂、双酚F环氧树脂、酚醛环氧树脂、缩水甘油酯型环氧树脂中的一种或几种混合。

权利要求3:根据权利要求1所述的增韧型单组分环氧树脂,其特征在于,所述的巯基封端聚硫橡胶结构式为 HS$[C_2H_4OCH_2OC_2H_4S_2]_n$SH,其平均相对分子质量为800~17 000,$n=5~100$。

权利要求4:根据权利要求3所述的增韧型单组分环氧树脂,其特征在于所述的巯基封端聚硫橡胶选自 LP-33、LP-3、LP-980、LP-23、

---

[1] 姜晖主编:《专利申请代理实务(化学分册)》,知识产权出版社2013年版,第130~131页。

LP-56、LP-55、LP-12、LP-32、LP-2、LP-31、JLY-121、JLY-124 或 JLY-1225 中的一种或几种混合。

权利要求 5：根据权利要求 1 所述的增韧型单组分环氧树脂，其特征在于，所述的潜伏型固化剂包括路易斯酸络合物、双氰胺、咪唑化合物及其衍生物或其加成物、脂肪胺加成物、有机酸酰肼、二氨基马来腈、三聚氰胺及衍生物、多铵盐、酰亚胺化合物或微胶囊化固化剂。

权利要求 6：根据权利要求 5 所述的增韧型单组分环氧树脂，其特征在于所述的潜伏型固化剂选自 PN-23、MY-24、FXE-1000、FXR-1020、FXR-1030、FRX-1081、EH-3293、H-3615 或 HX-3721 中一种或几种混合。

权利要求 7：根据权利要求 1 所述的增韧型单组分环氧树脂，其特征在于，所述的增韧型单组份环氧树脂还包括 0.05~0.08wt% 消泡剂。

权利要求 8：根据权利要求 7 所述的增韧型单组分环氧树脂，其特征在于所述的消泡剂为不含有机硅氧烷的高分子量聚合物。

权利要求 9：根据权利要求 8 所述的增韧型单组分环氧树脂，其特征在于，所述的消泡剂选自 BYK-051、BYK-052、BYK-053、BYK-055、BYK-057 或 BYK-555 中的一种或几种混合。

上述案例为典型的组合物专利，权利要求 1 为开放式写法的非限定型权利要求。从权利要求书和说明书相应内容来看，本申请独立权利要求 1 包含配方的必须组分，尤其是巯基封端聚硫橡胶，充分体现了技术方案对现有技术的贡献。对于配方中次要的 2 个以上环氧官能团的环氧树脂和潜伏型固化剂，则在从属权利要求中进行层层限定。特别是，对于配方中可有可无的消泡剂，作为对所配方中主要组分的基本特性或者新的特性没有实质上影响的组分处理，因此放在从属权利要求中进行限定。

（七）药物组合物权利要求的撰写

【案例33】公开文本的权利要求如下。

权利要求 1：一种药物组合物，其特征在于，所述组合物包括培美曲塞和洛铂。

权利要求 2：如权利要求 1 所述的药物组合物，其特征在于，所述培美曲塞的给药量为 5mg/kg。

权利要求 3：如权利要求 1 所述的药物组合物，其特征在于，洛铂的给药量为 3mg/kg。

权利要求 4：如权利要求 1 所述的药物组合物在抑制骨肉瘤增殖方面的应用。

权利要求 5：如权利要求 4 所述的应用，其特征在于，所述的骨肉瘤是在裸鼠股骨的骨髓腔内注射红色荧光蛋白转染的人骨肉瘤细胞系 143-B-RFP 所导致的。

权利要求 6：如权利要求 4 所述的应用，其特征在于，所述应用包括人在内的哺乳动物。

药物组合物专利的独立权利要求撰写通常有两种方式：一种是直接在权利要求 1 中限定原料之间的配比；另一种是不直接限定原料之间的配比，而是在撰写从属权利要求时，对每一个组分的给药量进行限定。但是，对于第一种方式，原料之间的配比并不是越大越好，因为对于一个药物组合物，原料之间的配比是决定药物有效性的重要因素，如果专利代理人一味追求该配比的最大范围，未合理安排好权利要求的层次和合理的范围，可能会因得不到说明书支持导致专利申请无法授权，或者即使获得授权但其权利稳定性差。

此外，撰写药物组合物时，一般还需保护组合物的用途。物质的医药用途如果以"用于治病""用于诊断病""作为药物的应用"等这样的权利要求申请专利，则属于《专利法》第 25 条第 1 款第（三）项"疾病的诊断和治疗方法"，而不能被授予专利权。由于药品及其制备方法均可依法授予专利权，因此物质的医药用途发明以药品权利要求或者如"在制药中的应用""在制备治某疾病的药中的应用"等属于制药方法类型的用途权利要求申请专利，不属于《专利法》第 25 条第 1 款第（三）项规定的情形。

四、仅用结构或组成特征不能清楚限定的产品权利要求

(一) 采用参数表征

允许用物理或化学参数来表征化学产品权利要求的情况是：仅用化学名称或结构式或组成不能清楚表征的结构不明的化学产品。参数必须是本技术领域常用的、清楚的。在某些情况下必须使用新的参数时，所用的新参数应当使采用该参数定义的产品与现有技术能够区别。

【案例34】公开文本的权利要求如下。

权利要求1：一种在中空有序介孔硅球基体中负载铁铜双金属的纳米复合材料，其特征在于，所述复合材料以中空有序介孔硅球为载体，在载体上负载铁铜双金属纳米粒子，其中，铁负载量为 17.60～53.58mg/g，铜负载量为 17.00～55.46mg/g，总负载量为 66.84～73.06mg/g。

【案例35】公开文本的权利要求如下。

权利要求1：一种基于玻璃纤维滤膜载体的 $Pr^{3+}:Y_2SiO_5/TiO_2$ 光催化复合薄膜，其特征在于，所述的复合薄膜以玻璃纤维滤膜为载体，所述载体上均匀负载纳米 TiO_2 粒子和 $Pr^{3+}:Y_2SiO_5$ 粒子，其中，纳米 TiO_2 粒子和 $Pr^{3+}:Y_2SiO_5$ 粒子的质量比 25∶1；Pr 在 $Pr^{3+}:Y_2SiO_5$ 中摩尔含量为 1%。

在专利申请中，很多催化剂和复合物都是仅用化学名称或结构式或组成不能清楚表征的结构不明的化学产品，例如案例34和案例35中就是采用参数对权利要求进行限定。当仅用表示物质的结构不能充分定义化合物时，如果加上该物质的基础物性（参数）就能表征时，可以将表示基础物性的要素与结构特征结合进行表征，使本领域技术人员能够确定该物质，并能与已知的物质比较。

(二) 采用制备方法表征

允许用制备方法来表征化学产品权利要求的情况是：用制备方法之外的其他特征不能充分定义权利要求的化学产品，并且制备方法给予该化学

产品新的特性，使其能用于特定的用途。

【案例36】 公开文本的权利要求如下。

权利要求1：一种无卤膨胀型阻燃体系阻燃聚乳酸材料，其特征在于，所述的聚乳酸材料是由聚乳酸、改性聚磷酸铵和成炭剂熔融共混而成；其中，所述的聚乳酸、改性聚磷酸铵和成炭剂的质量百分比为70：(25～5)：(5～25)。

【案例37】 公开文本的权利要求如下。

权利要求1：一种聚脲包覆甲基硅油微胶囊，其特征在于，所述的微胶囊的囊芯为二甲基硅油，囊壁为油溶性单体甲苯二异氰酸酯与水溶性单体乙二胺经界面缩聚反应聚合而成的聚脲。

权利要求2：如权利要求1所述的聚脲包覆甲基硅油微胶囊，其特征在于，微胶囊的粒径为0.2～0.3μm；二甲基硅油的黏度为38～1000mPa.s。

【案例38】 公开文本的权利要求如下。

权利要求1：一种鳞片石墨掺杂的二元碳材料复合电极，其特征在于，通过分散在有机溶剂中的黏结剂将鳞片石墨与碳材料的复合材料固定在电极片上，经过压膜成型，真空烘干制得所述电极。

权利要求2：根据权利要求1所述的鳞片石墨掺杂的二元碳材料复合电极，其特征在于，所述的复合材料中碳材料与鳞片石墨的质量比为(99：1)～(1：2)。

权利要求3：根据权利要求1或2所述的鳞片石墨掺杂的二元碳材料复合电极，其特征在于，所述的复合材料中碳材料选自活性炭、石墨烯、碳纳米管、介孔碳、碳纤维、碳气凝胶或多孔碳中的一种。

案例36、案例37和案例38是仅用化学名称或结构式或组成不能清楚表征的结构不明的化学产品，而且制备方法之外的其他特征不能充分定义权利要求的化学产品，因此，其权利要求采用制备方法进行限定。

五、化学领域方法的权利要求

化学领域的方法发明，无论是制备物质的方法还是其他方法（如物质的使用方法、加工方法、处理方法等），其权利要求可以用涉及工艺、物质以及设备的方法特征来进行限定。涉及工艺的方法特征包括工艺步骤（也可以是反应步骤）和工艺条件，如温度、压力、时间、各工艺步骤中所需的催化剂或其他助剂等；涉及物质的方法特征包括该方法中所采用的原料和产品的化学成分、化学结构式、理化特性参数等；涉及设备的方法特征包括该方法所专用的设备类型及其与方法发明相关的特性或者功能等。

对于一项具体的方法权利要求来说，根据方法发明请求保护的主题不同、所解决的技术问题不同以及发明点不同，选用上述三种技术特征的重点也各不相同。

【案例39】 发明人提供的交底书如下。

喹唑啉酮的合成路线如下：

$$\underset{\underset{NH_2}{\overset{R^1}{\bigsqcup}}\!\!\!\!\!\!\!\!\!\!\!\!\underset{NH_2}{\overset{O}{\bigsqcup}}}{\text{II}} + \underset{R^3}{\overset{R^2}{\diagdown}\!\!\!\!\!\!\diagup}\!\!\!\!\overset{O}{\diagdown}\text{(III)} \longrightarrow -H_2O \longrightarrow \underset{\text{IV}}{\left[\underset{\underset{N}{\overset{R^1}{\bigsqcup}}\!\!\!\!\!\!\!\!\!\!\overset{O}{\bigsqcup}\overset{NH}{\underset{H}{\bigsqcup}}\overset{R^2}{\diagdown}\!\!\!\overset{R^3}{\diagup}}\right]} \xrightarrow{\text{过渡金属催化剂}} \underset{I}{\underset{\underset{N}{\overset{R^1}{\bigsqcup}}\!\!\!\!\!\!\!\!\!\!\overset{O}{\bigsqcup}\overset{NH}{\diagdown}\overset{R^2}{\underset{R^3}{\diagup}}}{}}$$

R^1、R^2、R^3代表取代基。

发明人提供的方案中，所述目标产物的取代基定义概括过宽，其本意是为了扩大权利保护范围，但是权利范围过大后又得不到说明书的支持，因此，代理人应该在发明人给出的实施例基础上，概括出所述化合物取代基的合理范围，在撰写权利要求时，应当撰写适合的从属权利要求。化合物的从属权利要求是对化合物的进一步限定，如对取代基定义的进一步限定、从并列选择的取代基中选择优选的取代基、一般概念中选择优选的具体概念、多个取代基的优选组合、对数值的进一步限定或具体的化合物。

【案例40】授权文本的权利要求如下。

权利要求1：一种保持聚苯胺在中性介质中具有稳定电化学活性的方法，其特征在于包括以下步骤：

步骤1　以石墨棒为阳极、氟离子掺杂的氧化锡导电玻璃为阴极，以 0.2 mol·L^{-1} 钨酸钠水溶液为电解液，在FTO表面沉积氧化钨，其中沉积时间为30~60 min；

步骤2　以表面沉积有氧化钨的FTO为工作电极、石墨棒为对电极、饱和甘汞电极为参比电极，以含苯胺单体的硫酸水溶液为聚合电解液，进行恒压电化学聚合，最终使氧化钨表面形成聚苯胺膜。

【案例41】授权文本的权利要求如下。

权利要求1：一种钛钢复合板全焊透焊接方法，其特征在于，包括以下步骤：

(1) 钛覆层开坡口

将钛钢复合板的钛覆层铣去宽为2mm，厚度为钛覆层厚度+0.5mm厚的坡口；

(2) 钢基层清理

焊接前将钛覆层的坡口和待焊区域周围进行清理；

(3) 钢基层的焊接

钛钢复合板的装配间隙为0~0.5mm，焊前将钛钢复合板预热到100℃~120℃，钢基层使用等离子焊接施焊；

(4) 钢基层焊缝背面清理

钢基层等离子焊缝背面留有余高，焊后将背面余高机加工平整，并对钛覆层的坡口进行清理；

(5) 中间过渡层钒的焊接

焊接方法采用钨极氩弧焊，在钛覆层的坡口处堆焊0.5~1mm厚的钒丝；

(6) 钛覆层的焊接

将钛钢复合板预热到150℃，采用熔化极气体保护焊在中间过渡层钒上堆焊一层钛合金直至盖满整个坡口。

【案例42】 公开文本的权利要求如下。

权利要求1：一种合成双吲哚甲烷衍生物的方法，其特征在于反应产物 I

I

是通过吲哚衍生物 II

II

与甲醇 III 反应

CH_3OH
III

式中，R^1 选自烷基、烷氧基、卤素或硝基；X = C 或 N。

授权后的权利要求如下。

权利要求1：一种合成双吲哚甲烷衍生物的方法，其特征在于反应产物 I

I

是通过吲哚衍生物 II

II

与甲醇Ⅲ反应

$$CH_3OH$$
$$Ⅲ$$

式中，R^1 选自烷基、烷氧基、卤素或硝基；X = C 或 N；

其具体制备步骤如下：在反应容器中，加入吲哚衍生物、甲醇、过渡金属铱、钌或铑络合物催化剂和碱，反应混合物在 120℃~150℃下反应，冷却到室温后得到目标产物，其中，催化剂为 [Cp*IrCl$_2$]$_2$、[Ir(cod)Cl]$_2$、[Cp*RhCl$_2$]$_2$ 或 [Ru(p-cymene)Cl$_2$]$_2$ 中的一种或几种。

案例40、案例41和案例42分别是化学领域中的方法发明，案例40可以归纳为处理方法，案例41和案例42可以归纳为制备方法，因此其权利要求采用方法或步骤进行限定。值得注意的是，案例42在授权文本中补入了具体的制备过程及其必需的工艺参数，代理人在布局方法权利要求时，权利要求1的方法可以写大一点，涉及非必要的工艺参数或不能确定是否为必要的工艺参数和步骤时，建议在从属权利要求中进一步限定，以免造成授权后权利要求范围过小。

六、用途权利要求

化学物质的用途发明是基于发现物质新的性能、并利用此性能而作出的发明。无论是新物质还是已知物质，其性能是物质本身所固有的，用途发明的本质不在于物质本身，而在于物质性能的应用。确切来说，新的发现和应用不能改变产品的结构或组成，使其变成新的产品，只能导致产品的新的应用。因此，用途发明是一种方法发明，其权利要求属于方法类型。

如果利用一种物质 A 发明了一种物质 B，那么，自然应当以物质 B 本身申请专利，其权利要求属于产品类型，不作为用途权利要求。

专利申请人或者代理人应当注意从权利要求的撰写措辞上区分用途权利要求和产品权利要求。例如，"用化合物 X 作为清洗剂"或者"化合物 X 作为清洗剂的应用"是用途权利要求，属于方法类型；而"用化合物 X 制成的清洗剂"或者"含化合物 X 的清洗剂"，则不是用途权利要求，而是产品权利要求。还应当明确的是"化合物 X 作为清洗剂的应用"不应当把它理解为与"作清洗剂用的化合物 X"相等同。后者是限定用途的产品权利要求，不是用途权利要求。

【案例43】授权文本的权利要求如下。

权利要求1：一种索拉胶在防治土传病原真菌方面的应用，其特征在于，将索拉胶置于土壤中，所述索拉胶占土壤质量的 0.002%~0.2%。

【案例44】公开文本的权利要求如下。

权利要求1：一种微孔 MIL-101 材料在吸附水中痕量碘中的应用。

权利要求2：如权利要求1所述的应用，其特征在于，对所述的微孔 MIL-101 材料进行后处理，其步骤如下：将活化后的 MIL-101 置于 0.05~0.3mol/L 的二甲基亚砜溶液中，磁力搅拌 1~3 小时后，离心分离、水洗，在 80℃~160℃下真空干燥 8~12 小时，即得后处理过的微孔 MIL-101。

权利要求3：如权利要求1所述的应用，其特征在于，所述的碘为放射性碘。

【案例45】公开文本的权利要求如下。

一种用于费-托合成制取高级烃类的催化剂，其特征在于，所述的催化剂以 Co 为活性成分，以 SiO_2 为载体，以 Zr 和 K 为助剂金属，其中，催化剂中钴含量为 55wt%~75wt%，锆含量为 2wt%~4wt%，钾含量为 1wt%~2wt%。

案例43和案例44是化学领域中的用途发明，案例45是化学领域中的产品发明，而不是用途发明。

【案例46】公开文本的权利要求如下。

权利要求1：一种石墨烯-氮化碳复合材料的应用，其特征在于，将所述复合材料作为锂离子电池负极材料。

授权文本的权利要求如下。

权利要求1：一种石墨烯-氮化碳复合材料的应用，其特征在于，将所述复合材料作为锂离子电池负极材料，所述复合材料通过以下步骤制备：

步骤1　将氧化石墨在去离子水中进行超声分散30~120分钟，得到氧化石墨烯分散液；

步骤2　将二氰二胺或三聚氰胺在去离子水中搅拌，溶解；

步骤3　将前两步所得体系混合，在温度50℃~100℃条件下，搅拌30~360分钟；

步骤4　将步骤3所得反应体系冷却，并冷冻干燥；

步骤5　将步骤4所得产物在氮气气氛下，500℃~600℃热处理4~8小时，制得石墨烯-氮化碳复合材料。

该申请授权后的文本加入了制备方法作为该专利的区别技术特征。由此可见，当代理人撰写的专利申请中涉及保护某种产品的用途时，要确定该产品的结构与现有技术是否具有本质区别，或者结构组成一样时，其制备方法与现有方法是否具有本质区别，这两个问题非常重要。当代理人弄清楚这两个问题后，对技术方案的保护才能达到最大范围的保护。一旦代理人疏忽，势必造成技术方案的遗漏，或保护范围的缩小，对发明人的保护权益造成重大损失。实际上，该产品的制备方法与现有技术具有本质的区别，制得的复合材料的效果与现有技术相比具有显著的进步。代理人在撰写上述权利要求时，就疏忽了对产品的保护，认为方案中的产品与现有技术没有区别，该方案仅仅是保护产品用途。虽然代理人和发明人在后期的审查过程中，作出了补救，使得该专利最终获得授权，但是其保护范围被极大地缩小（本书将在后文的审查意见答复中对该案进一步讨论）。

另外，代理人在撰写专利申请文件过程中，当专利仅涉及产品用途时，应注意产品的用途效果及其实施数据一定要全面，尤其是所保护的产品用途领域非常接近时。

七、生物技术的权利要求

（一）不符合单一性的同时申请

【案例 47】 原申请文件中的权利要求书。

权利要求 1：一种土壤类芽孢杆菌，为 Paenibacillus edaphicus NUST 16，保藏编号为 CCTCC No. M 2016542。

权利要求 2：一种多糖，其结构式为：

n 为 50~2000。

权利要求 3：如权利要求 2 所述的多糖，其特征在于，所述的多糖由保藏编号 CCTCC No. M 2016542 的土壤类芽孢杆菌 NUST 16 生产。

权利要求 4：如权利要求 2 或 3 所述的多糖的制备方法，其特征在于，具体步骤如下：

步骤 1　将保藏编号 CCTCC No. M 2016542 的土壤类芽孢杆菌 NUST 16 接种到灭菌后的培养基中，25℃~35℃摇床震荡培养形成种子培养液；

步骤 2　按 0.5%~20% 接种量将种子培养液接种到灭菌后的培养基中，25℃~35℃摇床震荡培养，获得产胞外多糖的发酵液；

步骤 3　在发酵液中加入沉淀剂 A，发酵液中的沉淀经过滤或离心，干燥后即得固体粗多糖，所述的沉淀剂 A 为 95%~100% 乙醇、95%~100% 甲醇、95%~100% 异丙醇和 95%~100% 丙酮中的一种或者多种。

权利要求 5：如权利要求 2 或 3 所述的多糖在调节水溶液流变性质中的应用。

《专利法》第 31 条第 1 款规定：一件发明或者实用新型专利申请应当限于一项发明或者实用新型。属于一个总的发明构思的两项以上的发明或者实用新型，可以作为一件申请提出。属于一个总的发明构思的两项以上的发明在技术上必须相互关联，包含一个或多个相同或者相应的特定技术特征，这种相同或者相应的特定技术特征分别包含在它们的权利要求中。特定技术特征是一个专门为评定专利申请单一性而提出的概念，应当把它理解为体现发明对现有技术作出贡献的技术特征，也就是使发明相对于现有技术具有新颖性和创造性的技术特征，并且应当从每一项要求保护的发明的整体上考虑后加以确定。

在判断权利要求之间是否满足单一性时，应当着眼于找出特定技术特征。在涉及微生物产品发明领域中，通常包括两类：

（1）具有特定功能的微生物，如对某种不易生物降解的化学物具有降解能力的细菌。

（2）新的微生物，其能够产生一种新物质，该物质具有特定功能，如某细菌能够分泌一种新结构的胞外多糖，该胞外多糖具有热可逆性。

对于第一种情况，不存在单一性的问题，一般权利要求可写成 4 个主题：（1）微生物自身；（2）微生物的培养方法；（3）微生物的应用；（4）微生物的应用方法。显然，在这种情况下，微生物自身即是贯穿这四个主题的特定技术特征。

对于第二种情况，则存在单一性的问题，这类发明申请可请求保护的主题有以下几种：（1）微生物自身；（2）微生物的培养方法；（3）微生物的应用；（4）微生物的应用方法；（5）微生物产生的新物质；（6）新物质的生产方法；（7）新物质的用途；（8）新物质的应用方法。上述 8 个主题，前 4 个与后 4 个显然缺少能够将二者相互关联的特定技术特征，因此不能在同一件专利申请中将 8 个主题同时保护，这时需要与发明人进行交流，进行分案或者取舍，选择最希望得到保护的主题，对权利要求书进行布局。

上述申请文件中的权利要求书，权利要求 1 与权利要求 3、4 之间含有特定技术特征（土壤类芽孢杆菌），权利要求 1 与权利要求 2、5 之间缺少相互关联的特定技术特征,不具有单一性。为克服单一性的问题,最终将申请文件分成"菌株和菌株的应用"以及"多糖及其生产方法和应用"两个专利进行申请,权利要求书分别如下:

1. 一种土壤类芽孢杆菌及其应用

权利要求1:一种土壤类芽孢杆菌,为 Paenibacillus edaphicus NUST 16,保藏编号为 CCTCC No. M 2016542。

权利要求2:如权利要求1所述的土壤类芽孢杆菌在生产水溶性胞外多糖中的应用。

2. 一种多糖及其制备方法和应用

权利要求1:一种多糖,其结构式为:

$$\text{[多糖结构式]}_n$$

n 为 50~2000。

权利要求2:如权利要求1所述的多糖,其特征在于,所述的多糖由保藏编号 CCTCC No. M 2016542 的土壤类芽孢杆菌 NUST 16 生产。

权利要求3:如权利要求1或2所述的多糖的制备方法,其特征在于,具体步骤如下:

步骤1 将保藏编号 CCTCC No. M 2016542 的土壤类芽孢杆菌 NUST 16 接种到灭菌后的培养基中,25℃~35℃摇床震荡培养形成种子培养液;

步骤2 按0.5%~20%接种量将种子培养液接种到灭菌后的培养基中,25℃~35℃摇床震荡培养,获得产胞外多糖的发酵液;

步骤3 在发酵液中加入沉淀剂A,发酵液中的沉淀经过滤或离心,干燥后即得固体粗多糖,所述的沉淀剂A为95%~100%乙醇、95%~100%

甲醇、95%~100%异丙醇和95%~100%丙酮中的一种或者多种。

权利要求4~8为制备方法的进一步限定。

权利要求9：如权利要求1或2所述的多糖在调节水溶液流变性质中的应用。

需要注意的是，这两项专利申请为同日申请，多糖的专利申请中，权利要求虽然不保护菌株，但是由于该申请是利用特定生物材料即保藏编号CCTCC No. M 2016542的土壤类芽孢杆菌实施的，且在申请日前保藏编号CCTCC No. M 2016542的土壤类芽孢杆菌处于公众不能获得的状态，因此在这两项专利申请文件中都需要记载所使用的土壤类芽孢杆菌的资料，并提供土壤类芽孢杆菌保藏证明和存活证明。

（二）阶段性的专利申请

【案例48】 1. 一种类芽孢杆菌新菌种及其培养方法和应用

权利要求1：一种类芽孢杆菌（Paenibacillus sp.），其特征在于，其保藏编号为CGMCC No. 8333。

权利要求2：一种培养类芽孢杆菌CGMCC No. 8333的方法，其特征在于，包括以下步骤：将类芽孢杆菌CGMCC No. 8333接种于培养基中，在15℃~40℃和pH值5.5~8.5条件下培养。

权利要求3~9为方法的从权。

权利要求10：如权利要求1所述的类芽孢杆菌CGMCC No. 8333在制备胞外多糖中的应用。

2. 一种类芽孢杆菌的胞外多糖、制备方法及其应用

权利要求1：一种类芽孢杆菌的胞外多糖，其特征在于，所述胞外多糖的结构式如式（Ⅰ）所示。

其中，n = 15 ~ 30。

权利要求 2 ~ 3 为权利要求 1 多糖结构的进一步限定。

权利要求 4：一种制备如权利要求 1 ~ 3 任意一项所述的类芽孢杆菌的胞外多糖的制备方法，其包括以下的步骤：（1）将类芽孢杆菌 CGMCC NO.8333 发酵得发酵液；（2）将步骤（1）所得的发酵液在 95℃ ~ 100℃ 加热 10 ~ 30 分钟，冷却至 15℃ ~ 25℃ 后，调节 pH 值至 4.4 ~ 4.8，静置 3 ~ 5 小时，离心取上清液，加入所述上清液体积 2 ~ 4 倍的 80% ~ 100% 乙醇溶液，静置过夜，离心收集沉淀物，所述的百分比为乙醇占乙醇溶液的质量百分比；（3）用 50℃ ~ 80℃ 蒸馏水将步骤（2）所得的沉淀物溶解，获得浓度为 0.5% ~ 1.0% 的沉淀物溶液，所述百分比为占所述沉淀物溶液的质量体积百分比，待所述溶液冷却至 20℃ ~ 25℃ 时加入三氯乙酸，使三氯乙酸最终为 4% ~ 10%，所述百分比为占所述溶液的质量体积百分比，再静置离心获得上清液，将所述上清液经过截留分子量为 1000Da 的膜透析后得到含胞外多糖的水溶液；（4）将步骤（3）所得的含胞外多糖的水溶液干燥后即得胞外多糖粗品。

权利要求 5 ~ 7 为权利要求 4 制备方法的进一步限定。

权利要求 8：如权利要求 1 ~ 3 任一项所述的胞外多糖在促进双歧杆菌增殖中的应用。

权利要求 9 ~ 10 为权利要求 8 应用的进一步限定。

由于生物化学领域中涉及的一些实验周期较长，在一个发明确定之后，再进行深入研究往往需要耗费很长的时间。因此，在生物领域发明的申请过程中，可进行阶段性的申请。如上述案例，经过长期工作的筛选，获得了能够分泌特异的胞外多糖的一种类芽孢杆菌，但是由于细菌胞外分泌物繁杂，要对该多糖提纯，再进行结构和组成的确认需要花费大量的时间，因此，申请人为了早日对该菌株进行保护，选择了先保护菌株，申请了菌株的专利。1年后，确定多糖的结构和组成后，再申请专利对该菌株分泌的胞外多糖进行保护。另外，与上一个案例不同的是，多糖的专利申请时，使用的类芽孢杆菌 CGMCC NO. 8333 已经在前专利中公开，属于现有技术，因此，虽然多糖的专利申请是利用该菌株实施的，但是并不需要在申请文件中再提供该菌株的资料，无须再提交保藏证明和存活证明。

(三) 选择性的专利申请

【案例49】一种类芽孢杆菌产生的微生物絮凝剂及其应用

权利要求1：一种类芽孢杆菌产生的微生物絮凝剂，其特征在于，由保藏编号为 CCTCC NO：M 2016615 的类芽孢杆菌 Paenibacillus sp. LX03 产生。

权利要求2：根据权利要求1所述的类芽孢杆菌产生的微生物絮凝剂的制备方法，其特征在于，具体步骤如下：将类芽孢杆菌 Paenibacillus sp. LX03 接种至发酵培养基中，培养温度为30℃，摇床培育2~3天，发酵液经离心去除菌体后，加入2~3倍体积的乙醇析出胞外产物，胞外产物烘干后加水溶解，得到所述的微生物絮凝剂。

权利要求4：根据权利要求1所述的微生物絮凝剂组成的复配絮凝剂，其特征在于，由微生物絮凝剂与含金属离子或聚合氯化铝溶液组成。

权利要求9：根据权利要求1所述的微生物絮凝剂在处理含金属离子废水中的应用。

权利要求10：根据权利要求4~8任一所述的复配絮凝剂在处理含金属离子废水中的应用。

交底书中只记载了筛选获得的菌株，以及该菌株产生的微生物絮凝剂及该絮凝剂的应用，没有絮凝剂的化学结构和化学组成的确认数据。通过与发明人交流，由于絮凝剂的确认实验复杂，短时间内不能得到其数据，并且可能不再进行絮凝剂结构和组成的确认实验。此时有两种选择：(1) 以保护菌株为主题，絮凝剂的生产作为菌株的应用主题，此时不能对单独的絮凝剂进行保护；(2) 以保护絮凝剂为主题，以菌株作为限定絮凝剂的特定技术特征，菌株发酵生产絮凝剂作为絮凝剂的制备方法的主题，絮凝剂的应用作为用途主题，此时不能对单独的菌株进行保护。发明人最终决定以保护絮凝剂为主题，以菌株作为限定絮凝剂的技术特征。

八、小　　结

在进行权利要求的布局时，不仅要考虑撰写出保护范围尽可能宽的权利要求，还要考虑平衡权利要求的保护范围与专利权的稳定性。对于保护范围越宽的权利要求，在专利申请审查阶段获得审批的难度越大，无效宣告请求程序中被宣告专利权无效的可能性也越大。反之，撰写的权利要求保护范围越窄，越容易授权，但用该权利要求进行维权时可能无法覆盖涉嫌侵权产品。因此，在权利要求布局中要综合考量获权与维权的可行性。

权利要求的范围并非越大越好，而是要概括一个合理的范围。一方面要使此范围能够得到说明书的充分支持，另一方面要使权利要求相对于背景技术具备新颖性和创造性，否则即使授权也会造成权利稳定性差，使申请人不敢维权或者维权时容易被宣告无效。此外，概括一个合理的范围也是专利申请能够顺利获得授权的前提。因此，在撰写时平衡好权利要求的保护范围和专利权的稳定性尤为关键。

第四节　审查意见通知书的答复

一、涉及缺乏新颖性/创造性缺陷的答复

（一）化合物的新颖性判断

（1）专利申请要求保护一种化合物的，如果在一篇现有技术文件中已经提到该化合物，所属领域的技术人员由该文件的教导能制造或者能分离

出该化合物,则该化合物缺乏新颖性。这里所谓"提到"的含义是:明确定义或说明该化合物的①化学名称、②分子式(或结构式)、③理化参数和/或④一种制备方法(包括原料)。

(2) 如果一篇现有技术文件只公开化合物的上述①~④的部分内容,所属领域的技术人员不能从这篇文件中或公知的常识中理解到如何得到所要求的化合物,则这篇文件不能用来破坏该化合物的新颖性。

(3) 在化合物的名称和分子式难以辨认的情况下,一篇现有技术文件所公开的理化参数,或鉴定化合物用的其他参数等,可以用来破坏发明化合物的新颖性,但必须是所属领域的技术人员根据这篇文件能制造或分离出该产品。

(4) 通式不能破坏该通式中一个具体化合物的新颖性。一个具体化合物的公开使包括该具体化合物的通式权利要求丧失新颖性,但不影响该通式所包括的除该具体化合物以外的其他化合物的新颖性。一系列具体的化合物能破坏该系列中相应的化合物的新颖性。一个范围的化合物(例如 C_{1-4})能破坏该范围内两端具体化合物(C_1 和 C_4)的新颖性,但若 C_4 化合物有几种异构体,则 C_{1-4} 化合物不能破坏每个单独异构体的新颖性。

(5) 天然物质的存在本身并不能破坏该发明物质的新颖性,只有现有技术中已公知的与发明物质的结构和形态一致或直接等同的天然物质,才能破坏该发明物质的新颖性。

上述 5 条规定同样适用于其他物质。

(二) 组合物权利要求的开放式和封闭式与新颖性的关系

假设一个在先申请或者现有技术中公开了组合物甲(A+B+C),另一个在后的发明专利申请为组合物乙(A+B),且两者所解决的技术问题相同,如果组合物乙的权利要求采用封闭式表述:"由 A+B 组成",则该权利要求有新颖性;如果采用开放式表述:"含有 A+B",则该权利要求无新颖性。若组合物乙的权利要求采取排除法表述,即指明不含 C,则该权利要求仍有新颖性。

(三) 用方法或用物理化学参数表征的化学产品的新颖性

对于用方法表征的化学产品权利要求，如果没有提供可与现有技术进行比较的参数证明该产品的新颖性，而仅仅是制备方法不同，也没有表明由于方法上的区别为产品带来任何功能、性质上的改变，则该方法表征的产品权利要求不具备《专利法》第 22 条第 2 款所述的新颖性。

对于用物理化学参数表征的化学产品权利要求，如果无法依据所提供的参数对由该参数定义的产品与现有技术的产品进行比较，从而不能确定采用该参数定义的产品与现有技术产品的区别，则用该参数表征的产品权利要求不具备《专利法》第 22 条第 2 款所述的新颖性。

(四) 已知物质用途发明的新颖性

一种已知物质不能因为提出某一新的应用而被认为是一种新物质。例如，物质 X 作为洗涤剂是已知的，那么一种用作增塑剂的物质 X 不具有新颖性。但是，如果一项已知物质的新用途本身是一项发明，则已知物质不能破坏该新用途的新颖性；这样的用途发明属于使用方法发明，因为发明人的贡献不在于物质本身，而在于如何去使用它。例如，上述原先作为洗涤剂的物质 X，后来有人研究发现将它配以某种添加剂后可以作为增塑剂用。那么，如何配制、选择什么添加剂、配比多少等就是使用方法的技术特征。

(五) 化合物的创造性

（1）结构上与已知化合物不相接近的新化合物，并具有一定的用途和效果，则不必要求该化合物具有意想不到的效果和用途，就有创造性；所谓结构接近，是指两种化合物具有相同的核心部分或基本的环。

（2）结构上与已知化合物接近的化合物，必须要有预料不到的用途或效果，这是其具备创造性的充分条件。此预料不到的用途或效果可以是与该已知化合物的已知用途不同的用途；或者是对已知化合物的某一已知效果有实质性的改进或提高；或者是在一般常识中没有明确的或不能由常识推论得到的用途或效果。

两种化合物结构上是否接近,与所在的技术领域有关。

【案例 50】 现有技术的一种杀虫剂 A－R,其中 R 为 C_{1-3} 的烷基,并且已经指出杀虫效果随着烷基 C 原子数的增加而提高。如果某一申请的杀虫剂是 $A－C_4H_9$,杀虫效果比现有技术的杀虫效果有明显提高。由于现有技术中指出了提高杀虫效果的必然趋势,因此,该申请不具备创造性。

【案例 51】 申请化合物:

[化学结构式]

已知化合物:

[化学结构式]

上述申请中,化合物的结构非常接近,其差异仅仅在噻唑环的 5 位取代基的变化,而且该变化也很相近,但是申请化合物为抗霍乱药物,而已知化合物为维生素 B_1,该申请化合物有创造性。

【案例 52】 现有技术:$H_2N－C_6H_4－SO_2NHR_1$(Ⅱ$_a$)

本申请:$H_2N－C_6H_4－SO_2－NHCONHR_1$(Ⅱ$_b$)

(Ⅱ$_a$)磺胺是抗菌素,(Ⅱ$_b$)磺酰脲是抗糖尿药,结构接近,但药理作用不同,有创造性。

【案例 53】 该申请涉及含类对乙酰氨基酚结构的苯乙酰胺类衍生物,代理人就说明书的撰写实例对该案例进行过分析说明,从说明书公开的内容可知，该申请对已知的优良药物进行了修饰，改进了其不足之处，并引入新的可能具有药效的结构。该申请是一项以化合物为中心主题的发明，申请人认为其创新之处在于针对对氨基酚的两端均进行了修饰，在使一端具有乙酰氨基降低苯胺类药物毒性的同时，在另一端引入醚键，增强了进入生物体后此类化合物的脂溶性，从而能够更好地被吸收利用。

然而在实质审查过程中，第一审查意见通知书写到："权利要求1请求保护一种对乙酰氨基酚结构的苯乙酰胺类的化合物，对比文件1（W0201106892TA2）公开了一种对乙酰氨基酚类化合物如下式（I），用于抗炎镇痛。

I

对比文件1是权利要求1请求保护化合物的最接近的现有技术，权利要求1与对比文件1公开的化合物相比，其区别技术特征在于：（1）权利要求1化合物中的R_1为H、Br、OCH_3，而对比文件1中的为Cl。（2）权利要求1中化合物的R_2为取代的苯基，而对比文件1中的为H。基于上述区别技术特征，可以确定权利要求1相对于对比文件1实际解决的技术问题是扩展了用于抗炎镇痛药的化合物的范畴。对于上述区别技术特征（1），虽然对比文件1与权利要求1中的R_1不同，但是Cl和Br属于同主族元素，所属技术领域的技术人员在对比文件1公开的Cl的基础上，在面对本发明实际解决的技术问题时，很容易想到将Cl元素进行常见合适基团的替换，这无疑是本领域技术人员所具备的能力。也就是说，所属技术领域的技术人员在对比文件1公开的苯环上可进行氯代的基础上，无须付出创造性的劳动即能想到将对比文件1中的Cl替换为本领域常见的基团H、Br、OCH_3。对于区别技术特征（2），对比文件2（US2004248983 A1）公开了一种用于抗炎镇痛作用的苯乙酰胺类化合物，如下式（II）所示：

由此可见，对比文件2公开了N-苯基苯乙酰胺类化合物具有镇痛的药物活性，也就是说，对比文件2给出了苯乙酰胺具有镇痛的药物活性的技术启示。所属技术领域的技术人员为了获得更多或者更佳镇痛效果的对乙酰氨基酚结构化合物，完全有动机将对比文件2给予的技术启示应用到对比文件1中，即采用苯乙酰胺进行结构修饰。也就是说，所属技术领域的技术人员完全可以在对比文件1公开的化合物母体结构的基础上，结合对比文件2给予的技术启示，对各个取代基团进行常见基团合适的选择和/或替代和/或组合，并可预期所得到的化合物具有相同或相近的技术效果。因而，认为该发明的技术方案不具备创造性。

针对这类审查意见，申请人应先从结构上判断该化合物与已知化合物的结构是否接近，且是否具有一定的用途和效果。

针对上面案例的审查意见，申请人对本申请要求保护的化合物结构进行分析，认为虽然本申请要求保护的化合物与对比文件1所述化合物的结构上相近，只是拓展了一个苯环，但是其效果有实质性的改进或提高。因此，本申请权利要求1中的技术方案与对比文件1和对比文件2相比，具有突出的实质性特点和显著进步。

具体地，在对通式化合物的结构进行分析后，申请人在答复第一次审查意见通知书时强调："权利要求1中的化合物具有R_1为H、Br、OCH_3和R_2为取代的苯基两个主要区别基团，R_1区别于对比文件1中的Cl，R_2区别于对比文件1中的H。首先，取代的苯基相对于H的结构区别已经影响到化合物的整体骨架，在相对分子质量方面，化合物增加25%，空间结构也拓展了一个苯环的长度，更有可能与靶点形成π键相互作用，申请人认为这一点具有创造性。其次，审查员认为Cl和Br属于同一主族，对比文件中的R_1的Cl替换为H、Br、OCH_3不具备创造性，申请人不能接受此观点。

在基团替换过程中，本领域技术人员很容易进行常见合适基团的替换，但将 Cl 替换为 H 或 OCH$_3$，对于取代基的空间大小或带电性质有比较大的影响。最后，对比文件 2 给出了 N–苯基苯乙酰胺类化合物，而权利要求 1 中的化合物不仅完成了取代的苯乙酸和取代的苯胺的反应，而且其带有的羰基乙氧基结构在制备过程中就需要考虑原料的溶解度调整反应体系，在成酰胺反应中此类结构也并不常见，反应时也需要考虑其水解，引入这一结构并非显而易见。因此，申请人认为权利要求 1 中的化合物结构具有创造性"。

而在该案例的原始申请文件的说明书中，申请人并没有提供有利的实验效果数据去证明其具有比现有技术更显著的抗炎镇痛效果这一点。因此，在答复审查意见时，申请人虽然从理论上证明了本申请要求保护的化合物的效果，但是审查员并没有接受。审查员在第二次审查意见中提出：

（1）虽然对比文件 1 与本申请的化合物相比，拓展了一个苯环。但是对比文件 2 公开了 N–苯基苯乙酰胺类化合物具有镇痛的药物活性，也就是说，对比文件 2 给出苯乙酰胺具有镇痛的药物活性的技术启示。所属技术领域的技术人员为了获得更多或者更佳镇痛效果的对乙酰氨基酚结构化合物，完全有动机将对比文件 2 给予的技术启示应用到对比文件 1 中，即采用苯乙酰胺进行结构修饰，拓展一个苯环结构。由此而带来的化合物在理化性质上的区别也是显而易见的，如分子量、空间大小等。至于申请人认为的 R$_1$ 的替换是非常规的替换，对此审查员认为，H、Br、OCH$_3$，属于本领域的常规基团，尤其是 Cl 和 Br 属于同主族元素，所属技术领域的技术人员在对比文件 1 公开的 Cl 的基础上，在面对本发明实际解决的技术问题时，很容易想到将 Cl 元素进行常见合适基团的替换，由此替换所产生的理化性质是可以预期的，如电荷性质、空间大小，这无疑是本领域技术人员所具备的能力。在本领域中，在母体结构不变的情况下，进行常规基团的替换是屡见不鲜的。

基于第二次审查意见，申请人试图修改申请文件，补充实验数据，以表明该发明具有预料不到技术效果，即具备创造性。但是根据《专利审查指南（2010）》第二部分第八章第5.2.2节的内容，不允许"补入实验数据以说明发明的有益效果"。这就让申请人感到非常矛盾：一方面，审查员对技术效果的合理质疑，是由于申请文件中缺少能够体现发明的技术效果的实验数据；另一方面，申请人想要论证其发明具备预料不到的技术效果，也需要借助于实验数据的佐证。最终，申请人删除了化合物的产品权利要求，只保留了该化合物的方法权利要求，虽然最终获得授权，但对申请人的保护权益造成重大损失。

从该案例可知，当发明主题涉及新化合物时，特别是新的药物化合物时，申请文件中一定不能缺少能够体现发明的技术效果的实验数据。在化学领域，各项技术已经发展得相当成熟，因此，很多发明往往集中在对现有技术的优化选择、改进、改良或转用等方面。技术效果往往更直观地体现出这一类型发明的创新之处。

（六）组合物的创造性

【案例54】权利要求1：一种LED芯片清洗液，其特征在于，所述清洗液由异构脂肪醇聚氧乙烯醚、有机胺、有机酰胺溶剂、醇醚溶剂、含氮羧酸类螯合剂、芳基羧酸及纯水组成，各原料的质量百分比为：

异构脂肪醇聚氧乙烯醚	1%～15%
有机胺	1%～20%
有机酰胺溶剂	1%～20%
醇醚溶剂	1%～15%
含氮羧酸类螯合剂	0.1%～5%
芳基羧酸	0.01%～5%
纯水	余量

该申请涉及一种LED芯片清洗液，从说明书公开的内容可知，现有技术中，生产的LED芯片清洗液在实际使用中存在去除效率低及配线对衬底材料腐蚀严重的问题。该申请对LED芯片清洗液配方进行优化，改进其不

足之处，并在具体实施例中描述清洗效果，可是没有数据支持。该申请是一项以组合物配方为中心主题的发明，申请人认为其创新之处在于能够有效去除吸附在芯片表面的有机污染物，且能有效降低减少芯片表面腐蚀。

然而在实质审查过程中，第一审查意见通知书里写道：

权利要求1请求保护一种LED芯片清洗剂。对比文件1（CN101440332A）公开了一种安全环保、清洗清洁度高的水基型线路板清洗剂，清洗剂的原料配方按重量百分比组成为表面活性剂5%～15%，缓蚀活性剂0.5%～1.0%，螯合剂1%～5%，消泡剂0.1%～0.5%，清洗溶剂10%～20%，水余量。权利要求1与对比文件1的区别技术特征为：(1) 权利要求1中不含消泡剂；(2) 具体限定了表面活性剂、缓蚀活性剂和整合剂的种类及含量。基于该区别技术特征，本申请实际解决的技术问题是提供一种相似的替代产品。对于区别技术特征（1）：LED芯片属于一种常见的线路板。消泡剂的作用为清除有害泡沫，本领域技术人员容易想到根据所需清洗剂的性质，对消泡剂进行取舍，当去除消泡剂时其作用也相应消失。对于区别技术特征（2）：对比文件1还公开了表面活性剂可以为脂肪醇聚氧乙烯醚、缓蚀活性剂为三乙醇胺，螯合剂为乙二胺四乙酸钠，清洗溶剂为乙二醇甲醚、乙二醇丁醚、二丙二醇甲醚、N-甲基吡咯烷酮。芳基羧酸为本领域已知常用缓蚀活性剂，故而本领域技术人员容易想到选择使用常见缓蚀活性剂，使用一种或多种亦为常规方法。其各原料的含量为本领域技术人员根据需要经有限实验即可确定。故而，在该对比文件的基础上结合上述公知常识以获得该权利要求所要求保护的技术方案，对所属技术领域的技术人员来说是显而易见的，因此，该权利要求所要求保护的技术方案不具备突出的实质性特点和显著的进步，因而不具备创造性。

针对这类审查意见，申请人应考虑从论证技术方案具备预料不到的技术效果这一角度来论述发明的创造性。特别地，申请人如果能够论述一项发明具备预料不到的有益技术效果，那么，一方面能够说明其具备显著的进步，另一方面也能够说明其具备突出的实质性特点，即满足创造性的要求。

就本案例而言，申请人可以考虑在审查意见答复中，从论证有益技术效果的角度出发，一方面从理论上论证技术方案能够具备预料不到的技术效果，另一方面提供一些关键证据，例如有关对比实验效果数据来论述发明的创造性，以期解决这一矛盾。通常，需要在该发明与最接近的现有技术（审查员所引用的对比文件）之间，有针对性地——最好是针对在发明的申请文件中记载定性或者定量实验数据的那些技术效果——进行对比实验，所得的对比实验数据可以直观显示出发明在某个方面或者某种程度上的显著优越性，让人一目了然。例如，如果发明的制备方法的技术效果体现在可以大幅度提高产品的产率，高度优化产品的纯度等方面，而且这些内容在说明书中也有所记载，那么就可以通过提供该发明和对比文件之间的制备方法在产率、纯度等方面的对比实验效果数据来证明二者的差异，从而为论证发明的创造性提供有力的证据。

具体的，申请人对权利要求1进行了修改，将从属权利要求的技术特征"所述芳基羧酸选自苯甲酸、苯乙酸、2-乙基苯甲酸、3-乙基苯甲酸、2-丙基苯甲酸、2-乙基苯乙酸、2-丙基苯乙酸或2,4-二乙基苯乙酸中的一种或几种"和说明书中对"所述纯水的电阻至少为18 $M\Omega$"的技术特征补入权利要求1中。并在意见陈述书中陈述了如下意见："对比文件1（D_1）是最接近的现有技术，与D_1相比，修改后的权利要求1的区别技术特征在于：（1）本申请中不含消泡剂，而D_1中包含消泡剂；（2）本申请中包含芳基羧酸，而D_1中并不包含芳基羧酸；（3）本申请明确限定了纯水的纯度，而D_1中仅笼统限定为水；（4）本申请中各组分与D_1中的含量不同。"申请人就这4个区别技术特征一一进行了详细的分析，同时在陈述书中补充了对比试验数据以验证其有益效果。申请人采取这样的论证方式，不但可以清楚、直接地解答审查员关于"有益的技术效果"的质疑，使审查员能够清楚地判断专利申请的优势和进步之处；而且这样的论证和所提供的证据也不违反《专利法》第33条的要求，为专利的授权提供有力佐证。

在陈述意见时补充对比试验数据虽然不违反专利法的规定,但是如果申请人在陈述该申请具有创造性时,一旦其论证理由不够充分,不够让人信服,申请人补充的对比试验数据可能起到非常微薄的佐证作用,审查员对此数据可以不采纳。

(七) 化学物质用途发明的创造性

1. 已知物质用途发明的创造性

对于已知物质的用途发明,具备创造性要求的条件如下:

(1) 发现该物质新的性能;

(2) 由该性能决定的新用途可以具备良好的效果;

(3) 该新性能不能从物质本身的结构、组成、分子量及物理化学性质显而易见地得出或预见到。

2. 新物质用途发明的创造性

对于新的化学物质,如果申请中提出的用途有良好的效果,且该用途不能从结构或组成相似的已知物质预见到,可认为这种新物质的用途发明具有创造性。

【案例 55】 公开文本的权利要求如下。

权利要求1:一种石墨烯-氮化碳复合材料的应用,其特征在于,将所述复合材料作为锂离子电池负极材料。

该申请涉及一种石墨烯-氮化碳复合材料的应用,在后期的审查阶段,审查员发出如下审查意见:

权利要求1请求保护一种石墨烯-氮化碳复合材料的应用,对比文件1(《氮掺杂微纳米碳材料的制备表征及性能研究》,范彦如,载《中国优秀硕士学位论文全文数据库工程科技Ⅰ辑》,2012年第10期,2012年10月15日)公开了一种氮化碳/石墨烯复合材料的应用,并具体公开了将三聚氰胺与氧化石墨不同比例(三聚氰胺与氧化石墨的质量比分别为4:1,2:1分别记为复合物4-1和复合物2-1)混合后,52℃,恒温6h反应得到氮化碳/石墨烯的复合材料。为使前驱体三聚氰胺和氧化石墨之间分散更为均匀,将两者的混合物在乙醇溶液中进行超声充分混合后,再将干燥后的混合物粉末置于高压釜中进行反应。由以上讨论可知,石墨烯的复合使氮化碳原本密实的层状结构变得蓬松,氮化碳本身的含氮官能团又没有被破坏。可以推断与原氮化碳相比,所制备的氮化碳/石墨烯的复合物理应具有更高的比表面积和电导率,在超级电容器方面会具有比氯化碳更好的性能(公开了一种石墨烯－氮化碳复合材料作为负极材料在超级电容器的应用)。权利要求1请求保护的技术方案与对比文件1的区别技术特征在于将石墨烯－氯化碳复合材料作为锂离子电池负极材料。基于上述区别技术特征可以确定,本发明实际要解决的技术问题是如何选择石墨烯－氮化碳复合材料的应用对象。对于上述区别技术特征,对比文件2(《石墨型C_3N_4的固态合成及嵌锂性能研究》,杨晓晖,载《化学学报》,第67卷第11期,1166－1170,2009年12月31日)公开了一种石墨型氮化碳材料作为锂离子电池负极材料的应用,并具体公开了采用固态反应法合成石墨型的C_3N_4,该石墨型C_3N_4具有较好的可逆嵌锂能力,通过嵌入少量Mg^{2+}和Al^{3+}可以增强C_3N_4的结晶性和稳定性,从而有效提高C_3N_4的可逆嵌锂能力。这表明,要提高C_3N_4的可逆嵌锂能力性能必须进一步改进合成途径和合成条件,以提高C_3N_4的结晶性和稳定性。上述技术特征在对比文件2中的作用与在本申请中作用相同,都是将石墨型C_3N_4作为锂离子电池负极材料的应用。因此,对比文件2给出了将石墨型C_3N_4作为锂离子电池负极材料的应用的技术启示,本领域技术人员无须付出创造性劳动即可想到将其应用到对比文件1中以进一步解决其技术问题。对于本领域技术人员而言,石墨烯也是常用的锂离子电池负极材料,结合对比文件2,将石墨烯－氮化碳复合材料作为锂离子电池负极材料的应用,也是本领域技术人员的常用技术手段。因此,对于本领域技术人员而言,在对比文件1的基础上结合对比文件2以及本领域的公知常识得到该权利要求请求保护的技术方案是显而易见的。因而权利要求1请求保护的技术方案不具有突出的实质性特点和显著的进步,不具备《专利法》第22条第3款规定的创造性。"

针对这类审查意见,申请人应先考虑从产品应用的领域是否相同或相近,如果产品应用的领域相同或相近,申请人则需陈述所述的产品与现有技术是否具有本质区别,或更有益的效果,或发明构思是否相同。如果产品应用的领域与对比文件完全不相同,则只需陈述应用领域具有本质区别的原因。

在权利要求书的撰写实例中,代理人就该案例的权利要求撰写缺陷进行过分析说明,在此不再重复赘述,如何应答上述审查意见,具体地,申请人对权利要求1进行了修改,将说明书中关于石墨烯-氮化碳复合材料的制备方法作为区别技术特征补入权利要求1中,并在意见陈述书中作了如下陈述:

本发明专利制备的氮化碳-石墨烯的复合材料与对比文件1有着本质的区别:本申请是采用高功率去耦方法得到的二氰二胺、氧化石墨烯和二氰二胺共价键修饰的氧化石墨烯的13C固体核磁共振谱图(见说明书附图2),对于二氰二胺,化学位移为167.5ppm和158.8ppm分别对应sp2杂化和sp杂化的碳;对于氧化石墨烯,化学位移为228.1ppm,129.2ppm,69.1ppm和58.9ppm分别对应C=O,C=C,C—OH和C—O—C基团的信号;而对于二氰二胺修饰的氧化石墨烯,在化学位移为119.9ppm处出现氧化石墨烯碳骨架与氮相连的C—N键的信号,同时修饰后二氰二胺中sp2杂化碳的化学位移(166.4ppm)向高场移动,说明二氰二胺与氧化石墨烯发生亲核取代反应。最后,二氰二胺共价键修饰的氧化石墨烯通过原位聚合制备石墨烯-氮化碳复合材料。

而对比文件1没有经过这一步的亲核取代反应步骤,只是将石墨烯插层到氮化碳层间,二者之间没有化学作用,因此,本发明通过石墨烯和氮化碳间的共价键相互作用,通过化学反应形成新的物质:氮化碳-石墨烯复合材料。

(1)在氮化碳-石墨烯复合材料中,氮化碳能导致石墨烯纳米片上的缺陷,锂离子可以通过缺陷从氮化碳结构中扩散到石墨烯纳米片,因此提高了储锂容量。

(2)在氮化碳-石墨烯复合材料中,由于氮化碳纳米片在石墨烯纳米片上的原位聚合已经完全使石墨烯剥离,并且以单片层存在(见说明书附图3),这有利于锂离子的电化学吸附和嵌入到薄的石墨烯纳米片以及石墨烯平面内的孔中，因此体现出更高的锂离子存储容量。

（3）多孔氮化碳-石墨烯复合材料的高比表面积能提供更多的锂插入/脱出位点以给出更高的可逆锂离子存储容量（见说明书附图4），从而提高储锂容量。

（4）共价键键合方式能够进一步稳定石墨烯-氮化碳复合材料的结构，这样可以显著提高锂离子电池的循环性能（见说明书附图6）。

（5）石墨烯和氮化碳间的共价键相互作用以及石墨烯优异的导电性能够使电子在集流体和电极间迅速转移，能够提高锂离子电池的倍率性能（见说明书附图7）。

总之，本发明的思想是通过氮化碳共价键耦合石墨烯来提高石墨烯的储锂性能，而对比文件2是通过嵌入少量 Mg 和 Al 离子增强氮化碳的结晶性和稳定性来提高氮化碳的可逆嵌锂能力，因此，本发明在技术问题及其技术方案上和对比文件2具有实质的不同。

从上面的陈述可以看出，该申请陈述的重点放在发明构思的区别上。申请人之所以能够有理有据地分析该申请所述产品与现有技术的具有本质区别，其依据主要是原始申请文件中说明书实施例中提供的效果数据及其说明书附图。由此可见，撰写说明书时，提供尽量多的实验数据和效果说明对后期的审查阶段是非常有益的。

二、涉及缺乏单一性缺陷的答复

马库什权利要求是一种比较特殊的权利要求撰写方式，其采用列举出可选择要素或可选择项的方式来撰写权利要求，目的在于解决化学领域中多个取代基之间没有共同上位概念的问题。实践中，马库什权利要求通常出现在通式化合物和制药领域的专利权利要求的撰写中。因此，马库什权利要求是化学发明专利申请中单一性问题涉及的一个特殊问题。❶

---

❶ 王玉桂："对马库什权利要求单一性规定的理解和答复思路"，载 http：//bbs.mys-ipo.com/thread-149282-1-1.html，最后访问日期：2017年3月20日。

关于马库什权利要求的单一性,《专利审查指南(2010)》第二部分第十章第8.1节规定:如果一项申请在一个权利要求中限定多个并列的可选择要素,则构成马库什权利要求。马库什权利要求同样应当符合《专利法》第31条第1款及《专利法实施细则》第34条关于单一性的规定。如果一项马库什权利要求中的可选择要素具有相类似的性质,则应当认为这些可选择要素在技术上相互关联,具有相同或相应的特定技术特征,该权利要求可被认为符合单一性的要求。这种可选择要素称为"马库什要素"。

《专利审查指南(2010)》第二部分第十章第8.1.1节规定:当马库什要素是化合物时,如果满足下列标准,应当认为它们具有类似的性质,该马库什权利要求具有单一性:(1)所有可选择化合物具有共同的性能或作用;和(2)所有可选择化合物具有共同的结构,该共同结构能够构成它与现有技术的区别特征,并对通式化合物的共同性能或作用是必不可少的;或者在不能有共同结构的情况下,所有的可选择要素应属于该发明所属领域中公认的同一化合物类别。

【案例56】某申请,权利要求1:一种具有式(I)的化合物:

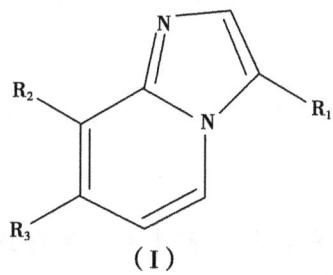

或其立体化学异构体……

其中,R_1为C_{1-6}烷基;C_{3-6}环烷基;三氟甲基;经以下各基团取代的C_{1-3}烷基:三氟甲基、2,2,2-三氟乙氧基、C_{3-7}环烷基、苯基或经C_{1-3}烷基、C_{1-3}烷氧基、氰基、卤基、三氟甲基或三氟甲氧基取代的苯基;苯基;经1或2个选自由C_{1-3}烷基、C_{1-3}烷氧基、氰基、卤基、三氟甲基及三氟甲氧基组成的组中的取代基取代的苯基;或4-四氢吡喃基;

R_2为氰基、卤基、三氟甲基、C_{1-3}烷基或环丙基;

R_3 为式（a）或（b）或（c）或（d）的基团：

在实质审查过程中，审查员认为本申请的权利要求 1 要求保护一种具有式（I）的化合物。然而，由于 R_1、R_2、R_3 的定义均包括多种可变化的基团，因此，式（I）化合物的并列选择的技术方案之间的共同结构仅为 [imidazo[1,2-a]pyridine], 对比文件 1（WO 2007039439A1）公开了具体化合物 3－{5－[8－三氟甲基－6－（4－三氟甲基－苯基）－咪唑并[1,2-a]吡啶－3－基]－[1,2,4]噁二唑－3－基}－苯磺酰胺，其具有结构 [imidazo[1,2-a]pyridine]，并且其可作为 $mGLuR_2$ 受体拮抗剂，由此可见结构 [imidazo[1,2-a]pyridine] 不能构成本发明与现有技术的区别技术特征，即，本申请权利要求 1 的并列选择的技术方案之间不具备相同或相应的特定技术特征，因而不属于一个总的发明构思，因此本申请权利要求 1 的并列选择的技术方案之间不具备单一性。

另外，审查员认为根据对比文件 1，本申请至少可以分成以下 4 组发明：

(1) R_3 为式（a）的式（I）化合物
(2) R_3 为式（b）的式（I）化合物

(3) R_3 为式 (c) 的式 (I) 化合物

(4) R_3 为式 (d) 的式 (I) 化合物

申请人应当根据对比文件 1 对式 (I) 化合物进行进一步的限定以克服缺乏单一性的缺陷。

针对这类审查意见,根据《专利审查指南 (2010)》第二部分第十章第 8.1.1 节的规定可知,如果申请人能够证明 (1) 本申请的所有可选择的化合物之间具有共同的性能或作用;和 (2) 所有可选择的化合物均具有共同的结构,且该共同结构能够构成它与现有技术的区别特征,并且对通式化合物的共同性能或作用是必不可少的;或者在所有可选择的化合物不具有共同结构的情况下,所有的可选择要素属于该发明所属领域中公认的同一化合物类别,则所有可选择化合物具有类似的性质,该马库什权利要求具有单一性。

在实践中,在所有的可选择化合物具有与现有技术区别的共同结构且具有共同的性能或作用的情况下,还需要说明与现有技术区别的该共同结构与共同性能或作用之间的关系,以说明共同结构确实对通式化合物的共同性能或作用是必不可少的,即所有可选择的化合物均具有相类似的性质,从而可以认为所有可选择化合物在技术上相互关联,具有相同或相应的特定技术特征,具有单一性。

具体地,针对上面案例的审查意见,申请人对本申请要求保护的化合物结构进行分析,并且认为本申请权利要求 1 中的并列选择的技术方案之间具有相同或相应的特定技术特征,属于一个总的发明构思。

对于该案例,在对通式化合物的结构进行分析后,申请人应当重点强调,由式 (I) 中的 R_3 的结构特征 (a) ~ (d) 限定的四组化合物之间由于以下原因而具有单一性:示例性的化合物具有共同的性能或活性,即它们对 $mGluR_2$ 受体均呈现出正变构调节活性;并且,所有示例性的化合物均具有构成化合物结构的区别部分的共同结构单元,在本申请的情况下,该共同结构单元是连接在一起的单独部分的组合,并且该共同结构对通式化合物的共同性能或作用是必不可少的。而且,根据本申请的示例性的化合物具有在7位和8位被取代的咪唑并［1，2-a］吡啶-3-基核：

相反，对比文件1中的重要因素是在6位被苯基取代以及可选地在8位取代的（1，2，4-噁二唑-5-基）-咪唑并［1，2-a］吡啶-3-基核，这导致在mGluR$_2$受体中具有拮抗活性的化合物：

因此，本申请要求保护的化合物具有显著不同于对比文件1中披露的化合物的取代方式，并且由这种取代方式形成的结构构成本申请化合物的共同结构，且所述共同结构能够构成本申请与现有技术的区别技术特征，并且所述共同结构对本申请的通式化合物的共同作用或性能是必不可少的，从而使得本发明的化合物对mGluR$_2$受体均呈现出正变构调节活性。由于作为本申请要求保护的化合物与对比文件1的化合物的区别特征的所述共同结构不能由对比文件1已知或者启示，且所述共同结构对本申请限定的通式化合物的共同性能或作用是必不可少的，因此，本申请权利要求1的所有可选择化合物之间均具有类似的性质。

如上所述，本申请示例性的化合物均具有共同的性能或活性，即它们对mGluR$_2$受体均呈现出正变构调节活性；并且所有示例性化合物均具有构成通式化合物结构与现有技术相区别的共同结构单元。在这种情况下，示例性化合物是连接在一起的单独部分的组合：本申请的示例性化合物均具有在7位和8位取代的咪唑并［1，2-a］吡啶-3-基核。然而，在对比文件1中，重要的结构单元是在6位被苯基取代和可选地在8位被取代的（1，2，4-噁二唑-5-基）-咪唑并［1，2-a］吡啶-3-基核，其会

导致在 $mGluR_2$ 受体中具有拮抗活性的化合物。

本申请权利要求1的化合物满足审查指南中关于马库什权利要求单一性的规定：（1）示例性的化合物均具有共同的性能或活性，即它们在 $mGluR_2$ 受体均呈现出正变构调节活性；（2）所有示例性化合物具有在7位和8位被取代的咪唑并[1，2-a]吡啶-3-基核，即具有共同的结构，本申请要求保护的化合物具有显著不同于对比文件1中披露的化合物的取代模式，所述共同结构能够构成本申请与现有技术的区别技术特征，并对通式化合物的共同性能或作用是必不可少的。本申请的示例性化合物在 $mGluR_2$ 受体中均呈现出正变构调节活性。因此，该马库什权利要求的所有可选择化合物之间具有单一性。

【案例57】 某申请，权利要求1：一种有色纺织品增色洗涤剂，包括以下组分：洗涤剂、增深剂、渗透剂、阳离子改性剂、纤维改性剂、溶纤剂……其中，所述增深剂选自改性聚丁二烯树脂、环氧树脂、氨基树脂、聚酯树脂、丙烯酸树脂和聚氨酯树脂。

在该案例中，可以认为作为马库什要素的"增深剂"具有共同的结构，即它们都是水性树脂，而且根据本领域的现有技术可以预期作为马库什要素的"增深剂"在有色纺织品增色洗涤剂中彼此之间可以相互替代并且能够获得相同的结果，因而在本申请的相关技术中可以认为作为马库什要素的"增深剂"所选择的物质属于同一类化合物，因此该权利要求所要求保护的发明具有单一性。

针对这类案件，在实践中，代理人认为，应该从本申请的实质或改进出发，首先陈述本申请所有可选择化合物均具有共同的性能或作用，然后对本申请的化合物结构进行具体分析，说明所有可选择的化合物均具有与审查员所指出的所谓的共同结构不同的实际的共同结构，并且所述实际的共同结构能够构成本申请的化合物与现有技术的区别特征，且对本申请通式化合物的共同性能或作用是必不可少的，即所有可选择化合物彼此之间均具有相类似的性质，从而证明本申请马库什权利要求的所有可选择化合物之间具有单一性。

三、涉及缺乏实用性缺陷的答复

专利法规定，一项发明或者实用新型若要获得专利权的保护，必须能适于实际应用。换言之，发明或实用新型不能是抽象的、纯理论性的，它必须能够在实际产业中予以应用。该发明或实用新型一旦付诸产业实践，应当能够解决技术问题，产生预期的技术效果，才能具备实用性。

专利申请文件中，不具备实用性通常有两种情形：（1）违背自然规律；（2）不能重复出现。通常，只要在撰写发明或者实用新型申请文件时，注意在其权利要求书中不要包含不具备实用性的技术方案，即可满足实用性对于申请文件撰写方面的要求。需要注意的是，对于违反自然规律的技术方案，不得出现在申请文件的任何部分，即所有的申请文件中（包括摘要），都不应当存在违反自然规律的内容。此外，在撰写权利要求书时，除了在撰写独立权利要求时需要注意不要包含不具备实用性的内容，在撰写从属权利要求时也应当注意不要包含不具备实用性的内容。因为对于概括性的独立权利要求，即使该独立权利要求具备实用性，其从属权利要求也有可能出现不具备实用性的情形。

【案例58】 公开文本的部分权利要求如下。

权利要求1：一株可降解吡啶的根瘤杆菌，其特征在于，它于2013年3月28日在中国典型培养物保藏中心CCTCC保藏，保藏单位地址为中国湖北省武汉市武汉大学，保藏编号为CCTCC NO：M 2013110，命名为根瘤杆菌NJUST18，其分类命名为（Rhizobium sp.），GenBank登录号为JN106368。

权利要求2：一种如权利要求1所述的可降解吡啶的根瘤杆菌的选育方法，其特征在于，包括以下步骤：

（1）菌株的分离：将长期受到吡啶污染的排污口取出的土样2g加入50mL含500mg/L吡啶的液体无机盐培养基MSM中，装入150mL三角瓶中，30℃条件下以180转/分的转速摇床培养进行富集培养；7天后，2mL富集培养后的液体培养基转接入50mL新鲜液体无机盐培养基MSM中，并摇床培养；经过连续3次转接后，用无菌蒸馏水将转接后的液体培养基稀释 $10^5 \sim 10^9$ 倍，涂布于含1000mg/L吡啶的无机盐固体培养基平板上，放入30℃培养箱中进行培养；一周后挑取在菌落特征上有明显差异的菌落，采用平板划线分离的方法进行纯化，连续纯化三次后，得到单一菌株，并进行斜面保存。

（2）菌株的筛选：挑取分离所得到的单菌落，分别接种于含1000mg/L吡啶的无机盐液体培养基中，摇床培养120小时；测定培养基中吡啶浓度变化，选取培养基中吡啶浓度显著降低的单菌落。

该案例涉及一种根瘤杆菌，经审查，提出如下审查意见：

权利要求3请求保护权利要求1所述的根瘤杆菌的选育方法，其中包括从"长期受到吡啶污染的排污口取出的土样"中分离，然而权利要求1所述的根瘤杆菌为一具有特定功能的特定菌株，其是通过筛选获得，然而即使是从同一块土地，按照同样的方法，由于环境因素的随机性和不确定性，本领域技术人员也难以预见还能够获得相同的菌株，因此，权利要求3请求保护的选育方法由于其方案的实现受到随机因素的影响，致使所属技术领域的技术人员不可能重复实现其方案，无再现性，导致该权利要求不具备实用性。

在化学领域，有关菌株自然筛选、紫外诱变或化学诱变的方法，不适于在产业上制造和不能重复实施的菜肴依赖于厨师的技术、创作等不确定因素导致不能重复实施烹饪方法等方面的主题都不具备实用性。但利用基因工程手段进行基因定向突变的方法，则不属于不具备实用性的范畴。

对于生物材料领域的专利申请，需要注意生物材料的保藏和再现性之间并列的关系。生物材料的保藏只是意味着生物材料产品可以重复得到，并不能证明生物材料的制备方法一定可以重复。因此，如果请求保护生物材料的制备方法，则即使该生物材料已经保藏，也不意味着该材料的制备方法就一定具备实用性。

虽然申请人将所得的微生物进行了保藏，但保藏只是说明微生物能够为公众所获得并且微生物能够再现，并不能说明该微生物的筛选过程能够重现并且结果相同。即微生物的筛选方法本身不具有再现性，这与其所得的微生物是否进行保藏无关，这类主题的权利要求会因不具备实用性而不能被授予专利权。

【案例 59】 公开文本的权利要求如下。

权利要求 1：一种类芽孢杆菌，其特征在于它于 2012 年 5 月 30 日保藏于"中国典型微生物保藏中心"，保藏登记号为 CCTCC NO：M2012196，命名为类芽孢杆菌 S09，分类命名为类芽孢杆菌（Paenibacillussp），该菌的 16SrRNA 基因序列在 Genbank 上的登录号为 JQ945736。

权利要求 2：一种类芽孢杆菌的选育方法，其特征是，所述方法包括以下步骤：

（1）配制筛选培养基：将质量浓度为 KH_2PO_4 0.5‰~1‰，$NaNO_3$ 2‰~3‰，$CaCl_2$ 0.07‰~0.15‰，$MgSO_4$ 0.1‰~0.3‰，$FeSO_4 \cdot 7H_2O$ 0.007‰~0.015‰，索拉胶 3‰~8‰溶于 H_2O 中，pH 值为 6~7.5，固体培养基添加 0.9%~1.5% 的琼脂；

（2）将培养基于 115℃~121℃灭菌 15~30 分钟，然后冷却；

（3）将采集的用于筛选的土样或水样加入液体培养基中，于 28℃~37℃摇床中振荡培养 2~4 天用于富集索拉胶降解菌，培养基中索拉胶黏度降低的菌液用于后续筛选；

（4）将富集培养的菌液做 10 倍梯度稀释，涂布到固体筛选培养基上，于 28℃~37℃培养箱中培养 2~4 天；

（5）将平板上的单菌落做好标记，影印至新的固体培养基上，将原平板上的菌落刮下，用质量浓度为 1%~3% CTAB 溶液覆盖平板 15~30 分钟后观察；

（6）将形成透明圈的菌落挑出，重新接种到液体筛选培养基中，于 28℃~37℃摇床中振荡培养 2~4 天，将使培养基中索拉胶黏度下降的菌筛出并保存。

权利要求 3：一种用权利要求 1 所述的类芽孢杆菌生产的 β-葡聚糖酶，其特征在于所述的 β-葡聚糖酶通过以下步骤制成：

（1）种子培养基为：质量浓度为 0.3% ~ 0.5% 的索拉胶，pH 值为 6 ~ 7，110℃ ~ 121℃ 高压灭菌 15 ~ 30 分钟，接种固体培养基上的类芽孢杆菌 S09 单菌落，28℃ ~ 37℃ 振荡培养 2 ~ 3 天；

（2）发酵培养基为：质量浓度为 0.5% ~ 1% 的索拉胶，pH 值为 6 ~ 7，110℃ ~ 121℃ 高压灭菌 15 ~ 30 分钟；按 2% ~ 4% 接种量接种种子液，28℃ ~ 37℃，200 ~ 225rpm，振荡培养 24 ~ 36 小时，7000rpm，10 ~ 20 分钟离心去除菌体，收集上清液，得葡聚糖酶的粗酶液。

该案例涉及一种类芽孢杆菌，经审查，提出如下审查意见：

权利要求 2 请求保护一种类芽孢杆菌的选育方法，其技术方案记载"将采集的用于筛选的土样或水样加入液体培养基中"，其用于筛选的土样或水样是随机采集的，不同的土样的组成、所生长的微生物不同，由此技术方案可知，其方案的实现受到随机因素的影响，致使所属技术领域的技术人员不可能重复筛选出本发明所述的类芽孢杆菌，无再现性，因此该权利要求不具备实用性。

而当菌株筛选是可重复实施的，菌株的筛选或选育方法则具备实用性。在该案例中，申请人通过修改权利要求 2，将技术方案中记载的"将采集的用于筛选的土样或水样加入液体培养基中"修改为"将燕麦根际土壤样品加入液体培养基中"，进一步限定所用样品的区域性，再经过在意见陈述书中陈述"燕麦中富含 β-葡聚糖，因此种植地根际土壤中有大量可降解 β-葡聚糖的微生物存在，但由于筛选底物和筛选方法的限制，有许多新型微生物尚未被发现和筛选出来。本申请采用新型的 β-葡聚糖索拉胶作为底物，利用 CTAB-索拉胶底物透明圈法，从燕麦根际土壤中筛得新型的 β-葡聚糖降解菌，该方法具有通用性和可重复性，具有实用性"，审查员最终接受申请人的意见，权利要求 2 被保留。

总之，不具备实用性的方案通常是因为违反客观规律、依赖随机因素或独一无二的自然条件等而无法制造或使用，这种固有的缺陷与说明书公开的程度无关，即使说明书公开得再详细，发明也不具备实用性。

四、涉及修改超范围的答复

《专利法》第 33 条是修改超范围的判断原则。其中原说明书和权利要求书记载的范围包括原说明书和权利要求书文字记载的内容和根据原说明书和权利要求书文字记载的内容以及说明书附图能直接地、毫无疑义地确定的内容。"直接地、毫无疑义地确定的内容"实际上就是要求修改后的内容与原申请文件的内容实质上相同，不包括从原申请文件上位概括的内容，也不包括其下位概念的内容。申请人在申请日提交的原说明书和权利要求书记载的范围，是审查主动修改或者针对审查意见的修改是否符合《专利法》第 33 条规定的依据。申请人向专利局提交的申请文件的外文文本和优先权文件的内容，不能作为判断申请文件的修改是否符合《专利法》第 33 条规定的依据，但进入国家阶段的国际申请的原始提交的外文文本除外。

以下举一个化学领域的案例来说明"修改超范围"的情况。代理人对本文中的案例进行了改动，以使案例更简单。

【案例 60】 该案例的原始权利要求 1~4 如下。

权利要求 1：一种高温合金，主要由以下组成：

至少一种按重量计 1%~20% 的 Cr 和 Co；

按重量计 10%~14% 的 Mo；

按重量计 31%~80% 的 Ni；以及

选自由 Ta、W 和 Al 组成的组中的至少一种按重量计 1%~4% 的附加的合金元素。

权利要求 2：根据权利要求 1 所述的合金组合物，其中，

如果 Ta 存在于所述合金组合物中，其存在的量的范围按重量计为 1%~3%；

如果 Al 存在于所述合金组合物中，其存在的量的范围按重量计为 1%~1.5%；

如果 W 存在于所述合金组合物中，其存在的量的范围按重量计为

1%~4%。

权利要求3：一种制成品，包含权利要求1所述的合金组合物。

权利要求4：根据权利要求3所述的制成品，其中，所述至少一种附加的合金元素存在的量按重量计在1%~4%。

为了克服权利要求1~4缺乏创造性的缺陷，申请人对以上权利要求进行修改，修改后的权利要求如下。

权利要求1：一种合金组合物，包括：

按重量计1%~20%的Cr或Co钯；

按重量计10%~14%的Mo；

按重量计31%~80%的Ni；以及

按重量计1%~4%的W，其中，如果存在Cr，所述合金基本上不包括Co，如果存在Co，所述合金基本上不包括Cr。

权利要求2：根据权利要求1所述的合金组合物，其中，

如果Ta存在于所述合金组合物中，其存在的量的范围按重量计为1%~3%；

如果Al存在于所述合金组合物中，其存在的量的范围按重量计为1%~1.5%。

权利要求3：一种制成品，包含权利要求1所述的合金组合物。

权利要求4：根据权利要求3所述的制成品，其中，所述合金组合物进一步包括选自Ta和Al的至少一种附加的合金元素，所述至少一种附加的合金元素存在的量按重量计在1%~4%。

在后续的审查过程中，审查员指出对权利要求4的修改超出了原说明书和权利要求书记载的范围，理由是原申请文件记载的是"由Ta、W和Al组成的组中的至少一种附加的合金元素按重量计1%~4%"，而修改后的权利要求4中的至少一种附加的合金元素是Ta和Al，不包括W，其量仍然限定为按重量计在1%~4%。原说明书和权利要求书没有记载也无法直接、毫无疑义地确定在不包括W的选自Ta和Al的至少一种附加的合金元素的量按重量计仍然在1%~4%。

为此，申请人对权利要求 4 进行修改，修改后的权利要求 4 为：

根据权利要求 3 所述的制成品，其中，所述合金组合物进一步包括选自 Ta 和 Al 的至少一种附加的合金元素，如果 Ta 存在于所述合金组合物中，其存在的量的范围按重量计为 1%~3%；如果 Al 存在于所述合金组合物中，其存在的量的范围按重量计为 1%~1.5%。

该修改依据为原权利要求 2，修改后的权利要求 4 没有超出原说明书和权利要求书记载的范围。

从该案例可以看出，只要修改后的权利要求的技术方案没有文字记载在原说明书中，并且不能从原说明书和权利要求书直接、毫无疑义地确定，就会存在修改超范围的问题。对权利要求的修改不得超范围，对说明书的修改同样不得超范围。为了克服修改超范围的缺陷而进行的修改其实很简单，原则就是修改后的内容必须是在原说明书和权利要求书记载的范围内。

正确判断修改是否超范围还需要正确认识"修改超范围"和"权利要求得到说明书的支持"的关系。如果对权利要求的修改得到说明书的支持，修改并不是必然不超范围。"修改超范围"和"权利要求得到说明书的支持"是不同的。权利要求得到说明书支持的法律依据是《专利法》第 26 条第 4 款，权利要求书应当以说明书为依据，清楚、简要地限定要求专利保护的范围。权利要求得到说明书的支持，是指每一项权利要求所要求保护的技术方案应当是所属技术领域的技术人员能够从说明书充分公开的内容中得到或概括（概括包括上位概括、并列选择方式概括和功能性概括）得出的技术方案，并且不得超出说明书公开的范围。

【思考与练习】

1. 相似应用领域的用途类专利如何撰写具体实施方式来体现其创造性？
2. 缺少待保护产品或方法的实验数据或对比效果数据是否可以补充？
3. 药物专利中具体实施方式的必要组成部分包括哪些？

第五章 外观设计专利申请文件撰写

【导读】

本章从外观设计专利的保护客体、外观设计申请文件的组成、外观设计申请的单一性以及外观设计专利申请案例的撰写 4 个方面阐述外观设计申请文件撰写的基本规定和要求。

第一节 外观设计专利申请文件

一、外观设计专利申请客体的确定

（一）外观设计

外观设计专利权保护的客体是产品的外观设计。它与发明、实用新型完全不同，即外观设计不是技术方案，而是指对产品的形状、图案或者其结合以及色彩与形状、图案的结合所作出的富有美感并适于工业应用的新设计。

（二）外观设计的要求

外观设计应当符合以下要求：
（1）设计的要素是形状、图案、色彩或者其结合；
（2）对产品的外表所作的设计；
（3）富有美感；
（4）适于工业上的应用；
（5）不是对平面印刷品的图案、色彩或者二者的结合作出的主要起标识作用的设计。

(三) 外观设计的组合

(1) 构成外观设计的组合有产品的形状,产品的图案,产品的形状和图案,产品的形状和色彩,产品的图案和色彩,产品的形状、图案和色彩。

(2) 工业产品外观形状是指对产品造型的设计,也就是指产品外部的点、线、面的移动、变化、组合而呈现的外表轮廓,即对产品的结构、外形等同时进行设计、制造的结果。

(3) 工业产品外观图案是指由任何线条、文字、符号、色块的排列或组合而在产品表面构成的图形。产品的外观图案应当是固定、可见的,而不应是时有时无的或者需要在特定的条件下才能看见。

(4) 工业产品的色彩是指用于产品上的颜色或者颜色的组合,制造该产品所用材料的本色不是外观设计的色彩。产品的色彩不能独立构成外观设计,除非产品色彩变化的本身已形成一种图案。

二、外观设计专利申请的撰写要求

(一) 产品名称

1. 产品名称的作用

对图片或者照片中表示的外观设计所应用的产品种类具有说明作用。

2. 产品名称应满足的要求

(1) 与图片或者照片中表示的外观设计相符合;

(2) 准确、简明地表明保护的外观设计相符合;

(3) 一般应当符合《国际外观设计分类表》中小类列举的名称;

(4) 一般不得超过20个字。

3. 产品名称不符合要求的情形

产品的名称通常还应当避免下列情形:

(1) 含有人名、地名、国名、单位名称、商标、代号、型号或以历史时代命名的产品名称,例如李三温泉皂、湖州毛笔;

(2) 概括不当、过于抽象的名称,例如电子产品、文具用品;

（3）描述技术效果、内部构造的名称，例如高效空气净化器、节能灯泡；

（4）附有产品规格、大小、规模、数量单位的名称，例如1.8米×2.2米床垫、14寸笔记本电脑。

（二）图片或照片

1. 总体要求

申请人应当就每件外观设计产品所需要保护的内容提交相关的图片或者照片。申请人请求保护色彩的，应当提交彩色图片或者照片。申请人提交的有关图片或照片应当清楚地显示要求专利保护的产品的外观设计。

2. 视图的名称和数量

视图的名称应当符合审查指南的规范要求。保护平面产品时，视图的数量根据产品设计要点涉及的面确定；保护立体产品时，视图的数量根据产品设计要点涉及的面和立体图确定；保护图形用户界面产品时，视图的数量根据整体产品的外观设计视图确定。必要时要提交展开图、剖视图、剖面图、放大图、变化状态图，还可以提交参考图。

3. 图片应当满足的要求

（1）图片应当参照我国技术制图和机械制图国家标准中有关正投影关系、线条宽度以及剖切标记的规定绘制，并应当以粗细均匀的实线表达外观设计的形状；

（2）不得以阴影线、指示线、虚线、中心线、尺寸线、点划线等线条表达外观设计的形状；

（3）可以用两条平行的双点划线或自然断裂线表示细长物品的省略部分；

（4）图面上可以用指示线表示剖切位置和方向、放大部位、透明部位等，但不得有不必要的线条或标记；

（5）图片可以使用包括计算机在内的制图工具绘制，但不得使用铅笔、蜡笔、圆珠笔绘制，也不得使用蓝图、草图、油印件，目前外观的图片基本都是计算机绘图，线条图和效果图均可；

(6) 对于使用计算机绘制的外观设计图片，图片分辨率应当满足清晰的要求；

(7) 各视图比例应当一致。

案例 1 中，保护一种 ESCL 方向盘电子盘转向柱锁，申请人机械绘图软件绘制的产品六视图（见图 5-1），符合规范要求。从审查指南来分析，外观专利的图片中是可以出现阴影线、虚线等各种线形的，只要这些线型的使用符合前文所说的制图规范即可。

而我国外观专利图片与多数外国外观专利有一个不同点：产品形状（轮廓）只能用实线绘制。外国外观专利（如美国）的产品轮廓是可以用虚线的，不过外国外观专利图片中的虚线的含义与我国一般的理解不同，那些虚线并不是用来表达被遮挡的轮廓，而是用来表达产品中排除在保护范围之外的部分。

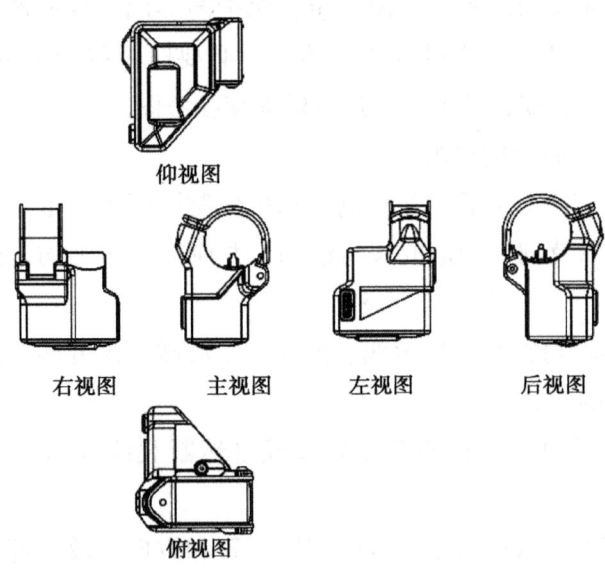

图 5-1 案例 1 的视图

4. 照片应当满足的要求

(1) 照片应当清楚，背景应当单一；

(2) 避免出现除该外观设计产品以外的其他内容;

(3) 照片的拍摄通常应当遵循正投影规则,同时应当避免因强光、反光、阴影、倒影等影响产品的外观设计的表达;

(4) 照片中的产品通常应当避免包含内装物或者衬托物。

案例 2 中,申请人提供的产品袜子和烛台的照片均不符合规定(见图 5-2),袜子照片的红色区域中含有内衬物,烛台照片的红色区域中含有反光、倒影等影响产品的外观设计的表达。

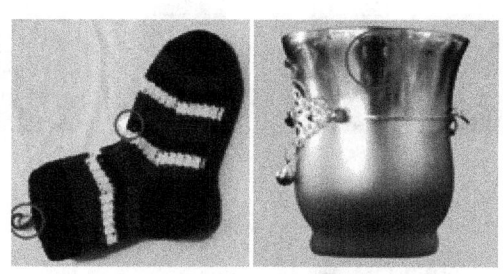

图 5-2 案例 2 的照片

(三) 简要说明

外观设计专利权的保护范围以表示在图片或者照片中的该产品的外观设计为准,简要说明可以用于解释图片或者照片所表示的该产品的外观设计。

1. 简要说明应当包括的内容

(1) 外观设计产品的名称。简要说明中的产品名称应当与请求书中的产品名称一致。

(2) 外观设计产品的用途。简要说明中应当写明有助于确定产品类别的用途。对于具有多种用途的产品,简要说明中应当写明所述产品的多种用途。

(3) 外观设计的设计要点。设计要点是指与现有设计相区别的产品的形状、图案及其结合,或者色彩与形状、图案的结合,或者部位。对设计要点的描述应当简明扼要。

(4) 指定一幅最能表明设计要点的图片或者照片。指定的图片或者照片用于出版专利公报。

案例3 保护一种垃圾桶,其简要说明的撰写方式如下:(1) 本外观设计产品的名称:垃圾桶。(2) 本外观设计产品的用途:垃圾桶。(3) 本外观设计的设计要点:垃圾桶的形状。(4) 最能表明设计要点的图片或者照片:主视图(见图5-3)。

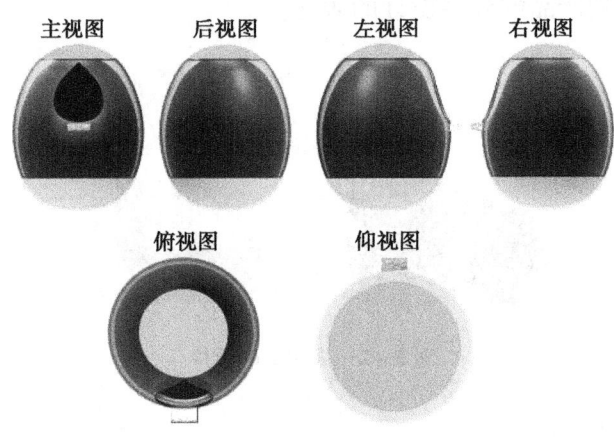

图5-3 案例3的视图

案例4 保护一种带图形用户界面的手机(申请号:201530454292.1,见图5-4),其简要说明撰写方式如下:(1) 该外观设计产品的名称:带图形用户界面的手机;(2) 该外观设计产品的用途:本外观设计产品用于运行程序及通信;(3) 该外观设计产品的设计要点:在于屏幕中的图形用户界面内容;(4) 最能表明本外观设计设计要点的图片或照片:主视图;(5) 界面用途:用户可以在主视图中录入供应商报销单的单据条目,用户录入完之后点击确定选项,生成第一条数据,并继续录入第二条数据,手机界面由主视图切换为界面变化状态图1,用户可以点击界面变化状态图1中交通费用右侧的下拉菜单,手机界面由界面变化状态图1切换为界面变化状态图2,点击下拉菜单中的其他费用选项,手机界面由界面变化状态图2切换为界面变化状态图3,用户可以在界面变化状态图3中录入其他费用的单据条目，点击确定选项之后生成第二条数据，手机界面由界面变化状态图 3 切换为界面变化状态图 4，在生成两条数据之后，用户点击界面变化状态图 4 中的第二条数据，显示出第二条数据中已经录入的单据条目，手机界面由界面变化状态图 4 切换为界面变化状态图 5，用户可以在界面变化状态图 5 中对第二条数据中已经录入的单据条目进行编辑和修改。

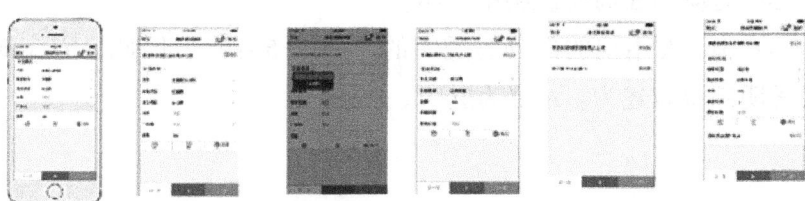

主视图　　变化状态图1　　变化状态图2　　变化状态图3　　变化状态图4　　变化状态图5

图 5-4　案例 4 的视图

2. 简要说明应当特别写明的情形

（1）请求保护色彩或者省略视图的情况。如果外观设计专利申请请求保护色彩，应当在简要说明中声明。如果外观设计专利申请省略了视图，申请人通常应当写明省略视图的具体原因，例如因对称或者相同而省略；如果难以写明的，也可仅写明省略某视图，例如大型设备缺少仰视图，可以写为"省略仰视图"。

案例 5 中，保护一种景观亭，申请人提供的是软件绘制的三维效果图（见图 5-5），该产品为对称结构，所以只需提供 4 幅图，并在简要说明中阐述其省略视图的原因即可。

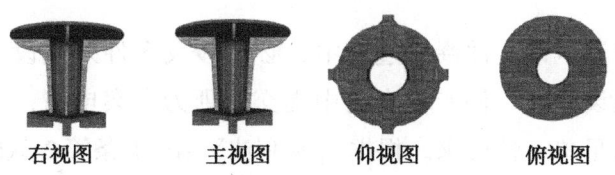

右视图　　　主视图　　　仰视图　　　俯视图

图 5-5　案例 5 的视图

（2）对同一产品的多项相似外观设计提出一件外观设计专利申请的，

应当在简要说明中指定其中一项作为基本设计。

（3）对于花布、壁纸等平面产品，必要时应当描述平面产品中的单元图案两方连续或者四方连续等无限定边界的情况。

（4）对于细长物品，必要时应当写明细长物品的长度采用省略画法。

（5）如果产品的外观设计由透明材料或者具有特殊视觉效果的新材料制成，必要时应当在简要说明中写明。

案例6中，A指代的部分为透明的（见图5-6），因此，需在简要说明中对透明部位叙述为：A部为透明。

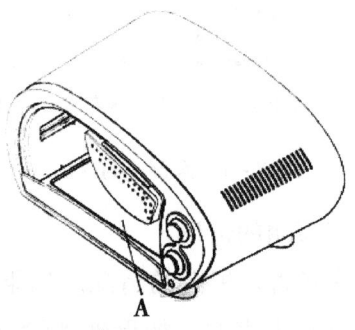

图5-6　案例6的视图

（6）如果外观设计产品属于成套产品，必要时应当写明各套件所对应的产品名称。简要说明不得使用商业性宣传用语，也不能用来说明产品的性能和内部结构。

第二节　外观设计专利申请的单一性

在外观设计申请文件撰写过程中，必然涉及多件外观设计的处理，如果将多个外观设计在一件专利申请中提交，则为合案申请，合案申请的各外观设计须满足单一性要求。根据《专利法》第31条第2款的规定，一件外观设计专利申请应当限于一项外观设计。同一产品两项以上的相似外观设计，或者用于同一类别并且成套出售或者使用的产品的两项以上外观设计，可以作为一件申请提出。

第五章 外观设计专利申请文件撰写

一、一件产品所使用的一项外观设计

（一）单个产品

《审查指南（2010）》第一部分第三章4.3.3节全面规定了不给予外观设计保护的客体，其中指出，外观设计"产品"是指一个完整的产品，产品不能分割、不能单独出售或使用的部分，如鞋帮、帽檐、杯把，是不被认为是外观设计意义上的"产品"的，因此不能单独提出申请保护。

案例7中，两个产品各个构成不可分割，产品以整体形态存在（见图5-7），因此，在申请时，要分别作为单独的一件外观设计申请。在我国，申请保护的"外观设计"和授权之后受到保护的都是一个完整的产品，两者是一致的。因此，我国的外观设计保护只能及于所请求的"产品"本身，如果想要保护多个产品，就只能逐一提出申请。

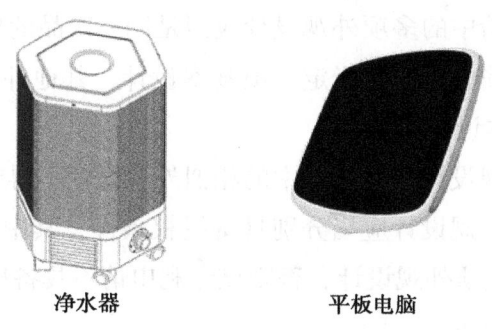

净水器　　　　　平板电脑

图5-7　案例7的视图

（二）组件产品

组件产品是指由多个构件相结合构成的一件产品，这些构件在使用过程中不可缺失，其中一个构件的缺失会影响整体产品用途的实现，因此，组件产品在一件申请中是作为一件产品对待的，可作为一项外观设计申请提出。

案例8中，烧水壶、游戏牌和插接玩具为组件产品（见图5-8），这三个组件产品按组装关系分别为组装关系唯一、无组装关系和组装关系不唯一3种情况，如果组装关系唯一，则应当提交组装后的各个视图；如果是无组装关系,则应当提交各组件的视图;如果组装关系不唯一,则应当提交各组件的视图,必要时还需提供组合使用状态图。

烧水壶

游戏牌

插接玩具

图 5-8 案例 8 的视图

二、同一产品的两项以上的相似外观设计

(一) 相似外观设计合案申请的条件

(1) 一件申请中的多项外观设计应当是同一产品的外观设计。

(2) 应当在简要说明中指定一项基本设计,其他外观设计应当与简要说明中指定的基本设计相似。

(3) 一件外观设计专利申请中的相似外观设计不得超过 10 项。

(4) 每一项外观设计应当分别具备授权条件,其中一项不具备授权条件的,除非删除该项外观设计,否则该专利申请不具备授权条件。

(二) 同一产品

同一产品是指使用其他设计和基本设计的产品名称相同并且含有相同用途的产品。例如,均为餐用盘的外观设计,如果各项外观设计分别为餐用盘、碟、杯、碗的外观设计,虽然各产品同属于国际外观设计分类表中的同一大类,但并不属于同一产品。

(三) 外观设计相似与否的判断

一般情况下,经整体观察,其他外观设计和基本外观设计具有相同或者相似的设计特征,并且二者之间的区别点在于局部细微变化、该类产品的惯常设计、设计单元重复排列或者仅色彩要素的变化等情形。

案例9涉及柜子的相似外观设计，可以作为一件外观设计申请提出，设计1和设计2的区别点在于设计单元的重复排列（见图5-9）。

设计1　　　　　　设计2

图5-9　案例9的视图

案例10涉及包装盒的相似外观设计（见图5-10），可以作为一件外观设计申请提出，设计1、设计2和设计3的区别点在于该类产品的惯常设计。

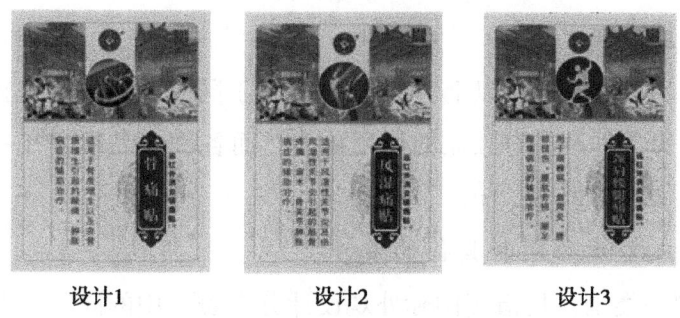

设计1　　　　设计2　　　　设计3

图5-10　案例10的视图

案例11涉及挂件的相似外观设计（见图5-11），可以作为一件外观设计申请提出，设计1、设计2和设计3的区别点在于产品的局部细微变化。

  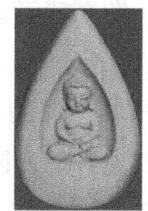

设计1　　　　设计2　　　　设计3

图5-11　案例11的视图

案例12涉及挂件的相似外观设计（见图5-12），可以作为一件外观设计申请提出，设计1、设计2的区别点在于产品的色彩要素的变化。

设计1　　　　　　　　　设计2

图5-12　案例12的视图

三、成套产品的外观设计

（一）成套产品

成套产品是指由2件以上（含2件）属于同一大类、各自独立的产品组成，其中每2件产品有独立的使用价值，而各件产品组合在一起又能体现出其组合使用价值的产品。

（二）成套产品同时具备的条件

（1）同一类别，是指《国际外观设计分类表》中的同一大类。

（2）成套出售或者使用，是指习惯上同时出售或者同时使用并具有组合使用价值。

（3）各产品的设计构思相同，是指各产品的设计风格是统一的，即对各产品的形状、图案或者其结合以及色彩与形状、图案的结合所作出的设计是统一的。

（4）构成成套产品的每一件产品还应当分别具备授权条件，其中一件产品不具备授权条件的，除非删除该件产品的外观设计，否则该专利申请不具备授权条件。

（5）成套产品外观设计专利申请中不应包含某一件或者几件产品的相似外观设计。

案例13涉及成套茶具的外观设计申请（见图5-13），属于成套出售或者使用的成套产品外观设计。

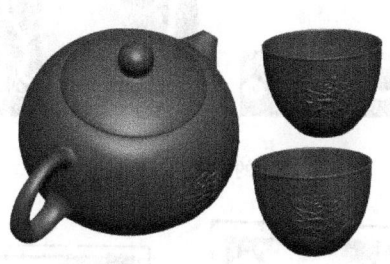

图5-13 案例13的视图

案例14中，该成套产品涉及一组茶具，其中，茶壶的外观设计上采用了奥运会标识（见图5-14），侵犯了在先权利，属于不具有授权条件的产品，所以除非删除该件产品的外观设计，否则该专利申请不具备授权条件。

图5-14 案例14的视图

案例15中，该成套产品外观设计中包含相似外观设计（见图5-15），不符合《审查指南》规定的"成套产品外观设计专利申请中不应包含某一件或者几件产品的相似外观设计"，可以采用两种处理方式，第一种方式是将水壶和水杯分别作为一件相似外观设计提出，如案例15的视图（1）和视图（2）。第二种方式是将其中一个水壶和一个水杯作为一个成套产品的外观设计提出，如案例15的视图（3），另一个水壶和另一个水杯作为一个成套产品的外观设计提出，如案例 15 的视图 (4)。

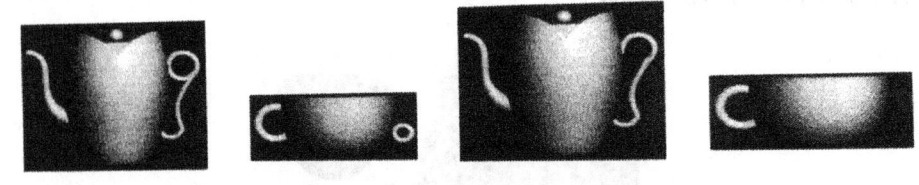

原始提交的成套产品的视图

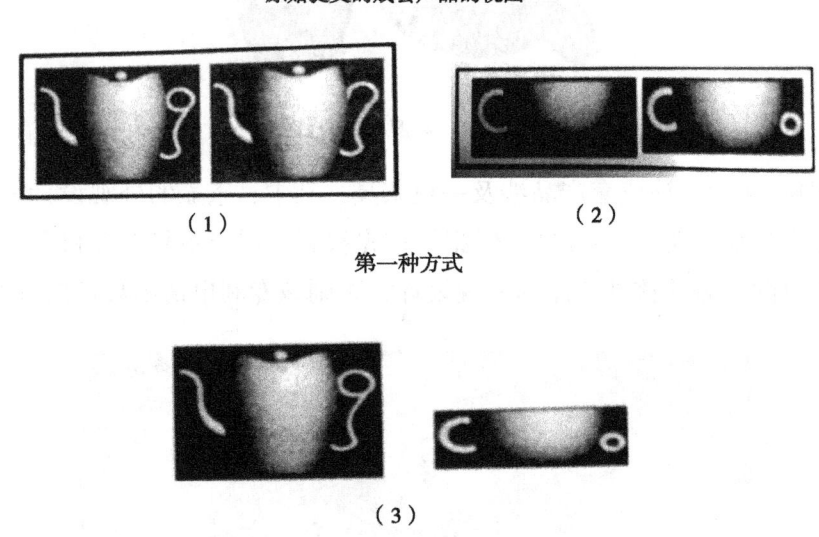

（1） （2）

第一种方式

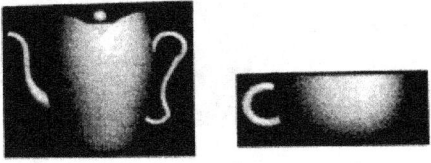

（3）

（4）

第二种方式

图 5-15　案例 15 的视图

第三节 外观设计专利申请文件的撰写

一、单个产品外观设计专利申请文件撰写

【**案例 16**】请求保护一种 9 孔砌块（见图 5-16），申请人原始提交的交底材料如下。

（1）名称：9 孔砌块。

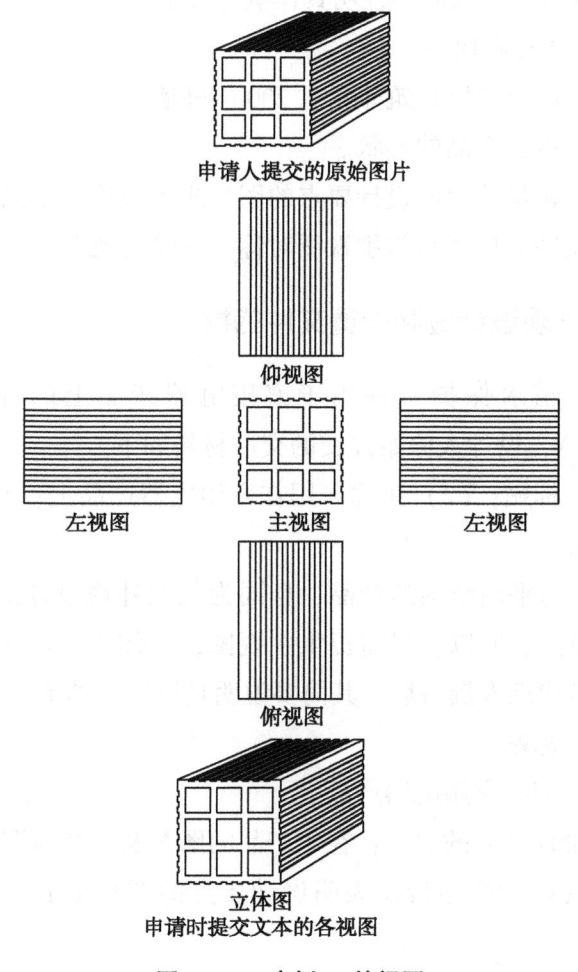

图 5-16 案例 16 的视图

(2) 用途：用于房屋建筑非承重200内外墙。

(3) 外观：孔面为正方形，砌筑时孔面顺墙水平，四侧面有砌筑黏结槽。

(4) 设计特点：该砖孔型为矩形并排分布，砌筑时孔面顺墙体方向水平放置；具有孔洞率大、单位重量小、节约砌筑成本等特点；该砖型为非承重砌块，只适用于框架结构建筑。

该产品为具有立体结构的产品，需要提交六面视图及其立体图，但是由于主视图和后视图一致，所以，可以省略后视图。

经代理人撰写后，其简要说明具体撰写如下。

(1) 名称：9孔砌块。

(2) 用途：用于房屋建筑非承重200内外墙。

(3) 设计要点：产品的形状。

(4) 指定一幅最能表明设计要点的图片或者照片：主视图。

(5) 省略视图：后视图与主视图对称，省略后视图。

二、相似外观设计专利申请文件的撰写

【案例17】请求保护一种用于家用电器产品上的标贴（申请号：201430228926.7），设计人原始提交的交底材料如下。

(1) 名称：标贴；(2) 用途：用在家用电器产品上；(3) 设计要点：平面的卡通形象。

该6个产品为平面结构的产品，且同为相似外观设计的产品，由于后视图没有设计要点，所以，只需提供主视图，并作为一件相似外观设计专利申请提出。经代理人撰写后，其简要说明具体撰写如下。

(1) 名称：标贴。

(2) 用途：用在家用电器产品上。

(3) 外观设计产品的要点：在于产品的图案及形状与图案的结合。

(4) 本外观设计产品最能表明设计要点的图片或者照片为设计1主视图。

(5) 省略相似外观设计1其他视图。

(6) 省略相似外观设计 2 其他视图。

(7) 省略相似外观设计 3 其他视图。

(8) 省略相似外观设计 4 其他视图。

(9) 省略相似外观设计 5 其他视图。

(10) 省略相似外观设计 6 其他视图。

(11) 本外观设计产品以相似外观设计 1 为基本设计。

(12) 请求保护的外观设计包含色彩。

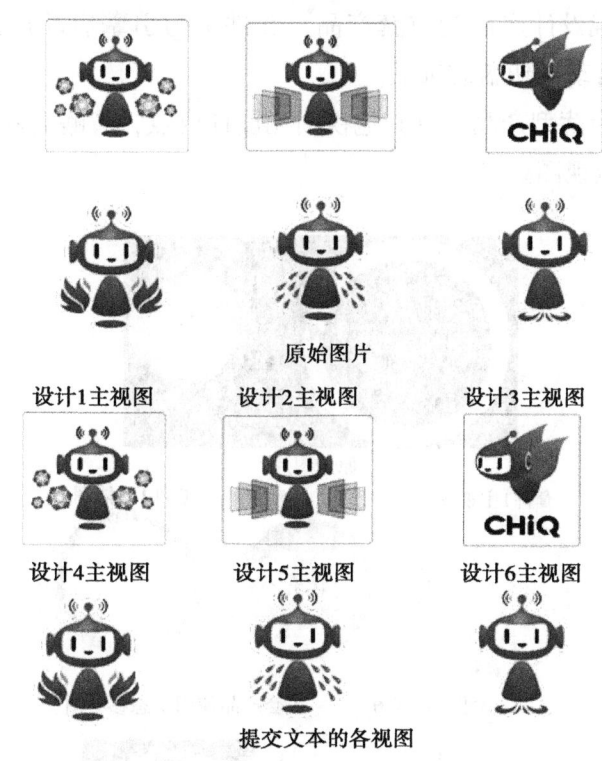

图 5-17 案例 17 的视图

三、成套产品外观设计专利申请文件的撰写

【案例18】请求保护一种引擎启动按钮装饰贴（申请号：201630060804.0），设计人原始提交的交底材料如下："（1）名称：装饰贴；（2）用途：用在引擎启动按钮上；（3）设计要点：形状。"

该产品属于同时出售，并同时使用的成套产品，可作为一件外观设计专利申请提出。经代理人撰写后，其简要说明具体撰写如下：

（1）本外观设计产品的名称：引擎启动按钮装饰贴（2件套）。

（2）本外观设计产品的用途：本外观设计产品用于装饰引擎启动按钮。

（3）本外观设计产品的设计要点：形状。

（4）最能表明本外观设计设计要点的图片或照片：成套产品图。

（5）本外观设计产品为成套产品，套件1为引擎启动按钮边装饰贴，套件2为引擎启动按钮盖装饰贴。

（6）产品为薄型产品，且其他视图无设计要点，省略套件1其他视图；省略套件2其他视图。

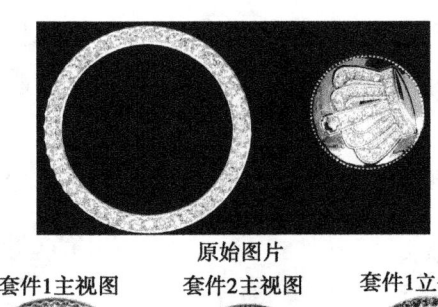

原始图片

套件1主视图　　套件2主视图　　套件1立体图

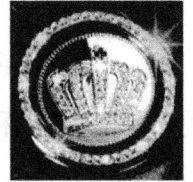

套件2立体图　　成套产品使用状态参考图

提交文本的各视图

图5-18　案例18的视图

【思考与练习】

1. 外观设计中成套产品和组件产品的区别？
2. 如何判断产品是否为相似外观设计？
3. 外观设计的简要说明包括哪些组成部分？

第六章 专利复审中的专利文件撰写

【导读】

本章概要介绍专利复审的流程，重点分析驳回决定的分析、专利复审理由的确定、复审中主要文件的撰写，并结合具体案例详细阐述复审请求书、意见陈述书的撰写思路、方法和要点。

第一节 概　　述

一、复审程序

（一）复审请求

根据《专利法》第38条以及《专利法实施细则》第60条的规定，专利申请人对国家知识产权局驳回申请的决定不服的，可以自收到通知之日起3个月内，向专利复审委员会请求复审。专利申请人向专利复审委员会请求复审的，应当提交复审请求书，说明理由，必要时还应当附具有关证据。专利复审委员会对受理的复审请求进行形式审查后，将复审请求书连同案卷一并转交作出驳回决定的原审查部门进行前置审查。

（二）前置审查

原审查部门应当提出前置审查意见。前置审查意见分为下列三种类型：

（1）复审请求成立，同意撤销驳回决定。

（2）复审请求人提交的申请文件修改文本克服了申请中存在的缺陷，同意在修改文本的基础上撤销驳回决定。

（3）复审请求人陈述的意见和提交的申请文件修改文本不足以使驳回决定被撤销，因而坚持驳回决定。

前置审查意见属于前述第 1 种或者第 2 种类型的，专利复审委员会不再进行合议审查，而根据前置审查意见作出复审决定，通知复审请求人，并且由原审查部门继续进行审批程序。前置审查意见为前述第 3 种类型的，专利复审委员会则组成合议组进行复审。

（三）合议审查

专利复审委员会合议审查的案件，由 3 人或 5 人组成的合议组负责审查，其中包括组长 1 人、主审员 1 人、参审员 1 人或 3 人。组长负责主持复审或者无效宣告程序的全面审查，主持口头审理，主持合议会议及其表决，确定合议组的审查决定是否需要报主任委员或者副主任委员审批。主审员负责案件的全面审查和案卷的保管，起草审查通知书和审查决定，负责合议组与当事人之间的事务性联系；在无效宣告请求审查结论为宣告专利权部分无效时，准备需要出版的公告文本。参审员参与审查并协助组长和主审员工作。合议组依照少数服从多数的原则对复审或者无效宣告案件的审查所涉及的证据是否采信、事实是否认定以及理由是否成立等进行表决，作出复审决定。对于简单的案件，可以由一人独任审查。

经合议审查后，合议组认为复审请求不符合专利法及其实施细则有关授权规定的，将通知复审请求人，要求其在指定期限内陈述意见。期满未答复的，该复审请求视为撤回；经陈述意见或者进行修改后，合议组认为仍不符合专利法及其实施细则有关规定的，将作出维持原驳回决定的复审决定。经合议审查后，合议组认为原驳回决定不符合专利法及其实施细则有关规定的，或者认为经过修改的专利申请文件消除了原驳回决定指出的缺陷的，将撤销原驳回决定，由原审查部门继续进行审查程序。

二、复审程序中需要撰写的专利文件

（一）复审请求书

复审请求人提出复审请求的，应当提交复审请求书，在复审请求书中说明理由，必要时还应当附具有关证据。复审请求书应当符合规定的格式，不符合规定格式的，专利复审委员会应当通知复审请求人在指定期限内补正；期满未补正或者在指定期限内补正但经两次补正后仍存在同样缺陷的，复审请求视为未提出。

（二）意见陈述书

1. 合议组发出复审通知书或者进行口头审理的情形

针对一项复审请求，合议组可以采取书面审理、口头审理或者书面审理与口头审理相结合的方式进行审查。根据《专利法实施细则》第63条第1款的规定，有下列情形之一的，合议组应当发出复审通知书（包括复审请求口头审理通知书）或者进行口头审理：

（1）复审决定将维持驳回决定。

（2）需要复审请求人依照专利法及其实施细则和审查指南有关规定修改申请文件，才有可能撤销驳回决定。

（3）需要复审请求人进一步提供证据或者对有关问题予以说明。

（4）需要引入驳回决定未提出的理由或者证据。

2. 撰写意见陈述书的情况

在复审程序中，复审请求人及其代理人一般会在以下两种情况下撰写意见陈述书：

（1）针对合议组发出的复审通知书，复审请求人应当在收到该通知书之日起1个月内针对通知书指出的缺陷以意见陈述书的形式进行书面答复。期满未进行书面答复的，其复审请求视为撤回。复审请求人提交无具体答复内容的意见陈述书的，视为对复审通知书中的审查意见无反对意见。

（2）针对合议组发出的复审请求口头审理通知书，复审请求人应当参加口头审理或者在收到该通知书之日起1个月内针对通知书指出的缺陷以意见陈述书的形式进行书面答复。如果该通知书已指出申请不符合专利法及其实施细则和审查指南有关规定的事实、理由和证据，复审请求人未参加口头审理且期满未进行书面答复的，其复审请求视为撤回。

（三）补强意见

口头审理结束后，复审请求人或其代理人如果认为有必要结合口头审理情况进一步对复审理由及其申请文件的修改进行全面阐述，补强自己的观点，可以提交书面的补充意见或代理意见。

三、复审程序中撰写专利文件的准备

专利申请人及其代理人在收到驳回决定后，需要先对驳回决定的理由和证据进行分析，根据分析结果确定是否提起复审请求、提起复审的理由有哪些、提起复审请求时是否对申请文件进行修改、是否需进一步提供证据，从而为复审程序中撰写各专利文件做好准备。

第二节 驳回决定的分析

一、驳回决定

（一）驳回决定的正文

驳回决定正文包括案由、驳回的理由以及决定三部分。

案由部分简要陈述申请的审查过程，特别是与驳回决定有关的情况，即历次的审查意见（包括所采用的证据）和申请人的答复概要、申请所存在的导致被驳回的缺陷以及驳回决定所针对的申请文本。

驳回理由部分详细论述驳回决定所依据的事实、理由和证据。当同时根据专利法及其实施细则的不同条款驳回申请时，驳回决定会选择其中最适合、占主导地位的条款作为驳回的主要法律依据，同时简要地指出申请中存在的其他实质性缺陷。对于不符合《专利法》第22条规定并且即使经过修改也不可能被授予专利权的申请，驳回决定会逐一地对每项权利要求进行分析。

驳回决定部分写明驳回的理由属于《专利法实施细则》第53条规定的具体情形，并根据《专利法》第38条的规定引出驳回该申请的结论。

(二) 驳回决定示例

下面以专利申请"多连杆液压压力机"(申请号：200810018947X) 的驳回决定来展示驳回决定文本，并以此为例说明复审请求书的撰写。

【案例1】 专利申请"多连杆液压压力机"的原权利要求1为"1.一种多连杆液压压力机，包括：床身(5)、两条相同的多杆支链、冲锤(6) 和液压缸(8)；该两条相同的多杆支链对称布置在液压缸(8) 两侧，工作台(7) 固定在床身(5) 上；该床身(5) 和冲锤(6) 之间通过所述的两条多杆支链连接，形成一个封闭的结构；该两条相同的多杆支链通过中间构件(3、11) 将两平行四边形机构串接而成；在两条多杆支链的中间构件(3、11) 之间安装液压缸(8)，该液压缸(8) 的两端分别通过转动副(9、13) 与中间构件(3、11) 连接；冲锤(6) 与床身(5) 之间通过移动副连接。"

审查员对该申请进行实质审查，发出第一、第二次审查意见通知书。专利申请人及其代理人对该申请的第一、第二次审查意见不服，阐述权利要求1保护的技术方案具有创造性的详细理由，审查员坚持认为该申请的发明创造没有创造性，将其驳回，发出驳回决定，驳回决定正文如下。

本驳回决定涉及申请人于2008年2月1日提交的申请号为2008100 18947.X、名称为"多连杆液压压力机"的发明专利申请。

一、案由

2008年2月1日，申请人向中国国家知识产权局专利提交本发明专利申请的申请文件，其权利要求书有一个独立权利要求和一个从属权利要求；同时还提交了实质审查请求书。

2009年4月3日，应申请人于2008年2月1日提出的实质审查请求，审查员对本申请进行了实质审查，并发出了第一次审查意见通知书。通知书中引用了对比文件1：US2928305A，公开日为1960年3月15日。通知书指出，相对于对比文件1，权利要求1和权利要求2不具有《专利法》第22条第3款所规定的创造性。

2009年5月21日，申请人针对第一次审查意见通知书仅提交了意见陈述书，陈述理由认为权利要求1和2相对于对比文件1具有创造性。

2009年10月30日，基于申请人答复第一次审查意见通知书所提交的意见陈述书，审查员发出第二次审查意见通知书。通知书中引用了对比文件2：US3520252A，公开日为1970年7月14日。通知书指出，相对于对比文件2，权利要求1和2不具有《专利法》第22条第3款规定的创造性。

2009年11月25日，申请人针对第二次审查意见通知书再次仅提交了意见陈述书，陈述理由认为权利要求1和2相对于对比文件2具有创造性。

在上述工作的基础上，审查员认为本案事实已经清楚，针对申请人于2008年2月1日提交的摘要、摘要附图、权利要求第1～2项、说明书第1～12段、说明书附图作出本驳回决定。

二、驳回理由

1. 权利要求1请求一种多连杆液压压力机。对比文件2（US3520252A）公开了一种多连杆肘杆液压压力机（参见说明书第4栏第1行至第6栏第27行，附图1～3），该压力机包括：由T型件20和26及立柱14构成的床身，两条相同的多杆支链、上冲压板32（相当于本申请冲锤）和液压缸80，该两条相同多杆支链对称布置在液压缸伸出的活塞杆92两侧，工作台J固定在床身上，该床身与上冲压板32之间通过上述两条相同的多杆支链连接，形成一个封闭的结构，该两条相同的多杆支链通过中间构件64将两平行四边形机构分别串联而成；在两条多杆支链的中间构件64之间为液压缸80的活塞杆92，并且活塞杆92的一端通过转动副51与中间构件64连接，液压缸80在伸出活塞杆92的一端通过转动副51与中间构件64连接，上冲压板32与床身之间通过移动副连接。权利要求1与对比文件2相比，其区别之处仅在于：液压缸在背离于活塞杆伸出方向的一端与中间构件连接，基于上述区别技术特征可以确定，本发明所要解决的技术问题是用于驱动两条多杆支链机构，从而带动冲锤作冲压动作。对比文件2公开的液压缸在活塞杆伸出方向的一端与中间构件连接，另一端与活塞杆的一端连接。对于本领域技术人员而言，将液压缸在背离于活塞杆伸出方向的一端与中间构件连接也是本领域技术人员很容易想到的液压缸与中间构件相连的一种连接方式，而至于选择上述何种连接方式，需要基于支链的长短及液压缸的尺寸等一些实际的空间结构布局的需要而定，这属于本领域技术人员的公知常识，不需要付出创造性的劳动。

因此，相对于对比文件2及本领域技术人员的公知常识，权利要求1所请求保护的技术方案是显而易见的，不具有突出的实质性特点和显著性进步，因此，权利要求1不具有《专利法》第22条第3款所规定的创造性。

2. 权利要求2引用权利要求1，其对连接床身和冲锤的平行四边形机构的杆件的数量关系作了进一步的限定。在对比文件2中（参见附图，连接床身的平行四边形机构的杆件48与连接上冲压板32的平行四边形机构的杆件48数量相等，由此可见，权利要求2所请求保护的连接床身和冲锤的平行四边形机构的杆件的数量相等的特征已经被对比文件2披露；同时，依据对比文件2，对于本领域技术人员而言，根据结构实际受力需要，很容易会想到适当地在床身与中间构件之间或在剪刀与中间构件多设置一些连接杆件以满足上述需要，这是显而易见的。因此，当其所引用的权利要求1不具有创造性时，从属权利要求2不具有《专利法》第22条第3款所规定的创造性。

申请人认为：

（1）对比文件5第4栏第52行描述每个肘杆由上连杆48和下连杆50组成，并且两者通过转动副51直接相连。正是由于上连杆48和下连杆50直接相连，且两上连杆48在机架上也是交于一点，使得对比文件2中的压力机在图1的71处可以形成双剪刀结构（见对比文件2第5栏第25行），然后通过油缸的作用来实现上冲压板32的上下运动。因此，在对比文件2第7栏第41～50行的权利要求1中也要求肘杆的上下连杆之间直接连接，而且机架28和上冲压板32间可以有多对肘杆，也可以有较少的肘（见图1），但是至少有一对肘杆就可以。如果有多对肘杆，在对比文件2的权利要求2～5进行了阐述。

（2）本发明的权利要求 1 要求在床身和冲锤之间通过两条多杆支链连接，并形成两个封闭的结构，多杆支链通过中间构件将两平行四边形机构串接而成。由于每条多杆支链为二自由度运动结构，通过油缸和冲锤的约束，使得每条多杆支链运动保持对称运动来实现上下往复运动，其构造原理与对比文件 2 的压力机构造及原理完全不同，所以本发明的权利要求工具有非显而易见性。

（3）如果本发明如对比文件 2 要求那样去掉外侧的两对连杆，只剩下里侧的两对连杆，由于每对连杆中的上下连杆不是直接相连接，而是通过中间构件相连，这时压力机机构是二自由度运动结构，不能形成双剪刀结构，中间构件会有转动的自由度，将导致油缸的伸缩运动不能带动冲锤的上下运动。因此，本发明与对比文件 2 中的发明的构造及原理具有本质的不同，本发明的权利要求 1 的内容具有突出的实质性特点和显著的进步，因而具有创造性。

审查员认为：

对于上述陈述意见（1）和（3），需要声明的是，发明或实用新型所请求保护的范围是以其权利要求记载的内容为依据的，其并不是将其说明书所记载的全部内容与对比文件所记载的全部内容相比对。根据上述驳回理由部分评述 1 和 2 可知，本申请权利要求 1 和 2 所记载的技术方案即本申请所请求保护的范围相对于对比文件 2 都不具有《专利法》第 22 条第 3 款所规定的创造性。无论对比文件 2 所公开的技术方案以何种方式记载，或者在结构上会发生什么样的变化，都与本申请请求保护的范围无关。

对于上述陈述意见（2），特征"在床身和冲锤之间通过两条多杆支链连接，并形成一个封闭的结构，多杆支链通过中间构件将两平行四边形机构串接而成"已经被对比文件 2 在由 T 型件 20 和 26 及立柱 14 构成的床身和上冲压板 32（相当于本申请冲锤）之间两条相同的多杆支链，并形成一个封闭的结构，多杆支链通过中间构件 64 将两平行四边形机构串接而成所公开（参见附图1）；而"由于每条多杆支链为 2 自由度平动结构，通过油缸和冲锤的约束，使得每条运动保持对称运动来实现上下往复运动"的特征并没有在权利要求中得到体现。

综上，申请人陈述的理由不具有说服力，权利要求 1 相对于对比文件不具有《专利法》第 22 条第 3 款所规定的创造性。

三、决 定

综上所述，申请号为 200810018947.X 的发明专利申请不具有《专利法》第 22 条第 3 款所规定的创造性，属于《专利法实施细则》第 53 条第（二）项的情形，因此，依据《中国专利法》第 38 条的规定予以驳回。

根据《专利法》第 41 条第 1 款的规定，申请人如果对本驳回决定不服，应在收到本驳回决定之日起 3 个月内，向专利复审委员会请求复审。

（三） 对驳回决定的处理

专利申请人在收到驳回决定后，需要结合申请文件和驳回决定的内容，分析审查程序是否合法、驳回决定所依据的事实和理由是否有误、适用的法律是否不当。如果专利申请委托专利代理机构，代理人收到驳回决定后先进行初步分析，将驳回决定及分析后的初步处理建议转达给专利申请人，由申请人和代理人沟通后决定是否提请复审。下面结合案例 1 详细说明对驳回决定涉及的专利申请的审查程序、事实认定和法律适用进行分析的方法和注意要点。

二、对审查程序的分析

在分析驳回决定时，首先要确定审查程序是否符合规定，如果不符合法律规定，可能会影响事实认定和法律适用的正确性。

（一） 审查程序应当遵循的原则

1. 请求原则

在审查程序中，请求原则主要体现在审查员应当依据申请人依法最后确认的申请文本进行审查，若采用了其他申请文本，则不符合请求原则。例如，申请人在审查过程中对申请文件做过修改并提交了符合规定的修改文本，则驳回决定只能针对该修改后的申请文本进行审查，如果驳回决定针对的是修改前的申请文件，则不符合请求原则。

2. 听证原则

审查员在作出驳回决定之前，应当将驳回所依据的事实、理由和证据通知申请人，至少给申请人一次陈述意见和/或修改申请文件的机会。审查员作出驳回决定时，驳回决定所依据的事实、理由和证据，应当是已经通知过申请人的，不得包含新的事实、理由和/或证据。

驳回决定的作出应当遵循上述两项基本原则，否则作出的驳回决定不符合法律规定的审查程序，可以因不符合上述原则提起复审请求。

(二) 案例1的审查程序

专利申请人需要根据驳回决定中的案由部分和驳回理由部分的内容对审查程序的合法性进行分析。

(1) 案由部分记载的审查过程，与事实是否相符。例如，案由部分记载的审查意见的发出次数、时间、指出的不予授权的缺陷是否与事实相符。

(2) 案由部分记载的审查文本、对比文件是否正确，与事实是否相符。

(3) 驳回理由部分使用的各项证据、认定的事实以及理由是否已经在此前的审查意见书中告知。

案例1中，经专利申请人及其代理人核对，案由部分记载的两次审查意见通知书以及申请人意见陈述书的时间、简要内容均与事实相符，且驳回理由部分所使用的对比文件2、对对比文件2的有关认定，对该申请与对比文件2相比不具有创造性的理由，均在此前的审查过程中告知过申请人，没有包含首次出现的事实、理由和/或证据。因此，案例1所述驳回决定符合法定审查程序。

三、对事实和理由的分析

(一) 事实与理由的认定范围

1. 驳回决定对事实的认定

驳回决定对事实的认定主要包括以下几个方面：

（1）对与专利申请本身有关的事实认定。例如，对专利申请主题的认定，对说明书和权利要求书记载的内容及范围的认定。

（2）对现有技术文件所记载的技术内容或者公知常识的认定。例如，现有技术的主题及公开时间、现有技术文件所记载的技术方案的内容。

（3）对权利要求书所保护的技术方案与现有技术之间相同技术特征、区别技术特征的认定。

2. 专利申请被驳回的理由

驳回决定在查明前述相关事实的基础上，会进一步给出专利申请被驳回的理由，例如：

（1）申请的主题不是专利法保护的客体的理由。

（2）不具备新颖性、创造性或实用性的理由。

（3）权利要求未以说明书为依据，或者权利要求未清楚、简要地限定要求专利保护的范围的理由。

（4）发明专利申请不具有单一性的理由。

（5）独立权利要求缺少解决技术问题的必要技术特征的理由；申请的修改或者分案的申请超出原说明书和权利要求书记载的范围的理由等。

（二）案例1的事实认定

1. 对现有技术文件所记载的技术内容的分析

对比文件究竟公开了什么样的技术内容，是申请人与审查员最容易出现争议的地方。例如，审查员认为权利要求中的某个特征已经被某篇对比文件公开，而专利申请人或其代理人则认为，对比文件公开的技术内容与权利要求中的对应特征不同。

如案例1所示驳回决定认为对比文件2公开了以下内容：

一种多连杆肘杆液压压力机（参见说明书第4栏第1行至第6栏第27行，图6–1❶、图6–2、图6–3），该压力机包括：由T型件20和26及立

---

❶ 为了表述方便，引用的附图编号做了调整，下同。

柱 14 构成的床身，两条相同的多杆支链、上冲压板 32（相当于本申请冲锤）和液压缸 80，该两条相同多杆支链对称布置在液压缸伸出的活塞杆 92 两侧，工作台 J 固定在床身上，该床身与上冲压板 32 之间通过上述两条相同的多杆支链连接，形成一个封闭的结构，该两条相同的多杆支链通过中间构件 64 将两平行四边形机构分别串联而成；在两条多杆支链的中间构件 64 之间为液压缸 80 的活塞杆 92，并且活塞杆 92 的一端通过转动副 51 与中间构件 64 连接，液压缸 80 在伸出活塞杆 92 的一端通过转动副 51 与中间构件 64 连接，上冲压板 32 与床身之间通过移动副连接。权利要求 1 与对比文件 2 相比，其区别之处仅在于：液压缸在背离于活塞杆伸出方向的一端与中间构件连接，基于上述区别技术特征可以确定，本发明所要解决的技术问题是用于驱动两条多杆支链机构，从而带动冲锤作冲压动作。

经复审请求人分析，认为审查员对对比文件 2 所述技术方案的认定有误，理由为：

对比文件 2 中，压力机是由机架、一对连接在机架上的压板、能保持其中一块压板在机架上并可相对另一块压板作往复运动的装置（实际就是滑块移动副装置）和包含众多连接所述运动压板和机架的肘杆并可操作所述运动压板相对另一块压板作往复运动的装置组成（肘杆及其驱动部分）。连接所述肘杆并使肘杆一端相对另一端作往复运动的装置的布置平行于所述之一压板（运动压板）的运动。所述的肘杆都由一对连杆组成，其中一根连杆的一端与机架通过转动副连接，另一根连杆的一端与所述压板（运动压板）通过转动副连接，所述两连杆的反端相互连接在一起形成一个中间的转动铰（两连杆自身以及和其他构件的连接总共形成三个转动副）。所述的肘杆连接装置在中间转动铰处将几对肘杆连接在一起，并驱动所述中间转动铰在垂直于所述压板的运动方向作往复运动。至少有一对所述肘杆的中间转动铰是在肘杆两末端转动铰连接形成的直线的相反侧进行连接（对多个肘杆的布置方式进行说明，肘杆布置在两侧［两边］，如图 6 - 3 所示。如果同侧布置，将不能带动肘杆运动，如图 6 - 13 所示）。所述的往复运动装置包括一个流体控制的活塞和油缸，以及可用来控制活塞和肘杆中间铰相互位置关系的操作阀装置。所述的往复运动装置通过转动副将活塞和一个肘杆的中间铰连接，通过转动副将油缸和另一个肘杆的中间铰连接。

通过上述分析可以得出，驳回决定对与专利申请本身有关的事实认定、现有技术文件所记载的事实的认定以及两者之间的相同技术特征、区别技术特征的认定有错误。

2. 对公知常识认定的分析

对于公知常识或惯用手段的认定，根据《专利审查指南（2010）》的规定，审查员在审查意见通知书中引用的所属领域的公知常识应当是确凿的，如果申请人对审查员引用的公知常识提出异议，审查员应当能够说明理由或提供相应的证据予以证明。公知常识的证明手段有两个：一是说明理由，二是提供相应的证据。

案例1所示驳回决定中，审查员认为：

对比文件2公开的液压缸在活塞杆伸出方向的一端与中间构件连接，另一端与活塞杆的一端连接。对于本领域技术人员而言，将液压缸在背离于活塞杆伸出方向的一端与中间构件连接也是本领域技术人员很容易想到的液压缸与中间构件相连的一种连接方式，而至于选择上述何种连接方式，需要基于支链的长短及液压缸的尺寸等一些实际的空间结构布局的需要而定，这属于本领域技术人员的公知常识，不需要付出创造性的劳动。

对于上述驳回决定中关于公知常识的事实认定，代理人需要核实该认定是否有证据或者说理支持，并基于所属领域技术人员的角度，分析所述证据和说理是否有说服力。若不具有说服力，则需进一步分析相应的缺陷，以及本领域的相关技术认知，从而有针对性地阐述为什么该特征不是公知常识，尽可能避免断言式的争辩。

四、对适用法律的分析

针对驳回决定，除分析事实认定外，还需要分析驳回决定的法律适用是否不当。法律适用是指将抽象的法律规定应用到具体的事实上进行判断的过程。分析法律适用正确与否时，需要严格遵循《专利审查指南（2010）》针对相关法律条款确定的判断原则。

第三节 提起复审请求

专利申请人或其代理人对驳回决定进行分析后，认为审查程序不合法、驳回认定的事实有误或者法律适用不当，决定对驳回的专利申请提请复审，提出复审请求应当在收到驳回决定之日起3个月内向专利复审委员会提交符合规定格式的复审请求书，在复审请求书中说明请求复审的理由，必要时还要提交修改的申请文件或相关证据。

一、确定复审请求理由

按照《专利法实施细则》第59条第1款的规定，在提交复审请求书时，应当说明理由。通常，复审请求的理由应当针对驳回决定的理由提出。例如，专利申请因缺少新颖性或创造性而被驳回，则复审请求的主要理由就应当为本专利申请具有新颖性和创造性。若作出驳回决定是由于说明书未充分公开发明，则复审请求的理由应当为说明书已对发明或实用新型作出清楚、完整的说明，从而所属技术领域的技术人员能够实现该发明或实用新型。当然也可以以驳回决定中得出上述结论时所适用的条款不正确或认定事实有错误作为复审请求的理由。

就案例1所示的驳回决定，通过前述分析，专利申请人认为权利要求1具有创造性，具体理由如下：

1. 对比文件2的机架和压板间是通过肘杆（见图6-1）进行连接（全部是肘杆），并对肘杆的连接方式和布置方式进行说明，本申请根本没有肘杆结构（参见本申请的权利要求）。因此，本申请专利与对比文件2相比的最大区别不是审查员认为的油缸驱动部分，而是组成结构不一样，本申请专利是用多个平行四边形结构来构造的（见图6-6），且多了一个中间构件，根本没有肘杆结构。平行四边形结构将带来本申请专利结构上的多种变化，如图6-9至图6-12所示。

2. 对比文件2的核心部分是压力机机架和压板间通过肘杆连接，最少一对肘杆是布置在两侧（见图6-3），以及驱动部分（参见对比文件2的权利要求1），其从属权利要求是更多的肘杆时肘杆间的连接方法。如果把这样的要求用于本申请专利中，将平行四边形结构从中间拆开，本申请专利的结构中也只剩下内侧的两组杆件（见图6-8），两连杆没有直接通过转动副连接，而是有一个中间构件，导致机构的自由度发生变化，可以看到这样的机构根本不能有确切的运动。因此，对比文件2的权利要求所记载的技术方案并不适合用于评价本申请的创造性。

3. 本申请的权利要求1的核心内容是：床身和冲锤之间通过所述的两条多杆支链连接，形成一个封闭的结构；该两条相同的多杆支链通过中间构件将两平行四边形机构串接而成。本申请在结构上进行创新，由于支链是通过中间构件将两平行四边形机构串接而成，其结构形式可以呈现很多不同的结构形式（见图6-9至图6-12），通过调整中间构件的结构形式，可以调整两平行四边形机构与床身和冲锤的连接方式，间接到达改善床身（机架）的受力状况。对比文件2的结构不能适应这种变化，关键在于对比文件2只要求为肘杆结构。另外，本申请中记载的技术方案如果仅仅依靠内侧的两组杆件是不可能实现的（见图6-8），平行四边形机构是作为一个整体来构造机构的，因此，构造的原理或出发点也是不一样。如果将本申请结构的支链中间构件去掉且要求上下平行四边形机构中有一对边是相等的，这样演变出的结构与对比文件2中的压力机结构才可能相似。另外，对比文件2与本申请的构造的原理或目的并不相同，因此，对比文件2与本申请的权利要求所包含的技术方案和实现技术目的具有本质的不同。

二、考虑对申请文件是否进行修改

（一）有关修改的规定

根据专利法及其实施细则和专利审查指南有关规定，复审请求人在提出复审请求、答复复审通知书（包括复审请求口头审理通知书）或者参加口头审理时，复审请求人可以对申请文件进行修改。所作修改应当符合《专利法》第33条和《专利法实施细则》第61条第1款的规定。

（二）修改时间

经过对驳回决定的分析，如果认为驳回决定的理由基本正确，但通过修改申请文件有可能消除上述理由所涉及的缺陷时，则可以考虑在提起复审请求时就修改专利申请文件。原审查部门进行前置审查时，如果认为修改后的申请文件已克服原驳回决定所指出的缺陷，将作出在修改文本基础上撤销原驳回决定的前置审查意见，从而加快审查进程。

经过对驳回决定的分析，如果认为驳回决定的理由虽有一定的道理，但仍有辩驳余地，则在提出复审请求时暂不修改申请文件，可先在复审请求书中充分论述理由，如果原审查部门或合议组接受所述理由，则可争取一个较宽的保护范围。如果原审查部门或合议组不接受所述理由，则可根据复审通知书的意见，再决定是否修改申请文件以及如何修改。

（三）修改要求

在复审请求时，修改申请文件需要满足两方面的要求。

一方面，要符合《专利法》第33条的规定，对发明和实用新型专利申请文件的修改不得超出原说明书和权利要求书记载的范围，对外观设计专利申请文件的修改不得超出原图片或照片表示的范围。

另一方面，要符合《专利法实施细则》第60条第1款的规定，应当针对驳回决定所指出的缺陷进行修改。因此，除了修改明显文字错误或者修改与驳回决定所指出缺陷性质相同的缺陷外，不允许对驳回决定指出的缺陷未涉及的权利要求或者说明书进行修改。《专利审查指南（2010）》第四部分第二章第4.2节还规定了以下不允许修改的情形，即通常不允许修改后的权利要求相对驳回决定针对的权利要求扩大了保护范围，不允许将与驳回决定针对的权利要求所限定的技术方案缺乏单一性的技术方案作为修改后的权利要求，也不允许改变权利要求的类型或者增加权利要求。

在复审程序中，复审请求人提交的申请文件不符合《专利法实施细则》第 61 条第 1 款规定的,合议组一般不予接受,并应当在复审通知书中说明该修改文本不能被接受的理由,同时对之前可接受的文本进行审查。如果修改文本中的部分内容符合《专利法实施细则》第 61 条第 1 款的规定,合议组可以对该部分内容提出审查意见,并告知复审请求人应当对该文本中不符合《专利法实施细则》第 61 条第 1 款规定的部分进行修改,并提交符合规定的文本,否则合议组将以之前可接受的文本为基础进行审查。

(四) 对案例 1 权利要求的修改

在案例 1 中,为了争取到较大的保护范围,专利申请人及其代理人在提出复审请求时没有修改申请文件,根据复审通知书和口头审理的情况对权利要求书作了有针对性的修改。

该案例 1 在复审时,经过口头审理,在这一过程中,该申请的发明人和代理人与合议组的复审员在口头审理现场经过激烈的讨论、比较和分析,发现本申请保护的技术方案与对比文件 2 具有突出的实质性特点和本质区别,本申请中图 6-4 与对比文件 2 中图 6-1 和图 6-2 的不同之处具体体现了本申请所保护的技术方案所具有的实质性特点,但是在本申请原权利要求 1 中没有体现出这种技术方案的实质性特点。因此,复审请求人及其代理人根据本申请附图(见图 6-4)对权利要求进行修改。

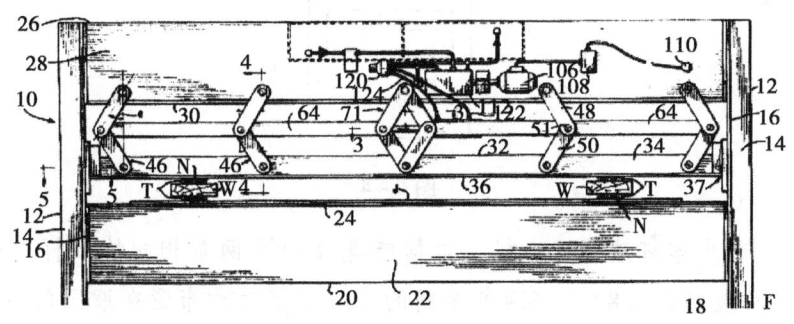

图 6-1

将附图(见图 6-1)中的两条多杆支链的具体结构记载到原权利要求 1,修改后的权利要求 1 如下:

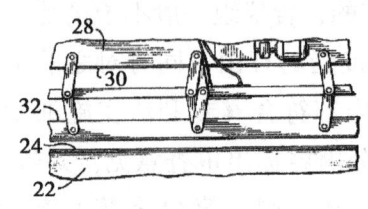

图 6-2

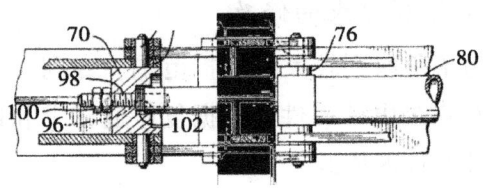

图 6-3

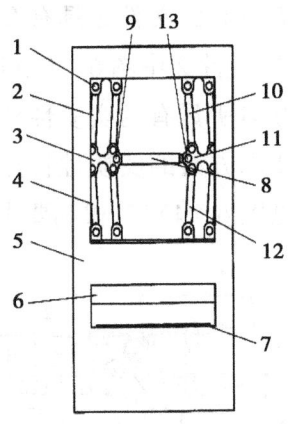

图 6-4

1. 一种多连杆液压压力机，包括床身（5）、两条相同的多杆支链、冲锤（6）和液压缸（8）；该两条相同的多杆支链对称布置在液压缸（8）两侧，工作台（7）固定在床身（5）上；该床身（5）和冲锤（6）之间通过所述的两条多杆支链连接，形成一个封闭的结构；<u>该两条多杆支链中的其中一条多杆支链由第一、第二平行四边形机构通过第一中间构件（3）</u>

324

串接而成，其中，第一平行四边形的一端与床身相连接，另一端与第一中间构件（3）相连接，第二平行四边形的一端与冲锤相连接，另一端与第一中间构件（3）相连接；另一条多杆支链由第三、第四平行四边形机构通过第二中间构件（11）串接而成，其中，第三平行四边形的一端与床身相连接，另一端与第二中间构件（11）相连接，第四平行四边形的一端与冲锤相连接，另一端与第二中间构件（3）相连接；在两条多杆支链的中间构件（3、11）之间安装液压缸（8），该液压缸（8）的两端分别通过转动副（9、13）与中间构件（3、11）连接；冲锤（6）与床身（5）之间通过移动副连接；

其特征在于：第一平行四边形机构的杆件（2）、第三平行四边形机构的杆件（10）与床身（5）的连接点不重合，第二平行四边形机构的杆件（4）、第四平行四边形机构的杆件（12）与冲锤（6）的连接点不重合，第一、第二平行四边形机构与第一中间构件（3）的连接点、液压缸（8）的一端与第一中间构件（3）连接的转动副（9）均不重合，第三、第四平行四边形机构与第二中间构件（11）连接点、液压缸（8）的另一端与第二中间构件（11）连接的转动副（13）均不重合。

其中划线部分为新添加的技术特征，均来自说明书附图 6-5 所记载的内容。

三、提交符合要求的相关证据

复审程序中涉及的证据通常是案件实审程序中涉及的证据，但是，在某些情况下，合议组可能会依职权引入公知常识性证据，或者复审请求人为证明其主张也可能提交相应的证据。

在复审程序中，尤其是涉及公开不充分或者证明事实认定错误等情况，复审请求人可以在提出复审请求时提交证据，也可以在合议审查过程中提交证据。对于提交的证据，一般需要说明证据来源、形式、形成时间、主要内容和证明目的等。

四、利用前置审查程序与原审查部门进行沟通

虽然前置审查程序属于内部程序，不需要复审请求人的参与，但是，考虑到前置审查意见对复审程序的影响，复审请求人可以考虑利用前置审查程序来消除驳回缺陷，如把握时机与原审查部门沟通或补充提交修改文本等，使专利申请尽快回到审查程序中，加快专利申请的授权进度。

案例2：专利申请人于2008年5月8日向国家知识产权局提交发明名称为"硅微谐振式加速度计"的发明专利申请（申请号为200810025574.9），其权利要求书包括1项独立权利要求和3项从属权利要求。审查员对该申请进行了实质审查，并于2009年4月10日发出第一次审查意见通知书。通知书中引用了以下对比文件：对比文件1. CN1844931A，公开日为2006年10月11日；对比文件2. CN 101135563A，公开日为2008年3月5日。并在通知书中指出，权利要求1~4都不具备《专利法》第22条第3款规定的创造性。针对上述审查意见通知书，申请人于2009年8月16日提交意见陈述书。在该陈述书中陈述了该申请的独立权利要求及从属权利要求相对于对比文件1、2具有创造性的理由，没有修改申请文件。审查员没有接受申请人的答复意见，最终作出驳回决定。后申请人仔细研究审查员的驳回意见，决定在提出复审请求的同时对申请文件进行修改，将权利要求2~4记载的技术特征全部补入到原权利要求1中，形成新的权利要求1，并对修改后的权利要求1与对比文件1和对比文件2具有创造性的理由做了详细陈述。

原审查部门进行前置审查时，认为复审请求人提交的申请文件修改文本克服了申请中存在的缺陷，同意在修改文本的基础上撤回驳回决定，之后在原实质审查程序中授予专利权。

五、复审请求书的撰写

对前述案例1（申请号：200810018947.X）的驳回决定进行分析决定提请复审，确定复审理由，通过撰写形成的复审请求书正文如下。

复审请求书正文

申请人仔细研究了审查员的驳回决定,认为本发明与对比文件2（US3520252A）相比,具有创造性。对于驳回决定中本申请没有创造性的意见,审查员对对比文件2的内容理解有误,故首先说明对比文件2的内容,然后再比较和分析两者之间的异同。

一、驳回决定中进行评价创造性的对比文件2的权利要求1内容如下。

对比文件2的权利要求1的英文原文及其翻译和解释如下,此部分文档中英文是原文,文中括弧内并有下划线的是解释,其他内容是译文。

A press comprising frame means, a pair of press platens carried by said frame means, means mounting at least one of said press platens on said frame means for movement toward and away from the other press platen and means operable to move said one press platen toward and away from said other press platen including a plurality of toggles connecting said press platen to said frame means[压力机是由机架、一对连接在机架上的压板、能保持其中一块压板在机架上并可相对另一块压板作往复运动的装置（实际就是滑块移动副装置）和包含众多连接所述运动压板和机架的肘杆并可操作所述运动压板相对另一块压板作往复运动的装置组成（肘杆及其驱动部分）。(这一部分内容描述的是压力机的基本组成)]。

means connected to said toggles for moving an end thereof toward and away from the other end in a direction parallel to the movement of said one press platen[连接所述肘杆并使肘杆一端相对另一端作往复运动的装置的布置平行于所述之一压板（运动压板）的运动(说明肘杆部分与运动压板的位置关系)]。

said toggles each comprising a pair of elongated links, the end of one of said links being pivotally connected to said frame means, the end of the other said links being pivotally connected to said one press platen, the opposite ends of said links being pivotally connected one to the other to form an intermediate pivotal joint[所述的肘杆都由一对连杆组成,其中一根连杆的一端与机架通过转

动副连接,另一根连杆的一端与所述压板(运动压板)通过转动副连接,所述两连杆的反端相互连接在一起形成一个中间的转动铰(两连杆自身以及和其他构件的连接总共形成三个转动副)<u>(对肘杆的连接方式进行说明)</u>]。

said toggle connecting means being connected to the several toggles at said intermediate joints thereof and operable to reciprocate said intermediate joints in a direction substantially normal to the direction of movement of said one press platen,[所述的肘杆连接装置在中间转动铰处将几对肘杆连接在一起,并驱动所述中间转动铰在垂直于所述压板的运动方向作往复运动。]

said intermediate pivotal connections of at least a pair of said toggles lying on opposite sides of respective straight lines intersecting said end pivotal connections of each said toggle [至少有一对所述肘杆的中间转动铰是在肘杆两末端转动铰连接形成的直线的相反侧进行连接。<u>(对多个肘杆的布置方式进行说明,肘杆布置在两侧(两边),如图 6-3 所示。如果同侧布置,将不能带动肘杆运动,如图 6-13 所示)</u>]。

said reciprocating means including a fluid-operated piston and cylinder and selectively operable valve means arranged in controlling relation to said piston to said intermediate joint of one of said toggles [所述的往复运动装置包括一个流体控制的活塞和油缸,以及可用来控制活塞和肘杆中间铰相互位置关系的操作阀装置。]

means pivotally connected said piston to said intermediate joint of one of said toggles, and means pivotally connecting said cylinder to said intermediate joint of the other of said toggles. [所述的往复运动装置通过转动副将活塞和一个肘杆的中间铰连接,通过转动副将油缸和另一个肘杆的中间铰连接。]

二、本申请与对比文件 2 相比,具有本质的区别。

通过对对比文件 2 的权利要求 1 的英文原文及其翻译和解释,可以知道:

1. 机架和压板间是通过肘杆(见图 6-1)进行连接(全部是肘杆),

并对肘杆的连接方式和布置方式进行说明,本申请根本没有肘杆结构(参见本申请的权利要求1),因此,本申请与对比文件2相比的最大区别不是审查员认为的油缸驱动部分,而是组成结构不一样,本申请是用多个平行四边形结构来构造的(见图6-6),且多一个中间构件,根本没有肘杆结构。平行四边形结构将带来本申请结构上的多种变化,如图6-9至图6-12所示。

2. 对比文件2的技术方案的核心部分是压力机机架和压板间通过肘杆连接,最少一对肘杆是布置在两侧(见图6-3),以及驱动部分(参见对比文件2的权利要求1),其从属权利要求是更多的肘杆时肘杆间的连接方法。如果把这样的要求用于本申请中,将平行四边形结构从中间拆开,本申请的结构中也只剩下内侧的两组杆件(见图6-8),两连杆没有直接通过转动副连接,而是有一个中间构件,导致机构的自由度发生变化,可以看到这样的机构根本不能有确切的运动。因此,对比文件2的权利要求所记载的技术方案并不适合用于评价本申请的创造性。

3. 本申请的权利要求1的核心是:床身和冲锤之间通过所述的两条多杆支链连接,形成一个封闭的结构;该两条相同的多杆支链通过中间构件将两平行四边形机构串接而成。本申请在结构上进行创新,由于支链是通过中间构件将两平行四边形机构串接而成,其结构形式可以呈现很多不同的结构形式(见图6-9至图6-12),通过调整中间构件的结构形式,可以调整两平行四边形机构与床身和冲锤的连接方式,间接到达改善床身(机架)的受力状况。对比文件2的权利要求1的结构不能适应这种变化,关键在于对比文件2只要求为肘杆结构。另外,本申请所记载的技术方案如果仅仅依靠内侧的两组杆件是不可能实现的(见图6-9),平行四边形机构是作为一个整体来构造机构的,因此,构造的原理或出发点也是不一样的。如果将本申请结构的支链中间构件去掉且要求上下平行四边形机构中有一对边是相等的,这样演变出的结构与对比文件2中的压力机结构才可能相似。另外,对比文件2与本申请的构造的原理和解决的技术问题是不同的,因此,对比文件2与本申请的权利要求所包含的技术方案和实现技术目的具有本质的不同。

4. 审查员的驳回意见1（参见驳回理由）中，将对比文件2中的压力机结构描述为：由T型件20和26及立柱构成的床身，两条相同的多杆支链、上冲压板32（相当于本申请冲锤）和液压缸80，该两条相同多杆支链对称布置在液压缸伸出的活塞杆92两侧，工作台J固定在床身上，该床身与上冲压板32间通过上述两条相同的多杆支链连接，形成一个封闭的结构；该两条相同的多杆支链通过中间构件64将两平行四边形机构分别串联而成。审查员只是笼统地指出其在对比文件2说明书第4栏第1行至第6栏第27行，不知这些表达具体是在对比文件2何处出现？对比文件2中权利要求1（参见本部分第2条意见）的描述也不是这样的。

5. 诚如审查员在驳回意见中所述"发明或实用新型所请求保护的范围是以其权利要求记载的内容为依据"。本申请的结构中每个平行四边结构都可以作为一个子结构单独进行制造和装配，然后再与总体结构进行装配和调试，便于模块化生产和维修，因而具有实质性的区别。

通过上述内容的比较和分析，本申请与对比文件2相比，具有突出的实质性特点和显著的进步，因而具有创造性。因此，申请人敬请审查员和专利复审委员会接受为盼。

附图：

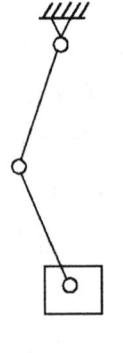

图6-5

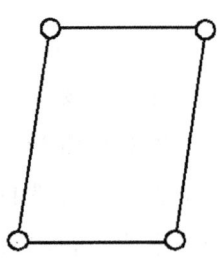

图6-6

第六章　专利复审中的专利文件撰写

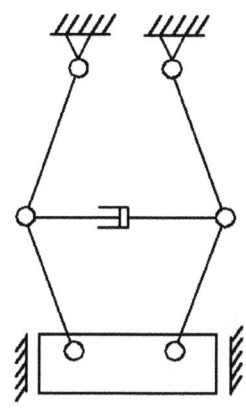
图 6-7

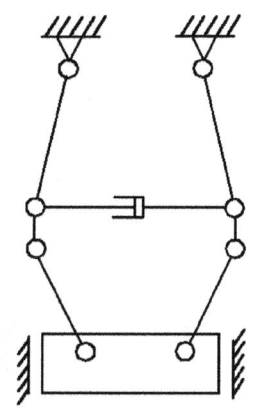
图 6-8

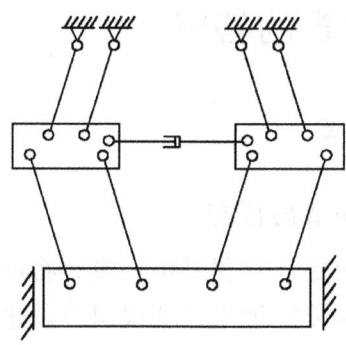
图 6-9

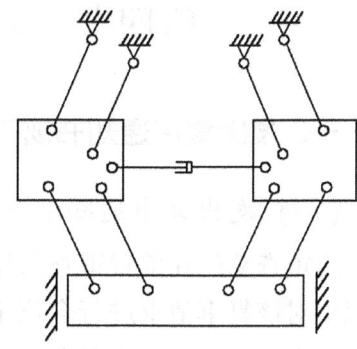
图 6-10

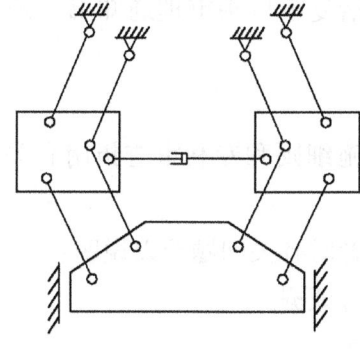
图 6-11

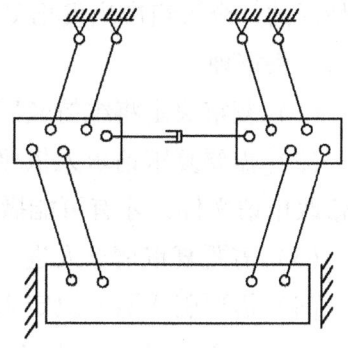
图 6-12

331

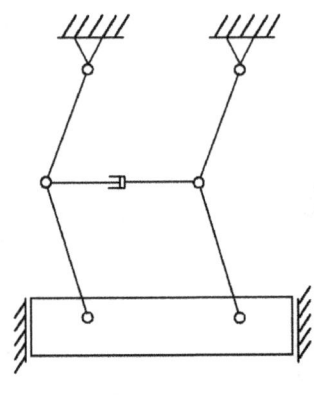

图 6-13

第四节　复审合议审查的答辩

一、发出复审通知书或口头审理通知书

（一）发出复审通知书或口头审理通知书的情形

原审查部门在前置审查意见中坚持驳回决定，专利复审委员会将成立合议组对该复审请求进行合议审查。针对一项复审请求，合议组可以采用书面审查、口头审理或者书面审查与口头审理相结合的方式进行审查。根据《专利审查指南（2010）》第四部分第二章第4.3节的规定，存在以下4种情形，合议组应当发出复审通知书（包括复审口头审理通知书）或者进行口头审理：

（1）复审决定将维持驳回决定；

（2）需要复审请求人依照专利法及其实施细则和专利审查指南有关规定修改申请文件，才有可能撤销驳回决定；

（3）需要复审请求人进一步提供证据或者对有关问题予以说明；

（4）需要引入驳回决定未提出的理由或者证据。

（二）对案例1发出的口头审理通知书

案例1提出复审请求后，原审查部分在前置审查意见中坚持驳回决定，专利复审委员会成立合议组，合议组经过审查先是发出复审通知书，在该复审通知书的审查意见中，合议组认为该申请没有创造性。之后又发出口头审理通知书，决定进行口头审理。

复审请求口头审理通知书

复审请求人：

1. 本案合议组定于 2012 年 5 月 22 日上午 9 时，在江苏省南京市中山北路 49 号省机械大厦 18 楼江苏省知识产权局会议室对上述专利申请的复审请求进行口头审理。

2. 复审请求人应当在收到本通知书之日起 7 日内向专利复审委员会提交口头审理通知书回执，并在回执中明确表示是否参加口头审理；逾期未提交回执的，视为不参加口头审理。回执中应当有当事人的签名或者盖章。

3. 复审请求人不能在指定日期参加口头审理的，可由其委托的专利代理人或者其他人代表出庭。

4. 口头审理通知书中已经告知该专利申请不符合专利法及其实施细则有关规定的具体事实、理由和证据，复审请求人可以选择参加口头审理进行口头答辩或者收到本通知之日起 1 个月内进行书面意见陈述。如果复审请求人既未出席口头审理，也未在指定的期限内进行书面意见陈述，其复审请求视为撤回。

5. 参加口头审理的人必须持个人身份证明，被委托人还应当有复审请求的委托书，参加口头审理的人员总数不得超过 4 人。

6. 口头审理涉及的主要问题是：驳回决定及复审请求书中所涉问题。

针对合议组发出的复审通知书，复审请求人应当在收到该通知书之日起 1 个月内针对通知书指出的缺陷进行书面答复，期满未进行书面答复的，复审请求将被视为撤回。复审请求人提交无具体答复内容的意见陈述书的，将视为对复审通知书中的审查意见无反对意见。

对合议组发出的复审请求口头审理通知书，复审请求人应当参加口头审理或者收到该通知书之日起 1 个月内针对通知书指出的缺陷进行书面答复；如果该通知书已经指出申请不符合专利法及其实施细则和专利审查指南有关规定的事实、理由和证据，申请人未参加口头审理且期满未进行书面答复的，其复审请求视为撤回。

二、复审通知书或口头审理通知书的意见陈述书撰写

在撰写意见陈述书时，如果对陈述意见能否说服合议组把握不大，可以在意见陈述书中提出口头审理的请求，争取与合议组当面充分交换意见的机会。此外，对合议组提出的意见有不同看法时，除了通过意见陈述进行争辩外，也可以向合议组提出口头审理的请求，以便在口审理时充分发表意见，争取对己方最有利的结果，若在口头审理过程中感觉到争辩难以取得成功，就可及时按照合议组的意见进行修改。

在撰写意见陈述书时，尽量避免在意见陈述书中直接对权利要求的保护范围做排除性的解释或者限定，以规避专利权人行使权利时"禁止反悔"原则有可能带来的不利影响。

案例 1 在口头审理合议庭上，发现本申请具有创造性，但是应该根据图 6-4 的内容对本申请的权利要求 1 进行修改形成新的权利要求 1，然后根据修改的权利要求 1 阐述本申请与对比文件 2 比较具有创造性的详细理由。在案例 1 口头审理后，代理人撰写的意见陈述书如下。

对口头审理的意见陈述书

一、根据说明书中图 6-4 的内容，对本发明权利要求 1 进行修改，修改后的权利要求 1 为：

1. 一种多连杆液压压力机，包括床身（5）、两条相同的多杆支链、冲锤（6）和液压缸（8）；该两条相同的多杆支链对称布置在液压缸（8）两侧，工作台（7）固定在床身（5）上；该床身（5）和冲锤（6）之间通过所述的两条多杆支链连接，形成一个封闭的结构；该两条多杆支链中的其中一条多杆支链由第一、第二平行四边形机构通过第一中间构件（3）串接而成，其中，第一平行四边形的一端与床身相连接，另一端与第一中间构件（3）相连接，第二平行四边形的一端与冲锤相连接，另一端与第

一中间构件（3）相连接；另一条多杆支链由第三、第四平行四边形机构通过第二中间构件（11）串接而成，其中，第三平行四边形的一端与床身相连接，另一端与第二中间构件（11）相连接，第四平行四边形的一端与冲锤相连接，另一端与第二中间构件（3）相连接；在两条多杆支链的中间构件（3、11）之间安装液压缸（8），该液压缸（8）的两端分别通过转动副（9、13）与中间构件（3、11）连接；冲锤（6）与床身（5）之间通过移动副连接。

其特征在于：第一平行四边形机构的杆件（2）、第三平行四边形机构的杆件（10）与床身（5）的连接点不重合，第二平行四边形机构的杆件（4）、第四平行四边形机构的杆件（12）与冲锤（6）的连接点不重合，第一、第二平行四边形机构与第一中间构件（3）的连接点、液压缸（8）的一端与第一中间构件（3）连接的转动副（9）均不重合，第三、第四平行四边形机构与第二中间构件（11）连接点、液压缸（8）的另一端与第二中间构件（11）连接的转动副（13）均不重合。

二、修改后的权利要求1与对比文件2相比，具有突出的实质性特点和显著进步，理由如下：

1. 对比文件2的说明书及附图所表述的内容是中间的一对肘杆形成双剪刀机构，然后在此基础上添加其他的肘杆结构，增加的肘杆与组成中间双剪刀机构的肘杆平行，如图6-14所示。由于其采用肘杆来构造压力机，使得杆AB平行且等于杆EF，杆BC平行且等于杆DE，由此可以得到杆AF、杆BE和杆CD也是相互平行。

另外，这样的结构设计将使得该压力机在技术上存在很大的缺陷：该压力机的一个主要目的是实现增力效应，而为了实现增力效果，必须要使得杆AB和杆AG尽可能靠近（当杆AB和杆BC运动到成一直线时，如图6-15所示，就形成肘杆机构，可实现最大的增力效果，这时杆AB和杆AG也重合），受油缸的实际结构限制，该压力机的油缸只好穿越铰接点G或B，见对比文件2中图6-1和图6-3，这对该结构的实现带来比较大的难度；当达到最好的增力效果的同时，也将使得该压力机处于一个奇异位置（运动不确定状态），滑块在受到向上的作用反力的作用下，对比文件2所述的压力机将很可能进入完全失控的状态，如图6-16所示。

因此，对比文件2所述的压力机要想实现好的增力效果，将可能使得压力机进入失控状态。反过来，要想不失控，必然会以牺牲增力效果为代价，这是对比文件2所述的压力机最主要的技术缺陷。

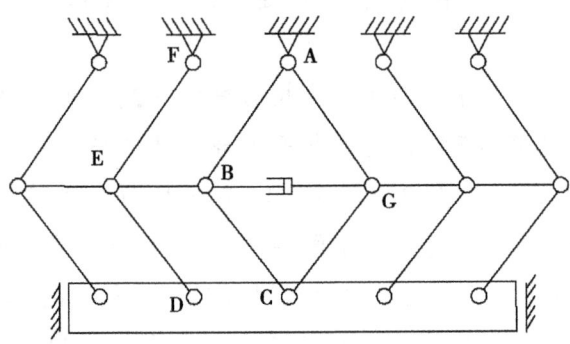

图6-14

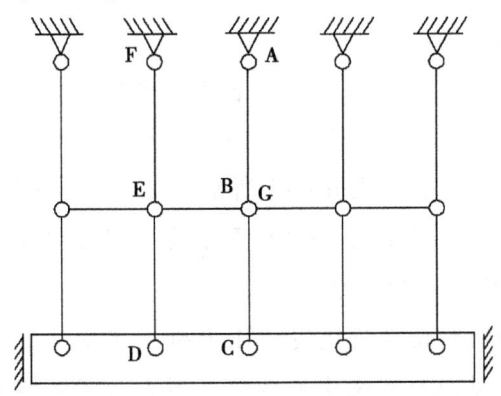

图6-15

2. 本申请构造的原理与对比文件2完全不同，可全面克服对比文件2的技术缺陷。本申请的支链是通过中间构件3、11将两平行四边形机构串接而成，构造机构的基本单元是平行四边形，而不是肘杆。表面上看对比

第六章 专利复审中的专利文件撰写

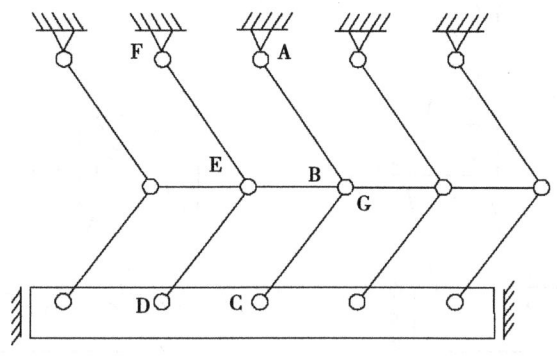

图 6-16

文件2中增加肘杆后也是形成多杆支链,且也是两平行串联,但实质是不一样的。如前面所述,由于靠肘杆来构造结构,对比文件2中其实包含杆AF和杆CD平行这样的条件,但是本申请是没有这样的技术特征的。

  本申请中平行四边形机构的杆件2、杆件10在床身5连接处不重合,平行四边形机构的杆件4、杆件12在冲锤6的连接处不重合,平行四边形机构的杆件2、杆件10以及平行四边形机构的杆件4、杆件12与中间构件3、杆件11相连的转动副不重合,其结构形式可以呈现很多不同的结构形式(见图6-17至图6-21)。最主要的是通过合理布置两串接平行四边形机构方位,实现杆件2和杆件4可以成直线,达到肘杆结构最理想的增力效果,而且不会出现对比文件2所述的失稳状态,如图6-21所示。

  本申请的第二个优点是,两条相同的多杆支链与机身5连接的转动副不重合,两条相同的多杆支链与冲锤6连接的转动副不重合,这样可以通过合理布置转动副的位置,使得机身最上面的压板受力点分散到两侧,为油缸的布置创造更大的空间,同时改善机身最上面的压板受力状态,减小其弯曲变形,因此刚度也可得到提高。

  综上所述,本申请修改后的权利要求1与对比文件2的内容完全不一样,也不是表面上的看起来相似。由于本申请构造机构的基本单元是平行四边形,而不是肘杆,导致本申请可以全面克服对比文件2存在的技术缺

337

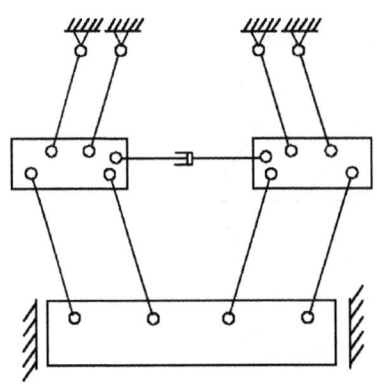

图 6-17

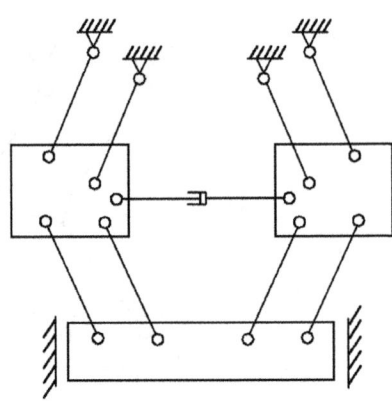

图 6-18

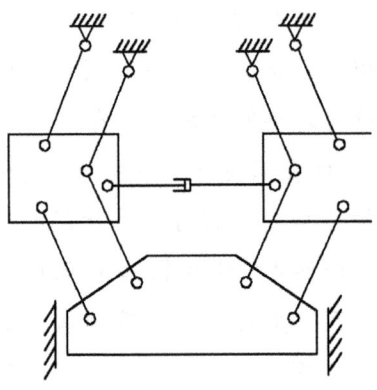

图 6-19

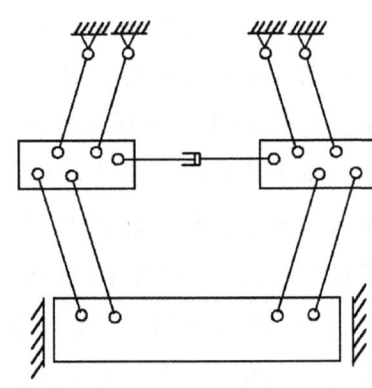

图 6-20

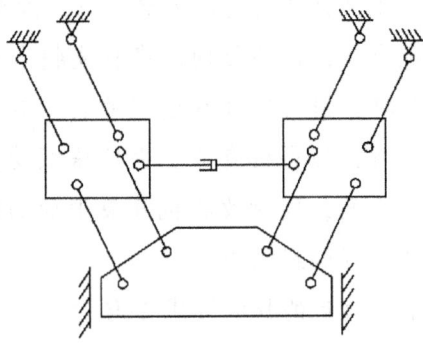

图 6-21

陷，具有非显而易见性。

3. 修改后的权利要求1具有创造性，其从属权利要求2亦具有创造性。

总之，修改后的权利要求1与对比文件2相比，具有非显而易见性，也不能从对比文件2中得到技术启示。

上述修改和具有创造性的理由请复审委员会接受为盼，并请继续审查。

【思考与练习】

1. 对驳回决定的分析主要涉及哪几个方面？
2. 复审程序中如何把握文件修改时机？
3. 出席口头审理需注意哪些事项？

第七章　专利权无效宣告中的专利文件撰写

【导读】

本章主要介绍专利无效宣告程序中的专利文件撰写内容,包括无效宣告请求书的撰写过程、专利权人的应对以及专利文件的修改等。

第一节　无效宣告请求书的撰写

一、无效宣告请求书撰写前的准备

某件专利公告授权后,任何人都可以向专利复审委员会请求宣告该专利权无效。提起无效宣告的当事人称为专利权无效宣告请求人(简称请求人),应当提交专利权无效宣告请求书和必要的证据一式两份来启动无效宣告程序。

请求人在撰写无效宣告请求书前应当做好以下准备工作。首先,要对涉案专利文件进行分析,包括了解涉案专利当前的法律状态、审查历史资料、在先无效宣告请求或行政诉讼等情况。然后,了解请求人提起无效宣告请求的目的,是主动提起无效还是在专利侵权诉讼中作为被告提起无效,是部分无效还是全部无效,根据不同的目的制定无效宣告策略。在这些工作中,最重要的是收集与涉案专利密切相关的证据材料,根据案件事实和证据初步确定可选择的无效理由❶，明确无效理由对应的权利要求，并针对每一项权利要求结合相应的证据进行对比分析，从而选取和确定最有把握和说服力的无效宣告理由作为主攻理由，对其详加阐述，为无效宣告请求书的撰写做好准备工作。

二、无效宣告请求书撰写的思路

（一）收集和分析证据

由于发明、实用新型和外观设计专利申请经过审查符合授权条件才能授予专利权，特别是发明专利授权要经过实质审查，其权利相对稳定，所以专利权能否被请求人无效掉，很大程度上取决于支持无效理由的证据是否充分。请求人可以在收集到足够的证据后提起无效宣告，还可以利用举证期限补充新的证据。在"从甘油生产二氯丙醇的方法，甘油最终来自生物柴油生产中动物脂肪的转化"（专利号：ZL200480034393.2）发明专利权无效宣告请求案中，请求人开始收集和提交了9组证据，这些证据系公开出版物，请求人准备通过这些证据来证明该专利权的权利要求1~33因不符合《专利法》第22条第3款的规定而全部无效。后来请求人在提出无效宣告请求后的1个月内又补交了证据1更新的部分中文译文7页、证据3的部分中文译文7页以及新的证据10~20。专利权人也在1个月的答辩期内提交了意见陈述书和相应的证据。事实上，当事人也应当根据后续审查的进程及新出现的情况要不断地收集和补充新证据。涉案的双方当事人在后来的口头审理程序中又提交了意见陈述书和补充了新的证据进一步支持己方主张并反驳对方的理由。

（二）确定和选取无效宣告的理由

专利权无效宣告请求的理由应当符合《专利法实施细则》第65条的规定。在上述案件中，请求人结合证据1~9分析了权利要求没有创造性

---

❶ 专利权无效宣告请求的理由必须符合《专利法实施细则》第65条的规定，否则专利复审委员会不予受理。

外，进一步分析权利要求1、3~33不符合《专利法》第26条第4款的规定，权利要求26不符合《专利法》第33条的规定，权利要求1不符合《专利法实施细则》第20条第2款的规定，以及说明书不符合《专利法》第26条第3款的规定，因此确定无效宣告理由，具体见表7-1。

表7-1 无效宣告理由

无效宣告的对象	无效宣告理由	备注
权1~33	法22.3	权1~33全部无效
权1、3~33	法26.4	
权1	细则20.2，细则21.2	
权26	法33	
说明书	法26.3	

（三）详细论述重要的无效宣告理由

上述无效宣告理由中，主要涉及创造性、权利要求未得到说明书支持以及说明书公开不充分的问题。从证据的提交和理由是否充分的角度，要着重阐述创造性问题可能更有说服力。请求人经过分析涉案的专利文件，认为被无效宣告的发明专利要求保护一种生产二氯丙醇的方法，即在羧酸催化剂的存在下使甘油经过与氯化剂的反应，所述羧酸选自戊二酸和己二酸。在本技术领域里，通过甘油与氯化剂反应生产二氯丙醇是一种常规工艺，通常使用乙酸作为催化剂，涉案专利的创新之处就是催化剂的更替，是一种惯用手段替换和公知常识。请求人比较权利要求1的技术方案与证据2之间的区别仅在于：涉案专利采用戊二酸或己二酸作为催化剂，解决的技术问题是显著提高产率同时减少催化剂损失。并进一步详细分析证据2公开了使用乙酸、丙酸、甲酸等羧酸作为催化剂，由甘油和氯化氢制造二氯丙醇的技术方案，在实施例中公开了添加丁二酸和壬二酸作为催化剂，本领域技术人员在此基础上很容易想到使用己二酸或戊二酸作为催化剂。因此，结合证据2和公知常识，权利要求1~2应该不具备创造性。在此初步分析的基础上开始撰写无效宣告请求书。

三、无效宣告请求书的撰写实例

无效宣告请求书应当采用专利局规定的制式表格,并填写表格中的著录项目和相关内容。请求人对其提交的证据材料应当逐一分类编号,并与无效宣告请求书附件清单内容一致。其中,"结合证据对无效宣告请求理由的具体陈述意见"是无效宣告请求书的主要部分,一般按照起始部分、论述部分和结论部分三段式内容进行撰写。下面结合复审委员会的审查决定、北京市第一中级人民法院和北京市高级人民法院的相关材料,❶ 以专利权无效案件(200480034393.2)为例进行简要说明无效宣告请求书的撰写内容。

(一)起始部分

在起始部分,首先要说明无效宣告请求的对象,也就是针对哪一件专利权提起无效宣告,并对该专利的申请日、优先权日、专利权人等情况进行说明。然后对无效宣告请求的范围、理由及所依据的证据进行简要陈述。无效宣告请求的范围是指对某件专利权全部权利要求无效还是部分权利要求无效,同时说明该权利要求被无效的理由,这些无效理由只能是《专利法实施细则》第65条第2款规定的理由,并以专利法及其实施细则中有关的条、款、项作为独立的理由提出,否则将不被受理。在提出无效理由时,结合相应的证据进行说明,并将证据和证据清单作为无效宣告请求书的附件。

1. 无效宣告请求的对象

请求人某化工公司根据《专利法》第45条和《专利法实施细则》第65条的规定,针对专利号为ZL200480034393.2,专利权人索某公司、名称为"从甘油生产二氯丙醇的方法,甘油最终来自生物柴油生产中动物脂肪

---

❶ "索某与中华人民共和国国家知识产权局专利复审委员会其他二审行政判决书",载 http://wenshu.court.gov.cn/content/content?DocID=2078a460-4199-48de-bef4-16ea8767cd5e&KeyWord=索×,最后访问日期:2017年3月20日。

的转化"的发明专利权提出无效宣告请求,该专利的申请日为 2004 年 11 月 18 日、授权公告号为 CN100577622C、授权公告日为 2010 年 1 月 6 日。

2. 无效宣告请求的范围和理由及其所依据的证据的简要陈述

请求人认为:权利要求 1~33 不符合《专利法》第 22 条第 3 款的规定,相对于证据 1~9,尤其是证据 2 和公知常识、证据 2 结合证据 5 和公知常识不具备创造性。其中证据 2 为最接近的现有技术。

权利要求 1、3~33 不符合《专利法》第 26 条第 4 款的规定,没有以说明书为依据,没有清楚、简要地限定专利权保护的范围。

权利要求 1 不符合《专利法实施细则》第 20 条第 2 款、第 21 条第 2 款的规定,没有从整体上反映发明的技术方案,记载解决技术问题的必要技术特征不完整,从而导致保护范围限定不清楚。

说明书不符合《专利法》第 26 条第 3 款的规定,没有将解决技术问题的技术方案作出清楚、完整的说明,所属技术领域的技术人员无法依据说明书记载的内容来实现上述技术方案。

因此,请求宣告权利要求 1~33 全部无效。

3. 请求人提供的证据清单

证据 1:US2144612 美国专利说明书,公开日为 1939 年 1 月 24 日,复印件 4 页,部分中文译文 2 页;

证据 2:DE197308 德国专利说明书,授权日为 1906 年 11 月 20 日,公开日为 1908 年 4 月 16 日,复印件 2 页,中文译文 3 页;

证据 3:The Preparation, Properties, and Useof Glycerol Derivatives. PartIII. The Chlorohydrins G. P. Gibson, Journalofthe Societyof Chemical Industry, Chemistry & Industry, 第 50 卷, 第 47 期, 封面页、第 949~954 页, 公开日为 1931 年 11 月 20 日, 复印件 7 页;

证据 4:DE1075103 德国专利说明书,公开日为 1960 年 2 月 11 日,复印件 3 页,部分中文译文 4 页;

证据 5：JP 昭 62-242638 日本公开特许公报，公开日为 1987 年 10 月 23 日，复印件 5 页，中文译文 7 页；

证据 6：《化工百科全书》第 5 卷，化学工业出版社，1993 年 11 月第 1 版，封面页、出版信息页、第 457 页，复印件 3 页；

证据 7：《环氧树脂生产与应用》，上海树脂厂编，石油化学工业出版社，1974 年 10 月第一版重排本，1976 年 10 月第一次印刷，封面页、出版信息页、第 11~17 页，复印件 6 页；

证据 8：封面和编译信息页盖有"江苏省扬州市化工研究所情报室"印章的《有机合成》第一集，H. 盖尔曼、A. 勃拉特编，科学出版社，1957 年，封面页、编译信息页、第 234~235 页，复印件 4 页；

证据 9：《化工产品手册》有机化工原料，司航主编，化学工业出版社，1995 年 1 月第二版，1996 年 1 月第 2 次印刷，封面页、出版信息页、第 102~105 页，复印件 4 页。

（二）论述部分

论述部分是无效宣告请求书的核心部分，包括论述的问题、事实和法律分析、结论三部分内容，即首先逐一对主张宣告某件专利权无效的范围、理由和证据进行简单概括，然后针对请求宣告全部或部分无效的权利要求逐项陈述具体事实，确定所适用的法律依据，并结合提交的证据逐项分析和详述无效宣告请求的理由，最后将相关法律规定适用于相应的事实，作出解释说明并得出具体无效理由的结论。

在论述部分，请求人应详细阐述请求的无效宣告理由，下面仅对权利要求 1 不符合《专利法》第 22 条第 3 款的规定为例进行分析和论述。

本专利权利要求 1 保护一种生产二氯丙醇的方法，根据该方法在羧酸催化剂的存在下使甘油经过与氯化剂的反应，其中所述羧酸选自戊二酸和己二酸。证据 2 已经公开了可以使用 1%~2% 琥珀酸作为催化剂，用甘油和气态盐酸可以在相对较低的温度下以较高产率得到一氯代甘油和二氯丙醇的技术方案。本专利权利要求 1 的技术方案与证据 2 公开的上述技术方案相比，其区别技术特征仅限于催化剂种类的差异，证据2公开了催化剂可以是琥珀酸，而权利要求1限定了催化剂为戊二酸或己二酸。在证据2中作为催化剂的琥珀酸（丁二酸）也是本专利说明书指出的优选使用的聚羧酸类催化剂之一的情况下，确定本专利相对于证据2实际解决的技术问题主要取决于"以己二酸或戊二酸替代琥珀酸作为催化剂使得本专利相对于证据2取得了何种技术效果"，换言之，判断本专利权利要求1相对于证据2实际解决的技术问题，需要判断使用己二酸或戊二酸相对于选择琥珀酸是否取得了预料不到的技术效果。基于没有证据表明本专利权利要求1相对于证据2公开的技术方案取得任何预料不到的技术效果的情况下，权利要求1实际解决的技术问题仅为提供一种使用其他催化剂制备二氯丙醇的替代方法。本领域技术人员在证据2公开了琥珀酸（丁二酸，是具有4个碳原子的二元酸）用作催化剂这一信息的基础上，能够推论可以使用仅相差1个或2个"CH_2"的同系物的戊二酸和己二酸。并且，除公开涉及丁二酸的技术方案外，证据2还公开了可以使用壬二酸作为催化剂，壬二酸是具有9个碳原子数的二元酸，并且也是琥珀酸、戊二酸和己二酸的同系物。由此表明，证据2本身已经给出允许选择碳原子数多于具有4个碳原子的琥珀酸的二元酸作为催化剂的技术启示。在此情形下，本领域技术人员使用具有5个碳原子的戊二酸和具有6个碳原子的己二酸作为替代催化剂以获得本专利权利要求1的技术方案是显而易见的。因此，权利要求1相对于证据2和本领域公知常识的结合不具备创造性。在本专利权利要求1不具备创造性的前提下，同理，本专利权利要求2~33也不具备创造性。

（三）结论部分

结论部分是无效宣告请求的总结说明，包括无效宣告请求理由的概述和请求人的具体主张。

综上所述，本专利的权利要求1~33不符合《专利法》第22条第3款的规定，权利要求1、3~33不符合《专利法》第26条第4款的规定，权利要求 1 不符合《专利法实施细则》第 20 条第 2 款、第 21 条第 2 款的规定，说明书不符合《专利法》第 26 条第 3 款的规定，因此，请求专利复审委员会宣告该专利权的权利要求 1~33 全部无效。

第二节　无效宣告请求程序中专利权人的应对

一、专利权人应在规定期限内答辩

专利复审委员会受理无效宣告请求后，向请求人和专利权人发出无效宣告请求受理通知书，并将无效宣告请求书和有关文件副本转送给专利权人，专利权人应在收到该通知书之日起 1 个月内答复。

前述无效宣告案件的专利权人索某公司在收到请求人补充证据后的 1 个月内提交了意见陈述书，并提交了针对请求人的证据 2 更正中文译文 2 页、证据 5 的更正中译文 6 页以及自己的反证 1~2。如果专利权人未在指定的期限内陈述意见，视为已得知转送文件中所涉及的事实、理由和证据，并且未提出反对意见。

二、专利权人撰写意见陈述书

专利权人对无效宣告的理由应当深入分析，寻找证据，认真准备答辩。专利权人的答辩意见采用意见陈述书的形式提交，意见陈述书采用专利局的制式表格，除了填写相关著录项目，"具体陈述意见"是答辩意见的主体部分，针对无效宣告请求书的内容一般按照三段式进行撰写，即起始部分、论述部分和结论部分。下面以针对专利权 ZL200820022107.6 提起无效宣告请求案件（案件编号为 5W100420）中专利权人的答辩为例简要介绍无效程序中专利权人的意见陈述撰写。

1. 起始部分

在起始部分说明该意见陈述书的答复对象，也就是针对哪一件无效宣告请求作出的答辩，如"专利权人收到专利复审委员会 2010 年 5 月 5 日受理的无效宣告请求书及证据副本,现在针对请求人某科技公司于2010年4月20日对本专利权人的实用新型专利(专利号为ZL200820022107.6,申请日为2008年5月9日,授权公告日为2009年1月28日,名称为一种排放阀)提出的专利无效宣告请求(案件编号为5W100420)的无效宣告理由和证据进行答辩,具体意见如下"。

2. 论述部分

论述部分是针对无效宣告请求人提出的无效宣告理由、范围和证据逐一进行陈述和辩驳,对相关法律规定的适用进行具体分析,得出涉案专利符合专利法及其实施细则授权条件的结论。案件5W100420中请求人提出的无效宣告请求理由如下:本专利权利要求1相对于证据1~7不具备新颖性或创造性;权利要求2相对于证据1、5不具备新颖性或创造性;权利要求3相对于证据1~5、7不具备新颖性或创造性;权利要求4相对于证据1~5、7不具备新颖性或创造性;权利要求6相对于证据2、7不具备新颖性或创造性;以及本专利权利要求1~4、6所描述的产品不具备实用性,还可能妨害公共利益,不符合《专利法》第22条第4款和《专利法》第5条的规定,请求宣告本专利权利要求1~4、6无效。对此,专利权人意见陈述如下。❶

本专利权人请求专利复审委员会驳回上述请求人所提出的无效宣告请求,并维持该实用新型专利权有效。此外,专利权人对无效宣告请求的理由及其证据需要与请求人当面质询,因此,请求专利复审委员会对本案进行口头审理。

(一)关于证据

请求人在请求书中提交了7份证据。

证据1:陆培文主编、机械工业出版社2002年10月出版的《实用阀门设计手册》第411页、第446页、第977页的复印件,共3页;

---

❶ "专利无效宣告请求意见陈述书二",载 http://www.maxlaw.cn/l/20141026/800472956565.shtml,最后访问日期:2017年3月20日。

证据2：1996年1月1日实施的《中华人民共和国机械行业标准》缩径锻钢阀门 GB/T 7746—95 的复印件，共11页；

证据3：1993年1月1日实施的《中华人民共和国国家标准》PN 16.0－32.0MPa 锻造角式高压阀门、管件、紧固件技术条件 JB/T 450—92 的复印件，共7页；

证据4：《中华人民共和国国家标准》通用阀门 法兰和对焊连接钢制闸阀 GB 12234—89 的复印件，共11页；

证据5：《阀门国内外最新标准及其工程应用技术全书》第196页、第973页、第974页、第983页的复印件，共4页；

证据6：杨源泉主编、机械工业出版社1992年12月出版的《阀门设计手册》第390页、第450页、第457页的复印件，共3页；

证据7：2007年4月18日发布，2007年11月1日实施的《中华人民共和国国家标准》石油、石化及相关工业用钢制截止阀和升降式止回阀 GB/T 12235—2007 的复印件，共20页。

请求人认为上述证据均为公开出版物，请求提交的证据4～5未显示公开日期，请求人应当补充证据证明上述证据的公开日早于本专利的申请日，否则不能作为评价本专利是否具有新颖性和创造性的证据。

（二）关于新颖性和创造性

本专利权人认为请求人提交的上述证据及其否定本专利的新颖性和创造性理由不足，具体意见如下：

1. 本专利权利要求1相对于请求人提供的证据1～7具有《专利法》第22条第2款规定的新颖性。

（1）《专利法》第22条第2款和第3款关于新颖性和创造性的规定（略）。

（2）《审查指南》第二部分第三章第3.1关于新颖性的审查原则（略）。

（3）权利要求1限定的技术方案是一种专门安装在海上移动石油平台上能起到双密封且压载时能防泄漏，卸载时能彻底排放压载水体的排放阀，在拖航和停泊时防止海水倒灌,其技术领域是石油平台上的专用阀门。证据 1~7 中的阀门只是实现管道和设备内的介质流动或停止,并能控制其流量的单级密封普通阀门。与本专利的技术领域不同,解决的技术问题不同,所取得的技术效果也不同。

(4) 将本专利的权利要求 1 与证据 1~7 分别进行单独对比,权利要求 1 都具有新颖性。

证据 1《实用阀门涉及手册》第 411 页、第 446 页、第 977 页中记载的每个阀门都是一项技术方案,这 3 页记载了多项技术方案。依据《审查指南》的上述规定,只能将每项技术方案与权利要求 1 进行对比。其中第 411 页、第 446 页为结构示意图,不能清楚地显示阀门中每个部件的技术特征,只能以其明确公开唯一的技术特征与权利要求 1 进行技术特征的对比。第 977 页中附图披露了一种提升式旋塞阀。将上述三项技术方案分别与权利要求 1 进行对比,证据 1 至少未披露"阀体底部水口和底部水口上的底阀瓣,阀杆下端穿过阀盖伸到阀体内与阀体底部水口上的底阀瓣连接",未披露的技术特征实现了再一次的密封,通过一根阀杆同时控制两个启闭部件实现一个阀体双向密封的目的,因而本专利的权利要求 1 相对于证据 1 具有新颖性。

同样,证据 2~7 中的每一项阀门技术方案中公开的都是在进口和出口之间通过一根阀杆控制单一的阀瓣或球体或旋塞体,在进出口之间实现单一密封,至少都没有披露相当于权利要求 1 结构的"阀体底部水口"和"底阀瓣""阀杆下端穿过阀盖及阀芯与阀体底部水口上的底阀瓣连接"等技术特征,上述区别技术特征实现了旋转一根阀杆可控制开闭垂直和水平上的两个阀口,即侧水口和底水口,实现双向密封的目的。

证据 6 公开了一个部件,没有公开技术方案,权利要求 1 较之有新颖性。

综上所述,权利要求 1 相对于证据 1~7 具有新颖性。

2. 本专利权利要求 1 相对于请求人提供的证据 1~7 具有《专利法》第 22 条第 3 款规定的创造性。

本专利权利要求 1 的技术方案与证据 1、2、3、4、5、7 中公开的技术方案或者上述证据的组合技术方案相比，其区别至少为：(1) 除了阀体侧面设置有侧水口外还在阀体底部设置有水口；(2) 底部水口上设有底阀瓣；(3) 阀杆下端穿过阀盖及阀芯与阀体底部水口上的底阀瓣连接，阀杆不但要与控制水平方向开闭的阀芯连接，还直接与底阀瓣连接。

由于采用上述结构，通过旋转阀杆，能启闭垂直方向上的阀口（底阀瓣）和水平方向的阀口（阀体上的侧水口），一根阀杆同时控制垂直阀口和水平阀口的开启或关闭，实现垂直阀口和水平阀口的双向密封，实现一阀双向密封，即一个阀体上同时具备水平、垂直双向两个阀口的开闭功能。所以，由此区别技术特征可知其解决的技术问题为：(1) 通过一个阀门的双向密封的技术手段，更好地防止阀门的泄漏，在石油平台拖航和停泊时防止海水倒灌进入压载舱产生危险，提高了安全性能；(2) 防止一个密封破坏时，另一个密封仍可保证阀门的密封；(3) 操作控制灵活方便，旋转阀杆就能同时控制两个阀口的启闭；(4) 由于阀体上设置有底部水口，实现了平台压载舱内的水体彻底排放，完全消除了压载，便于拖航和停泊。

上述区别特征在这些证据中都没有披露，证据 1~7 中没有一个给出一根阀杆上设置有两个启闭件，以及对应控制一个阀体上双向水口的教导。现有技术教导的始终是一个阀杆控制一个启闭部件。现有技术中也没有给出将上述对比文件组合以解决上述技术问题的技术启示，即使证据 1~7 的组合也没有覆盖权利要求 1 的上述区别技术特征，而且本技术领域技术人员也无法从上述对比文件的教导中得出将上述区别特征应用到对比文件以解决上述技术问题的技术启示，即证据 1~7 结合上述技术区别特征得到本专利权利要求 1 的技术方案对本领域技术人员来说是非显而易见的，不需要创造性劳动是难以实现的，因此，权利要求 1 具有突出的实质性特点。而且，由于权利要求 1 的技术方案实现了阀门的双向密封、操作控制灵活方便、彻底排放等优点，产生了有益效果，相对于现有技术来说具有显著的进步。综上所述，本专利权利要求 1 的技术方案相对于证据 1~7 以及本领域技术人员的公知常识来说具有创造性。

3. 权利要求 2 具备新颖性和创造性

权利要求 2 在权利要求 1 的基础上进一步限定，增加了技术特征"位于阀杆螺纹下端的阀杆上开有竖向滑槽，竖向滑槽的下端连接有环形滑槽，在阀杆支架的侧面设有定位销，定位销的里端顶在竖向滑槽或环形滑槽之中"。该技术特征未在证据 1~7 中公开。

由于权利要求 1 具有新颖性和创造性，其从属权利要求 2 亦具有新颖性和创造性。而且，证据 1 中第 466 页、第 977 页，证据 5 第 983 页图中公开的内容并不意味着权利要求 2 进一步限定的技术特征是显而易见的。证据 1 与证据 5 中的导向槽实现的只是"使阀杆升降时带动球体脱离阀座后再旋转"的作用。权利要求 2 中的阀杆中的竖向滑槽控制底阀瓣的升降，环形滑槽控制阀芯的旋转，不但能旋转阀芯还能升降底阀瓣，更好地实现了一根阀杆同时控制两个启闭部件的功能，取得有益的效果，本领域技术人员需要创造性劳动才能取得权利要求 2 的技术方案，因此，权利要求 2 更具备创造性。

4. 在权利要求 1 具备新颖性和创造性的情况下，其从属权利要求 3、4、6 亦具有新颖性和创造性。

（三）关于实用性

权利要求 1~6 均具备实用性，更不妨碍公共利益。

（1）本专利的权利要求符合《专利法》第 22 条第 4 款关于实用性的规定。

首先，权利要求 1 中关于"阀芯旋转 45 度后通孔与侧水口贯通"的描述是阀芯旋转工作过程的描述，是说明阀芯旋转一定角度后阀芯通孔开始与侧水口相通，阀门就能打开。

其次，阀芯关闭时，阀芯通孔与阀体侧面的进出水口的角度并不必然是 90°。权利要求书和说明书均没有限定阀芯通孔与阀体进出水口的角度，请求人以自己的主观臆断就断定本专利的技术方案无实用性无任何证据和法律依据。

（2）本专利的权利要求符合《专利审查指南》第二部分第五章 3.1（2）关于实用性审查原则的规定。本专利的技术方案并不违背自然规律，

353

能够制造并解决了技术问题。

本专利权利要求 1~7 中载明的技术方案能够实施且产生对社会有益的效果，与《专利法》第 5 条及《专利审查指南》规定的妨碍公共利益的发明创造根本无关。

3. 结论部分

结论部分概要说明涉案专利符合专利法及其实施细则的相关规定，并阐明专利权人的具体主张。在答辩时，专利权人一般提供证据证明自己的主张，反驳请求人的请求理由、范围，并列举证据清单作为意见陈述书的附件。如"总之，专利权人认为请求人所提交的上述证据 1~7 不能否定本专利权权利要求 1~6 的新颖性、创造性和实用性，因此，本专利符合《专利法》第 22 条第 2~4 款及《专利法》第 5 条的规定，请求专利复审委员会维持本专利权全部有效。"

第三节　无效宣告程序中对专利文件的修改

一、修改原则

在无效宣告程序中，专利权人除针对无效理由进行争辩外，必要时还可以对专利文件进行修改。其中，外观设计专利的专利权人不得修改其专利文件。发明或者实用新型专利文件的修改仅限于权利要求书，不能修改说明书及其附图。修改权利要求书的方式一般限于权利要求的删除、技术方案的删除、权利要求的进一步限定、明显错误的修正，[1] 但不得改变原权利要求的主题名称，并且不得扩大原专利权的保护范围。

二、删除权利要求的修改方式

在专利复审委员会作出审查决定之前，专利权人可以删除权利要求或

---

[1] 《关于修改〈专利审查指南〉的决定（2017）》（第 74 号）第 8 条。

者权利要求中包括的技术方案。权利要求的删除是指删除某一项或者多项权利要求。技术方案的删除是指从同一权利要求中并列的两种以上的技术方案中删除一种或者一种以上技术方案。

在电连接器无效宣告案件（专利号为02283912.7，审查决定第8457号）中，专利权人采用了权利要求的删除方式进行修改。该实用新型专利的授权公告的权利要求书如下：

1. 一种电连接器，包括绝缘本体及端子，绝缘本体设有由若干侧壁及由其围设的导电区，于该导电区上设有若干端子收容槽，端子，其容置于绝缘本体的端子收容槽内，其特征在于：绝缘本体至少一个侧壁上设有若干交错排列的凸起及凹槽。

2. 如权利要求1所述的电连接器，其特征在于：凹槽的底面为一外侧高于里侧的斜面。

3. 如权利要求1所述的电连接器，其特征在于：凸起横截面为一多边形，其上设有第一斜边及第二斜边，且第一斜边一端延伸入导电区内。

4. 如权利要求3所述的电连接器，其特征在于：凸起的第一斜边与第二斜边垂直设置。

5. 如权利要求4所述的电连接器，其特征在于：第一斜边与第二斜边间设有倒角。

6. 如权利要求1所述的电连接器，其特征在于：导电区中央位置处设有开孔。

7. 如权利要求1所述的电连接器，其特征在于：绝缘本体两相对侧壁上设有开槽。

8. 如权利要求1所述的电连接器，其特征在于：绝缘本体两相对侧壁上分别设有第一凸台与第二凸台。

9. 如权利要求1所述的电连接器，其特征在于：该电连接器还设有补正装置，且该补正装置的形状结构与凸起相同。

10. 如权利要求1所述的电连接器，其特征在于：端子上连接有端子承载条。

请求人对此提出无效宣告,其理由是本专利权利要求1、3~5不符合《专利法》第22条第2款的规定,权利要求1~10不符合《专利法》第22条第3款的规定,权利要求1不符合《专利法》第26条第4款和《专利法实施细则》第21条第2款的规定。请求人同时提交了一份证据。双方经过口头审理,在辩论阶段结束后,专利权人明确表示要修改权利要求书,即删除权利要求1、6、7、8、10,保留权利要求2、3、4、5、9,依次将保留的各权利要求重新编号为权利要求1~5,其中权利要求1、2、5为独立权利要求,权利要求3引用权利要求2,权利要求4引用权利要求3。❶ 通过权利要求的删除修改方式克服无效宣告理由所指出的缺陷。后来提交的修改权利要求书文本与口头审理时所明确的修改一致。

请求人针对修改后的权利要求书再次提出意见陈述书。对此,合议组经过合议审查作出审查决定,认为权利要求1、2、5符合《专利法实施细则》第21条第2款和《专利法》第26第4款的规定,权利要求2~4相对于对比文件1具备新颖性、权利要求1~5相对于对比文件具备创造性。请求人提出的无效请求理由不成立。在被请求人提交修改后的权利要求书的基础上维持02283912.7号实用新型专利权有效。

三、对权利要求进一步限定的修改方式

权利要求的进一步限定是指在权利要求中补入其他权利要求中记载的一个或多个技术特征。例如在"平板扬声器"无效宣告案件(专利号为00109607.9,审查决定第8486号)中,专利权人主要采用了对权利要求进一步限定和删除相结合方式进行修改。授权公告的权利要求书的内容如下:

1. 一种平板扬声器,其特征在于包括:声振动板;

以及振动驱动器,在离开所述声振动板的中心且位于所述声振动板的边沿部分或其附近处安装,使声振动板产生振动。

---

❶ 国家知识产权局专利复审委员会编:《专利复审和无效审查决定汇编:通信(下)》(2006),知识产权出版社2014年版,第1392页。

2. 根据权利要求 1 的平板扬声器,其特征在于所述振动驱动器位于由所述声振动板的所述中心和所述声振动板边沿之间连通的延伸线的中点所确定的区域之外。

3. 根据权利要求 2 的平板扬声器,其特征在于所述声振动板大体上形成上为多边形,所述振动驱动器位于所述声振动板的角上或其附近。

4. 根据权利要求 1 的平板扬声器,其特征在于所述振动驱动器的所述振动方向是除与所述声振动板的面板垂直的方向以外的方向。

5. 根据权利要求 1~4 的任何一项所述的平板扬声器,其特征在于至少在所述声振动板的局部上设置有具有透明部件,以使背景可见。

6. 根据权利要求 5 的平板扬声器,其特征在于至少在所述声振动板的局部上设置有抗反射膜,以防止进入光线的反射。

7. 根据权利要求 1~3 的任何一项所述平板扬声器,其特征在于至少在所述声振动板的局部上设置有光线反射膜,以反射进入的光线。

8. 一种平板扬声器,其特征在于包括:声振动板;以及多个振动驱动器,安装在所述声振动板的中心和所述声振动板边沿之间连成的延伸线的中点所确定的区域之外的所述声振动板的边沿部分或其附件,使所述声振动板产生振动。

9. 根据权利要求 8 的平板扬声器,其特征在于所述声振动板实际上被形成多边形,至少所述多个振动驱动器中的一个振动驱动器位于所述声振动板的角上或其附近。

10. 根据权利要求 8 的平板扬声器,其特征在于所述多个振动驱动器的至少一个振动驱动器提供的所述振动方向是除与所述声振动板的面板垂直方向以外的方向。

11. 根据权利要求 8~10 的任何一项所述的平板扬声器,其特征在于所述多个振动驱动器的至少一个振动驱动器产生的所述振动幅度和其余各振动驱动器提供的所述振动幅度不同。

12. 根据权利要求 8~10 的任何一项所述的平板扬声器,其特征在于所述多个振动驱动器的至少一个振动驱动器的所述振动方向和其余各振动驱动器提供的所述振动方向不同。

13. 根据权利要求8~10的任何一项所述的平板扬声器，其特征在于所述多个振动驱动器的至少一个振动驱动器的所述振动相位和其余各振动驱动器提供的所述振动相位不同。

14. 根据权利要求8~10的任何一项所述的平板扬声器，其特征在于至少在所述声振动板的局部上设置有透明的部件，以使背景可见。

15. 根据权利要求14的平板扬声器，其特征在于至少在所述声振动板的局部上设置有抗反射膜，以防止进入光线的反射。

16. 根据权利要求8~10的任何一项所述的平板扬声器，其特征在于至少在所述声振动板的局部上设置有光线反射膜，以反射进入的光线。

17. 一种平板扬声器，其特征在于包括声振动板；多个振动驱动器，安装在所述声振动板的中心和所述声振动板边沿之间连成的延伸线的中点所确定的区域之外的所述声振动板的边沿部分或其附近，并使所述声振动板产生振动；以及控制单元，控制所述多个振动驱动器中的至少一个振动驱动器。

18. 根据权利要求17的平板扬声器，其特征在于所述控制单元控制所述至少一个振动驱动器产生的所述振动的幅度。

19. 根据权利要求17的平板扬声器，其特征在于所述控制单元控制所述多个振动驱动器，以控制所述声振动板中的振动的传播。

20. 根据权利要求17的平板扬声器，其特征在于所述控制单元控制所述至少一个振动驱动器产生的所述振动的相位。

21. 根据权利要求17~20的任何一项的平板扬声器，其特征在于至少在所述声振动板的局部上设置有透明的部件，以使背景可见。

22. 根据权利要求21的平板扬声器，其特征在于至少在所述声振动板的局部上设置有抗反射膜，以防止进入光线的反射。

23. 根据权利要求17~20的任何一项所述的平板扬声器，其特征在于至少在所述声振动板的局部上设置有光线反射膜，以反射进入的光线。

针对上述发明专利权，请求人提出无效宣告请求，并附有2份证据作为对比文件,其无效理由是:本专利权利要求 1~23 相对于对比文件 1~2 均不符合《专利法》第 22 条第 2 款的规定,不具备新颖性。专利权人针对请求人的无效请求提交了意见陈述书并修改权利要求书,其中删除了原权利要求 1~7,将原从属权利要求 11 补入原独立权利要求 8 中成为新的独立权利要求 1,将原从属权利要求 12 补入原独立权利要求 8 中成为新的独立权利要求 7,将原从属权利要求 13 补入原独立权利要求 8 中成为新的独立权利要求 13,将原从属权利要求 18 补入原独立权利要求 17 中成为新的独立权利要求 19,将原从属权利要求 19 补入原独立权利要求 17 中成为新的独立权利要求 23,将原从属权利要求 20 补入原独立权利要求 17 中成为新的独立权利要求 27。另外,删除了原从属权利要求 11~13 和 18~20,并相应地修改原从属权利要求 9~10、14~16 以分别从属于新的独立权利要求 1、7、13,修改原从属权利要求 21~23 以分别从属于新的独立权利要求 19、23、27。❶ 修改后的权利要求书最后形成 30 个权利要求。

被请求人在意见陈述书中认为修改后的权利要求 1~30 相对于对比文件 1 和对比文件 2 具有新颖性。针对上述修改文本,请求人明确无效理由为:本专利权利要求 1~30 不符合《专利法》第 22 条第 2 款关于新颖性的规定。对此,合议组经过合议审查作出审查决定,认为请求人的无效请求的理由部分成立,宣告发明专利 00109607.9 专利权部分无效,在专利权人修改权利要求书的基础上维持该发明专利权有效。

【思考与练习】

1. 在撰写无效宣告请求书时,如何确定无效宣告的理由?
2. 在针对其专利权提起无效宣告时,专利权人如何应对?
3. 在无效宣告程序中,如何进行合并方式修改权利要求?

---

❶ "《具有宽松自由空间的平板扬声器》审查决定",载 http://app.sipo-reexam.gov.cn/reexam_out1110/searchdoc/decidedetail.jsp? jdh=WX8486&lx=wx,最后访问日期:2017 年 3 月 20 日。

参考文献

1 吴观乐．发明和实用新型专利申请文件撰写案例剖析：第 3 版．北京：知识产权出版社，2011

2 黄敏．发明专利申请文件的审查与撰写要点．北京：知识产权出版社，2015

3 中华全国专利代理人协会．如何撰写有价值的专利申请文件：2014 年专利审查与专利代理学术研讨会优秀论文集．北京：知识产权出版社，2015

4 张清奎．专利审查实践论．北京：知识产权出版社，2013

5 吴观乐．专利代理实务．第 3 版．北京：知识产权出版社，2015

6 李永红．电学领域专利申请文件撰写精要．北京：知识产权出版社，2016

7 电学发明审查部检索及三性判断教研组．电学领域检索及新颖性/创造性判断．北京：知识产权出版社，2010

8 陈玉华．电学领域审查实务．北京：知识产权出版社，2014

9 李超．专利申请代理实务：电学分册．北京：知识产权出版社，2013

10 专利审查指南．北京：知识产权出版社，2010

11 姜晖．专利申请代理实务 – 化学分册．北京：知识产权出版社，2013

12 石必胜．专利创造性判断研究．北京：知识产权出版社，2012

13 张清奎．化学领域发明专利申请的文件撰写与审查．北京：知识

产权出版社，2014

  14 尹新天．中国专利法详解缩编版．北京：知识产权出版社，2012

  15 罗东川．专利法重点问题专题研究．北京：法律出版社，2015

  16 国家知识产权局专利局外观设计审查部．外观设计专利申请与保护．北京：知识出版社，2015

  17 国家知识产权局专利局外观设计审查部．外观设计专利文献检索．北京：知识出版社，2015

  18 赵嘉祥．外观设计专利申请代理（第二版）．北京：知识出版社，2012

  19 张广良．外观设计的司法保护．北京：法律出版社，2008

  20 陶凤波．专利复审与无效代理实务．北京：知识产权出版社，2013

  21 国家知识产权局专利复审委员会．专利复审和无效审查决定选编（2006）（电学、光电、机械）．北京：知识产权出版社，2014

  22 国家知识产权局专利复审委员会．专利复审和无效审查决定汇编（2009 通信共 2 册）．北京：知识产权出版社，2016

后　记

根据南京理工大学知识产权学院的教学安排和实验室建设进程，我们组织编写了《专利文件撰写》一书，作为在校学生或专利工程师学习撰写专利文件的实验教材。

本书从初学者学习需求和专利实务出发，按照发明、实用新型和外观设计专利的申请、审批、复审和无效各个阶段涉及的专利文件，结合实务中的具体案例，完整、系统性地介绍、分析和说明撰写这些专利文件的方法、过程、技巧、注意事项以及需注意的问题，目的是训练一个初学者从形式和内容上如何撰写出一份合格的专利文件，并在撰写过程中综合考虑专利文件的审查规定、撰写要求和申请人需求等因素，以实际案例解剖撰写专利文件和处理专利代理事务的方法。

本书作者均为从事专利代理、教学和培训的资深人士，具有良好的理工科和法律教育背景。我们在编写过程中多次召开编写会议，讨论教材的体例、内容，尤其是案例的取舍和编排，并在初稿的基础上经过多次反复修改成稿。限于时间关系和囿于作者的水平，书中还有很多待完善的地方，敬请读者批评指正。

感谢南京理工大学知识产权学院钱建平院长、曾培芳副院长和南京理工大学专利中心主任朱显国教授对本书编写的鼎力支持，他们对本书的大纲、体例和内容提出了宝贵而中肯的建议。同时感谢知识产权学院朱力影老师对本书的写作和出版提供帮助，以及感谢为本书编写工作的联系和书稿整理付出辛勤劳动的知识产权学院研究生戴婧同学。

本书作者承担编写任务如下：唐代盛：第一章、第七章；马鲁晋：第二章；朱宝庆：第三章；邹伟红：第四章、第五章；孟睿：第六章。其中，刘海霞承担了第四章涉及生物医药技术领域的撰写任务。